住房和城乡建设部“十四五”规划教材

高等学校土建类专业新工科系列教材

基于PKPM-BIM的装配式混凝土建筑全专业协同设计

张　华　姜　立　主　编

蒋　勇　潘　龙　刘苗苗　副主编

赵雪锋　主　审

中国建筑工业出版社

图书在版编目（CIP）数据

基于 PKPM-BIM 的装配式混凝土建筑全专业协同设计 / 张华，姜立主编；蒋勇等副主编. -- 北京：中国建筑工业出版社，2025. 5. --（住房和城乡建设部“十四五”规划教材）（高等学校土建类专业新工科系列教材）.

ISBN 978-7-112-31095-1

Ⅰ. TU37

中国国家版本馆 CIP 数据核字第 2025JF3185 号

本教材共包含 5 个章节，分别为第 1 章装配式建筑概述、第 2 章装配式建筑中的 BIM 技术应用、第 3 章 PKPM-BIM 全专业协同设计应用、第 4 章装配式高层住宅全专业设计案例和第 5 章装配式高层住宅协同设计案例。

本教材适合高等院校土木工程与智能建造等专业使用。

为方便教师授课，本教材作者自制免费课件，索取方式为：1. 邮箱 jckj@cabp.com.cn；2. 电话（010）58337285。

责任编辑：吉万旺　仕　帅　李　阳

文字编辑：刘世龙

责任校对：李美娜

住房和城乡建设部“十四五”规划教材

高等学校土建类专业新工科系列教材

基于PKPM-BIM的装配式混凝土建筑全专业协同设计

张　华　姜　立　主　编

蒋　勇　潘　龙　刘苗苗　副主编

赵雪锋　主　审

*

中国建筑工业出版社出版、发行（北京海淀三里河路9号）

各地新华书店、建筑书店经销

北京科地亚盟排版公司制版

廊坊市文峰档案印务有限公司印刷

*

开本：787 毫米 ×1092 毫米　1/16　印张：16½　字数：299 千字

2025 年 5 月第一版　　2025 年 5 月第一次印刷

定价：**48.00**元（赠教师课件及配套数字资源）

ISBN 978-7-112-31095-1

（43902）

出版说明

党和国家高度重视教材建设。2016 年，中办国办印发了《关于加强和改进新形势下大中小学教材建设的意见》，提出要健全国家教材制度。2019 年 12 月，教育部牵头制定了《普通高等学校教材管理办法》和《职业院校教材管理办法》，旨在全面加强党的领导，切实提高教材建设的科学化水平，打造精品教材。住房和城乡建设部历来重视土建类学科专业教材建设，从“九五”开始组织部级规划教材立项工作，经过近 30 年的不断建设，规划教材提升了住房和城乡建设行业教材质量和认可度，出版了一系列精品教材，有效促进了行业部门引导专业教育，推动了行业高质量发展。

为进一步加强高等教育、职业教育住房和城乡建设领域学科专业教材建设工作，提高住房和城乡建设行业人才培养质量，2020 年 12 月，住房和城乡建设部办公厅印发《关于申报高等教育职业教育住房和城乡建设领域学科专业“十四五”规划教材的通知》（建办人函〔2020〕656 号），开展了住房和城乡建设部“十四五”规划教材选题的申报工作。经过专家评审和部人事司审核，512 项选题列入住房和城乡建设领域学科专业“十四五”规划教材（简称规划教材）。2021 年 9 月，住房和城乡建设部印发了《高等教育职业教育住房和城乡建设领域学科专业“十四五”规划教材选题的通知》（建人函〔2021〕36 号）。为做好“十四五”规划教材的编写、审核、出版等工作，《通知》要求：（1）规划教材的编著者应依据《住房和城乡建设领域学科专业“十四五”规划教材申请书》（简称《申请书》）中的立项目标、申报依据、工作安排及进度，按时编写出高质量的教材；（2）规划教材编著者所在单位应履行《申请书》中的学校保证计划实施的主要条件，支持编著者按计划完成书稿编写工作；（3）高等学校土建类专业课程教材与教学资源专家委员会、全国住房和城乡建设职业教育教学指导委员会、住房和城乡建设部中等职业教育专业指导委员会应做好规划教材的指导、协调和审稿等工作，保证编写质量；（4）规划教材出版单位应积极配合，做好编辑、出版、发行等工作；（5）规划教材封面和书脊应标注“住房和城乡建设部‘十四五’规划教材”字样和统一标识；（6）规划教材应在“十四五”期间完成出版，逾期不能完成的，不再作为《住房和城乡建设领域学科专业“十四五”规划教材》。

住房和城乡建设领域学科专业“十四五”规划教材的特点，一是重点以修订教育部、住房和城乡建设部“十二五”“十三五”规划教材为主；二是严格按照专业标准规范要求编写，体现新发展理念；三是系列教材具有明显特点，满足不同层次和类型的学校专业教学要求；四是配备了数字资源，适应现代化教学的要求。规划教材的出版凝聚了作者、主审及编辑的心血，得到了有关院校、出版单位的大力支持，教材建设管理过程有严格保障。希望广大院校及各专业师生在选用、使用过程中，对规划教材的编写、出版质量进行反馈，以促进规划教材建设质量不断提高。

住房和城乡建设部“十四五”规划教材办公室

2021 年 11 月

前　言

当前，我国建筑行业正在面临重大转型升级。在建筑工业化和建筑信息化的产业改革背景下，“装配式建筑 + BIM 技术”的应用可以解决传统现浇施工中能耗高、环境污染严重、劳动效率低、质量控制难等问题，是新时代我国建筑业发展的潮流和趋势。高等院校作为工程建设领域人才的重要输出地，为适应我国工程建筑领域工业化和信息化对人才的需求，迫切需要围绕“装配式建筑”和“BIM 技术”这两个主题，对土木工程等相关专业教学进行必要的改革和创新，凭借信息化手段并结合 BIM 技术培养职业素质高、创新能力强、专业技能扎实的综合性人才。

本教材正是为了适应新形势下土木工程专业教学和人才培养的要求而组织编写的。本教材由北京构力科技有限公司研发的 PKPM—BIM 全专业协同设计系统，通过多专业分工与协同操作，实现建筑可视化、信息化建模，实现建筑从设计、施工到运维的全生命周期管理，极大推动了建筑装配化、标准化、工厂化、一体化的工业化建造模式。本教材围绕 BIM 技术在装配式建筑设计中的应用，以“信息化、工业化、绿色化”为目标，全专业总体布局，集建筑、结构、机电为一体，对装配式建筑及 BIM 技术的应用进行全面介绍，通过实际工程案例项目组织编写，展示 PKPM—BIM 全专业协同设计系统在装配式混凝土建筑全专业协同设计中的实际应用。

本书共分为 5 章，第 1 章阐述了装配式混凝土建筑的概念、分类、体系和设计要点；第 2 章讲述了 BIM 技术在装配式建筑中的应用、基本要求和 BIM 在各专业中的设计流程；第 3 章为 PKPM—BIM 全专业协同设计系统的简介、特点、设计流程及各设计模块简介；第 4 章和第 5 章为基于 PKPM—BIM 的装配式高层住宅（混凝土剪力墙结构）全专业设计及协同设计的应用实例，通过实际工程案例介绍了装配式混凝土建筑全专业及协同设计过程、步骤和设计结果。本教材遵循从概念、方法到实际应用的认知规律，循序渐进，按照建筑、结构、机电各专业设计及协同设计设置章节，侧重讲述各专业及协同设计的基本概念和设计程序，以任务为导向，讲解装配式建筑的全专业设计及协同 BIM 设计。

本教材可作为高等教育 BIM 技术课程教学和进行 BIM 装配式建筑课程设计及毕业设计的参考用书。通过研读本教材，可以了解和熟悉全专业及协同设计的基本内容，明确装配式混凝土建筑的设计方法和设计步骤，快速有效地掌握 PKPM-BIM 全专业协同设计系统在全专业及协同设计中的操作流程，有助于打破专业壁垒，提高应用装配式建筑 BIM 软件进行具体工程项目设计的能力，为从事 BIM 设计打下扎实的专业基础。

本教材提供的 PKPM-BIM 全专业协同设计系统成果 BIM 模型动画展示可以通过扫描附录的二维码获得。

本教材由河海大学、北京构力科技有限公司、江苏龙腾工程设计股份有限公司共同编写，第 1 章由张华编写；第 2 章由张华、姜立、王瑶编写；第 3 章由张华、陈晨、赵艳辉编写；第 4 章由张华、蒋勇、潘龙编写；第 5 章由张华、蒋勇、刘苗苗编写。此外，陈骁、李雪晨、黄雪名、陈思成、叶俊斌、何心仪参与了本书收集资料、软件分析、画图和排版工作。笔者在编写过程中参考了部分教材、专著和专业文献，在此表示诚挚的感谢。

希望本教材能为读者学习和工作提供帮助，鉴于编者认知水平有限，书中错误和不当之处敬请读者批评指正。

目　录

第1章 装配式建筑概述

本章要点及学习目标

本章要点

（1）装配式建筑的概念、分类及发展；

（2）装配式混凝土建筑结构体系；

（3）装配式混凝土建筑协同设计。

学习目标

（1）了解装配式建筑的分类和发展趋势；

（2）掌握装配式混凝土建筑结构体系；

（3）掌握装配式混凝土建筑各专业的设计要点。

1.1 装配式建筑的概念、分类及发展

1.1.1 装配式建筑的概念

新型建筑工业化是通过新一代信息技术驱动，以工程全寿命期系统化集成设计、精益化生产施工为主要手段，整合工程全产业链、价值链和创新链，实现工程建设高效益、高质量、低能耗、低排放的新型建筑模式。我国建筑行业正处于新型建筑工业化的关键转型时期，智能建造与建筑工业化的协同发展必将成为我国建筑业转型升级的重要突破口。建筑工业化的基本途径是建筑标准化、构配件生产工厂化、施工机械化和组织管理科学化。装配式建筑，是指由预制部品在工地装配而成的建筑，其无疑是推动中国建筑业转型升级、达成“双碳”目标、促进绿色发展的重要举措。

装配式建筑将传统建造方式中的大量现场作业工作转移到工厂进行，在工厂加工制作好建筑部品或构配件，运输到建筑施工现场，通过可靠的连接方式进行装配安装。

在设计阶段，将装配式建筑各种构件拆分为标准部件和非标准部件，做到模具定型化；在生产预制阶段，采用专用模具在工厂里预制加工和生产各种构件并运至施工现场；在装配阶段，采用大型吊装机械对各种构配件进行现场装配，构配件就位后将构配件通过节点连接成整体，形成完整的建筑结构。

装配式建筑以“六化一体”的建造方式为典型特征，即“设计标准化”“工厂预制化”“施工装配化”“装修一体化”“管理信息化”“应用智能化”。装配式建筑具有“标准化”“预制化”“装配化”属性。

（1）标准化：标准化是预制构件生产的前提条件，在设计阶段，将建筑的各种构件拆分为标准部件和非标准部件，做到模具定型化。第二次世界大战后，“模数化”首先引起了欧洲和北美国家的关注。在 20 世纪 60 年代，国际标准化组织提出“模数协调化”，建立了装配组件标准化生产的规范标准。

（2）预制化：装配式建筑室外地坪以上的主体结构和围护结构中，预制构件部分的材料用量占对应构件材料总用量的体积比称为“预制率”。装配式建筑预制构件主要包括墙板（剪力墙、外挂墙板、隔墙、幕墙）、柱/支撑、梁、楼板、楼梯、凸窗、空调板、阳台板、女儿墙等。单体构件在工厂流水线式标准化生产并运至施工现场，可减少人为误差对建筑构配件质量的影响、减少湿作业、无乱排乱放、节省模板并降低成本。预制率是衡量装配式建筑技术水平的重要指标，只有最大限度地采用预制构件才能充分体现工业化建筑的特点和优势。

（3）装配化：工业化建筑中预制构件、建筑部品的数量（或面积）占同类构件或部品总数量（或面积）的比称为“装配率”。装配率能够衡量工业化建筑采用工厂生产的预制构件或部品部件的装配化程度，最大限度地采用工厂生产的建筑部品部件进行装配施工，能够充分体现工业化建筑的特点和优势。建筑预制部品部件包括集成式厨房、集成式卫生间、装配式吊顶、装配式墙板（带饰面）、非承重内隔墙、预制管道井、预制排烟道、护栏等。采用大型吊装机械对各种预制构件和部品部件进行现场装配，通过节点连接成整体，形成完整的建筑结构。装配化施工速度快、周期短，极大地缩短了工程建设和投资回报的周期。

装配式建筑充分发挥了工厂生产的优势，代替传统的、分散的手工业生产方式，满足了现代社会人们的生产生活方式对建筑的需求。发展装配式建筑既是解决传统房屋建设过程中存在的质量、性能、安全、效益、节能、环保、低碳等一系列重大问题的根本途径，也是解决建筑设计、部品生产、施工建造、维护管理之间相互脱节、生产方式落后等问题的有效手段，更是解决当前中国建筑业劳动力和技术工人短缺问题以及改善建筑工人生产、生活条件的必然选择。随着国家产业结构调整和建筑行业对工业化和绿色节能建筑理念的实践，装配式建筑在中国迎来了发展的黄金时期。

1.1.2 装配式建筑的分类

1. 按主体材料分类

按照装配式建筑的主体材料，装配式建筑可以分为装配式混凝土结构建筑、装配式钢结构建筑、装配式竹木结构建筑以及装配式砌块结构建筑等。目前，我国装配式建筑应用最为广泛的是装配式混凝土结构建筑，其次是装配式钢结构建筑，装配式竹木结构建筑应用较少。

（1）装配式混凝土结构建筑

装配式混凝土结构建筑是指将工厂化生产的预制混凝土构配件（如叠合板、叠合梁、预制柱、预制剪力墙、预制内隔墙、预制楼梯、预制阳台、预制外墙板等）运输到施工现场后，进行吊装并通过可靠的连接方式装配而成的混凝土结构建筑。

装配式混凝土结构建筑与传统现浇混凝土结构建筑的施工工艺及节点构造截然不同，需要进行深化设计，对施工技术要求较高。与传统现浇混凝土结构建筑相比，装配式混凝土结构建筑具有以下优点：

1）施工速度快，缩短建设周期。混凝土构配件在预制工厂中工业化生产，生产效率高，同时根据设计需求在构配件中预留孔洞，避免后期人工钻孔和开槽，减少了大量重复性工作，加快了施工速度，能够有效缩短建设周期。

2）建筑工程品质高。生产车间内流水线生产和标准化养护的预制构配件，其表面平整，尺寸准确，产品质量可以得到有效保证。

3）施工方便，绿色环保。由于大量混凝土构配件移至工厂生产，显著减少了现场的湿作业，方便冬期施工，同时由于现场工期缩短，减少了对周围居民生活的噪声和扬尘影响，实现绿色施工。

4）节约资源，降低工程造价。预制构配件的标准化和模数化，节省了大量模板工程量和搭拆支撑的人工量，减少了支模、拆模和养护的时间，缩短建设资金的周转周期，具有显著的经济效益。

装配式混凝土结构建筑能够方便地与预应力、新材料等技术有机结合，具有上述众多优点，符合我国产业升级和绿色发展的要求，已经成为目前我国建筑业结构调整和转型升级的主要途径。

（2）装配式钢结构建筑

装配式钢结构建筑是按照统一、标准的建筑部品规格与尺寸，在工厂将钢构件加工制作成房屋单元或部件，然后运至施工现场，再通过连接节点将各单元或部件装配成一个结构整体。与其他建筑结构相比，钢结构建筑体系是最适合工业化装配式的体系。装配式钢结构建筑的发展应用对技术水平要求较高，不仅构件数量多，施工复杂，且对信息化集成水平要求也较高。在相同条件下，装配式钢结构建筑得房率高、施工速度快，且受环境因素影响较小，符合国家倡导的环境保护政策，是一种最符合“绿色建筑”概念的建筑形式。

装配式钢结构建筑的优点是重量轻、强度高，因此可以灵活地进行建筑设计；抗震性能与抗风性能较好，便于保证工程质量；施工速度快且受天气影响小，缩短了施工周期；易于工业化生产，构件易改造与再利用，节约材料、绿色环保。但同时必须指出，装配式钢结构建筑本身具有一定缺陷，由于钢材本身的热阻较小，耐火性差，在火灾下的安全性差；同时，钢材的耐腐蚀性较差，也会影响装配式钢结构建筑的耐久性。

近年来，装配式钢结构建筑在建筑工业化中应用越来越广泛。目前，装配式钢结构建筑在钢结构住宅建筑和公共建筑中应用广泛。在国内的大中型城市，高层钢结构建筑已经成为建筑发展的一种趋势。随着新型钢结构建筑体系、新型构件截面、新型连接节点的出现，装配式钢结构建筑的设计概念和设计方法也在不断完善，可以在满足结构安全的同时保证建筑的美观。

（3）装配式竹木结构建筑

装配式竹木结构建筑是一种新兴的建筑体系，它采用工业化的胶合木材、胶合竹材或木、竹基复合材作为建筑结构的承重构件，并通过金属连接件将这些构件连接成整体。现代的装配式竹木结构建筑主要是通过装配式的特征来实现新型建筑形式，前期在预制工厂制成竹木结构建筑的构件，随后将其运往建筑工地组装预制构件，最后形成完整的装配式现代竹木结构建筑，并进行信息化管理和智能化应用。

装配式竹木结构建筑克服了传统竹木结构建筑尺寸受限、强度刚度不足、构件变形不易控制、易腐蚀等缺点。竹木材料与其他建筑材料相比，具有自重轻、耗能少、保温舒适等优点，在欧美国家广受青睐。现代竹木结构建筑将普通的竹木通过科学的手段进行压合、连接，制造出拥有更优越刚度和硬度的现代竹木材料。标准化的竹木构件加工生产有效地节省了生产成本和人力成本。更重要的是，所有复合构件都可以作为装配式复合构件使用，不仅便于控制构件质量，还加快了施工进度，节省了大量的施工模板，缩短了施工周期，整个施工过程满足可持续发展的理念，大大减少了能源消耗。

目前，国外装配式竹木结构建筑发展较早，技术和建设体系已经较为成熟。但在我国，还存在竹木结构建筑设计水平不足、公共认可度低、相关政策与建设标准不完善以及产业链不完善等缺点。同时，与传统建造方式相比，装配式竹木结构建筑属于高度的集成化设计，构件的设计、生产、运输和吊装有着严格的要求，各阶段之间的连接非常密切，国内还没有先进的装配式构件的生产技术与经验。因此，在我国低排放、低污染、可持续的装配式竹木结构建筑还处于发展阶段。

2. 按结构体系分类

结构体系通常是指建筑主要承重结构构件的组合形式。装配式建筑结构体系主要包括装配式框架结构体系、装配式剪力墙结构体系、装配式框架－剪力墙结构体系、装配式模块结构体系等。

（1）装配式框架结构体系

装配式框架结构体系的主要受力构件是框架梁和框架柱，柱与梁共同工作构成承重结构体系，抵抗竖向荷载和水平荷载。装配式框架结构体系安装材料又分为装配式混凝土框架结构、装配式钢框架结构以及装配式竹木框架结构等。框架结构受力清晰，传力路径明确，并且构件种类较少，连接节点较为简单，框架结构的梁、柱构件易于标准化及定型化，非常适合装配施工作业。装配式框架结构体系的预制构件包括预制梁、预制柱、预制楼板与屋面板、预制楼梯、外挂墙板、预制阳台等，在工厂进行标准化预制生产，运至现场采用塔式起重机等大型设备安装，承重构件之间采用水泥浆灌注浇筑或通过螺栓连接形成整体。

在国内外，装配式框架结构体系是应用最为广泛的结构体系之一，可以较为灵活地配合建筑平面布置的优点，有利于需要较大空间的建筑结构。装配式框架结构在我国主要应用于厂房、仓库、商场、停车场、办公楼、教学楼、医务楼、商务楼等建筑，这些结构要求具有开敞的大空间和相对灵活的室内布局，同时对建筑总高度的要求相对适中。目前，装配式框架结构体系较少应用于住宅建筑。

（2）装配式剪力墙结构体系

装配式剪力墙结构体系是装配式混凝土结构中最常见的一种类型，主要应用于多、高层建筑。装配式剪力墙结构的预制构件包括预制剪力墙、预制梁、预制楼板、预制楼梯、预制阳台等。装配式剪力墙结构体系剪力墙预制后在施工现场拼装，各墙板间的竖向连接采用连接缝现浇形式，上下墙板之间采用竖向受力钢筋浆锚连接或灌浆套筒连接；梁和楼板一般采用叠合现浇形式，从而形成整体。装配式剪力墙结构工业化程度高，预制率高，几乎无梁柱外露，施工简便，成本低，在中国住宅建筑市场中一直占据重要地位。

近年来，装配式剪力墙结构体系在我国发展非常迅速，应用量不断加大，不同形式、不同结构特点的装配式剪力墙结构建筑不断涌现，在诸多大城市的高层、超高层的保障房、商品房等住宅建筑中均有较大规模的应用。

（3）装配式框架－剪力墙结构体系

装配式框架－剪力墙结构也是装配式混凝土结构中常见的一种类型，由框架和剪力墙来共同承受竖向和水平荷载，兼有框架结构和剪力墙结构的特点，体系中剪力墙和框架布置灵活，较易实现大空间和较高的适用高度，可以满足不同建筑功能的要求。装配式框架－剪力墙结构常用于多、高层建筑中，应用较为广泛。装配式框架－剪力墙结构计算中采用了楼板平面刚度无限大的假定，即认为楼板在自身平面内是不变形的；水平荷载通过楼板按抗侧力刚度分配到剪力墙和框架。混凝土剪力墙的刚度大，承受了大部分的水平荷载，因而在地震作用下，剪力墙成为结构的第一道防线，框架结构布置在建筑周边区域，形成第二道抗侧力体系。装配式框架－剪力墙结构体系不足之处在于安装比较困难，制作比较复杂。

当剪力墙在结构中集中布置形成核心筒体时，就成为装配式框架－核心筒结构。装配式框架－核心筒结构主要特点是剪力墙布置在建筑平面核心区域从而形成结构刚度和承载力较大的筒体，同时可作为竖向交通核（楼梯、电梯间）及设备管井使用。装配式框架－核心筒结构的外周框架和核心筒之间可以形成较大的自由空间，便于实现各种建筑功能要求，特别适合于办公、酒店、公寓、综合楼等高层和超高层民用建筑。

装配式框架－剪力墙结构，框架部分与装配式框架类似，剪力墙可以采用现浇或者预制。根据预制构件部位的不同，装配式框架－剪力墙结构一般分为装配整体式框架－现浇剪力墙结构、装配整体式框架－现浇核心筒结构、装配整体式框架－剪力墙结构三种形式，前两者中剪力墙（核心筒）均为现浇。目前，装配整体式框架－现浇剪力墙结构在国内已有应用，而装配整体式框架－剪力墙结构在国内应用基本处于空白状态。

（4）装配式模块结构体系

模块建筑结构体系是一种高度集成的整体式装配结构体系（图 1-1），预制率可以达到 90%。新型模块化体系包括全模块建筑结构以及模块单元与传统结构结合两类。房间的墙体以及内部的部分或全部在工厂预制成箱形整体，这些箱形构件运送至施工现场，仅需完成盒子构件之间的连接以及管线连接等后续工作。模块结构的优势在于建筑空间模块化，虽然建筑一体化对于设计的要求较高，但在施工方面，不论是前期建设还是后期拆除或再利用都相比传统建筑结构方便快捷，节约材料，对环境友好；许多现场施工有难度的工作可以在工厂中完成，生产工艺标准化，大部分主体结构、装修和部品安装均在流水线上采用工业制造技术生产，既方便了施工，同时也保证了质量。施工装配化，模块建筑的施工速度具有巨大优势，一般情况下模块吊装可以实现 1～2d 一层，同时模块的工厂生产与现场施工可以同时独立进行，便捷性大为提高。但模块建筑在现阶段也存在施工困难、模块质量难以保证及标准化进展缓慢等问题。

图 1-1　模块建筑结构体系

按模块单元箱体构造分类，模块结构可分为钢密柱体系、钢框架体系、集装箱体系、钢－木体系、混凝土体系等。按结构体系分类，模块结构可以分为叠箱体系、箱－框体系、箱－筒（剪力墙）体系、框架－填箱体系等。叠箱体系是全部采用模块搭接而成的建筑，箱－框体系、箱－筒（剪力墙）体系是由箱体与传统框架结构、剪力墙、筒体等组合而成的体系，框架－填箱体系则是将箱体嵌入框架中。模块的结构设计中较为重要的是水平荷载作用下的承载力验算，当设计侧向力较小时，模块自身结构足以抗侧。但是在高层结构中，或者高烈度地震区，需要外加抗侧力体系或采取减隔震措施。纯模块体系常用于非抗震区且层数在八层及八层以下的建筑，通过模块自身结构进行抗侧，因而不需附加其他抗侧结构，具有较快的建造速度。模块－外加抗侧力结构体系常用在高层建筑中或高烈度地区，需要外加抗侧力结构，如外加混凝土核心筒、外加框架、外加框架－支撑体系等抵抗风荷载和地震作用。在对抗震有更高要求的地区，减隔震模块结构体系采用底部隔震模块结构、悬挂式模块结构（次结构模块化的悬挂结构）等进一步抗震。

随着模块结构体系性能研究的深入、设计方法的通用化以及模块生产效率的提高，其集成度高、建设速度快的优势得以充分发挥，在多高层住宅、酒店、办公楼、营地建筑、海外援建等方面具有较大优势，可以满足建设速度、人力节约、高品质保障、快速拆建等方面的需求。

1.1.3　国内外装配式建筑的发展过程

1. 国外装配式建筑的发展过程

装配式建筑起源于欧洲，早在 1875 年，英国人 William Henry Lascell 就提出了结构承重骨架的概念，以及在结构骨架上安装起结构和围护作用的预制混凝土墙体和楼板的新型建筑方案，获得了英国的“Improvement in the construction of building”发明专利，该建筑方案可用于别墅和乡村住宅的建设，装配式建筑由此诞生。英国进行建筑工业化道路的探索可以追溯到 20 世纪初。第二次世界大战后许多建筑物被破坏，出现大规模的战后重建工作和人民安置问题，同时，由于战争造成劳动力短缺和资源紧张，于是欧美等地区开始大力发展预制装配式建筑，在长期的工程建设中，积累了大量预制建筑的设计施工经验。

（1）英国、德国、法国装配式建筑发展

英国政府于 1945 年发布白皮书，指出应重点发展工业化制造技术以弥补传统建造方式的不足，同时推进了自 20 世纪 30 年代开始的“清除贫民窟计划”。此外，战争结束后生产过剩的钢铁和铝也是推动装配式建筑发展的一大动力。在多种因素的作用下，英国建筑工业化发展迅速，大量装配式混凝土结构、木结构、钢结构和混合结构建筑拔地而起。20 世纪 50—80 年代，英国建筑行业在装配式建筑方面得到了蓬勃发展。这其中，既有预制混凝土大板结构，又有以轻钢结构或木结构为主的盒子模块结构，甚至出现了铝框架结构，但以预制装配式木结构为主。木结构住宅在新建建筑市场中的占比达到了 30%。但后期因人们质疑木结构建筑的水密性能，导致木结构住宅占比骤降。20 世纪 90 年代，英国住宅的数量问题已基本解决，建筑行业发展陷入困境，住宅建造迈入品质提升阶段，这一阶段非现场建造建筑的发展，主要受制于市场需求等因素。到 21 世纪初期，英国非现场建造方式的建筑、部件和结构每年的产值为 20 亿～30 亿英镑（2009 年），约占整个建筑行业市场份额的 2%，占新建建筑市场的 3.6%，并以每年 25% 的比例持续增长，预制建筑行业发展前景良好。

1926—1930 年，德国采用装配技术建造的战争伤残军人住宅区是德国最早的预制混凝土板式建筑。德国因其强大的机械设备设计和加工基础，预制构件加工质量更为精细，实现了传统建筑厘米级误差向装配式建筑毫米级误差的飞跃。

法国的装配式建筑发展历史悠久，在 1891 年，法国就开始建造装配式混凝土建筑。法国建筑工业化以混凝土结构体系为主，钢、木结构体系为辅，多采用框架或板柱体系，并逐步向大跨度方向发展。早在 20 世纪 50—70 年代，法国就已经使用以全装配式大板和工具式模板为主的建筑施工技术。到了 20 世纪 70 年代又开始向“第二代建筑工业化”过渡，主要生产和使用通用构配件和设备。1978 年，法国住房部提出推广“构造体系”。进入 20 世纪 90 年代，法国建筑的工业化已朝着住宅产业现代化的方向发展。例如，法国 PPB 预制预应力房屋构件国际公司创建了一种装配整体式混凝土结构体系，称为世构体系（SCOPE），在这种体系下采用建筑部件建造了多栋房屋组成的住宅群。近年来，法国建筑工业化呈现的特点是：① 焊接连接等干法作业流行；② 结构构件与设备、装修工程分开，减少预埋，提高生产和施工质量；③ 主要采用预应力混凝土装配式框架结构体系，装配率达到 80%，脚手架用量减少 50%，节能可达到 70%。

（2）美国装配式建筑发展

美国实施机械化生产和装配式施工始于 20 世纪 70 年代，美国城市发展部出台了一系列行业标准和规范，一直沿用至今，并与后来的美国建筑体系逐步融合。装配式混凝土结构建筑和装配式钢结构建筑基本满足了美国城市住宅需求，这两种形式的建筑使建造成本降低，通用性和施工的可操作性得到提高，美国的装配式钢结构建筑体系经过漫长发展已经逐渐成熟。20 世纪 60 年代，美国开始发展轻钢龙骨结构建筑，该体系适用于低层集合住宅和联排住宅的建造。20 世纪 80 年代至今，美国逐渐实现了主体构件通用化和住宅部品化，构配件生产模数化、标准化和系列化，生产效率显著提高，住宅达到节能环保要求。1965 年轻钢结构在美国仅占建筑市场的 15%，1990 年上升到 53%，2000 年达到 75%。目前，美国的钢框架小型住宅已经达到 20 余万幢，别墅和多层住宅都采用轻钢结构。1997 年美国发布《住宅冷成型钢骨架设计指导性方法》，全面指导轻钢龙骨体系住宅的设计和施工。这种建筑体系不仅适应性强、建造周期短，而且造价和维修费用低，因此在北美及世界其他地区得到了广泛传播和应用。

在美国，预制混凝土结构发挥了举足轻重的作用，并且具有不可替代性。在 1991 年的预制与预应力混凝土协会（PCI）年会上，预制混凝土结构的发展被视为美国乃至全球建筑业发展的新契机。1997 年美国统一建筑规范规定：预制混凝土结构在通过相关试验和分析后证明其在强度和刚度方面不低于相应的现浇混凝土结构后，可应用于高烈度地震区。同时，美国的预制装配式混凝土标准规范也获得了很大的发展。由 PCI 编制的《PCI 设计手册》就包括与装配式结构相关的部分，该手册不仅在美国，而且在国际上都具有非常广泛的影响力。

（3）日本装配式建筑发展

第二次世界大战后，装配式混凝土建筑在日本得到了持续的发展，广泛应用于地震区的高层和超高层建筑。目前，日本的预制装配式技术处于世界领先地位，其建造的预制装配式建筑具有很高的质量标准，且通过了多次地震考验。

日本住宅产业化始于 20 世纪 60 年代初期，当时日本住宅需求急剧增加，而建筑技术人员和熟练工人明显不足。日本早在 1966 年就明确了在全国范围内推行工业化方式建设住宅并出台了相关文件，此后日本政府以公营住房建设为契机，大力推广装配式建造技术，并成功建造了约 12 万套装配式住宅。20 世纪 70 年代是日本住宅产业的成熟期，大企业联合组建集团进入住宅产业，通过研发形成了盒子住宅、单元住宅等多种模块化建筑形式。同时，日本设立了产业化住宅性能认证制度以保证产业化住宅的质量和品质。这一时期，产业化方式生产的住宅占竣工住宅总数的 10%。20 世纪 80 年代中期，为了提高工业化住宅体系的质量，设立了优良住宅部品认证制度，产业化方式生产的住宅占竣工住宅总数的 15%～20%，住宅的质量得到了大幅提高。到 20 世纪 90 年代，日本采用产业化方式生产的住宅占竣工住宅总数的 25%～28%。日本是世界上率先在工厂里生产住宅的国家。在 1990 年之后，部件化、工厂化的生产方式提高了生产效率，满足住宅内部结构可变、适应多样化的需求。对中高层住宅进行配件化生产是日本一开始就定下的目标，这样的生产体系能满足日本由于高人口密度而导致的巨大住宅需求。更重要的是，日本通过立法来保证混凝土构件的质量，在装配式住宅方面制定了一系列的政策和标准，同时也形成了统一的模数标准，解决了标准化、大批量生产和多样化需求这三者之间的矛盾。

至今，美国、日本和欧洲各国已经形成了较为系统的装配式建筑设计和施工方法，装配式混凝土建筑结构体系趋于成熟，工程项目案例如图 1-2 所示。

2. 中国装配式建筑的发展过程

（1）中国装配式建筑发展历史沿革

中国装配式建筑发展历史沿革见表 1-1。

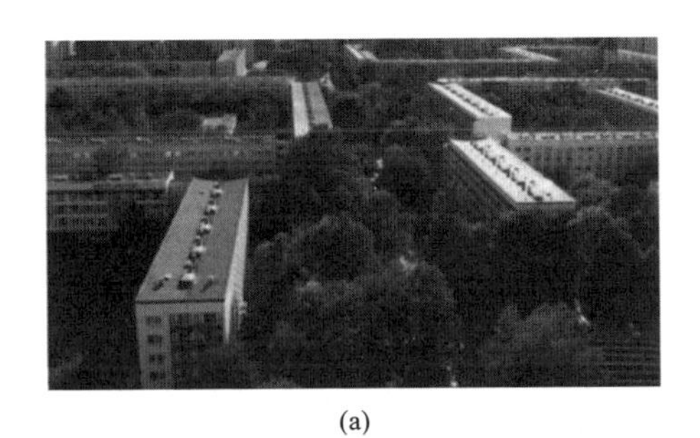

(a)

(b)

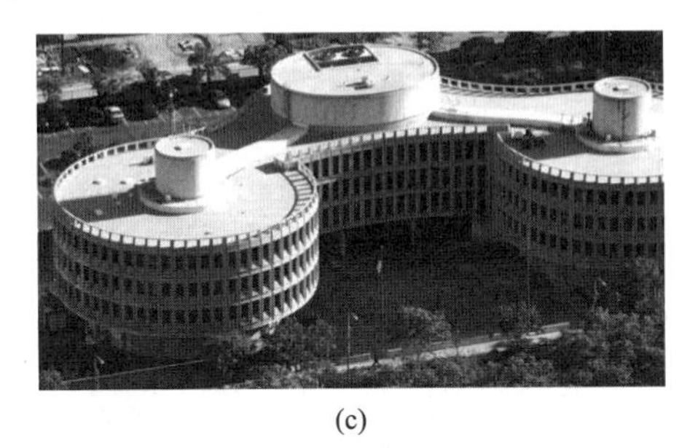

(c)

图 1-2　国外装配式混凝土建筑

（a）德国某模块化大板住宅；（b）法国南泰尔公寓楼；（c）美国费城警察大楼

中国装配式建筑发展时期划分表　　表 1-1

发展时期	时间	特点
发展初期	1953—1977 年	中国工业化基础初步建立，进行大规模的基本建设，技术学习苏联，提出建筑工业化的发展方向
发展起伏期	1978—1998 年	改革开放后出现发展热潮，标准化体系快速建立，后被现浇建筑取代，发展停滞
发展提升期	1999—2010 年	国家推进住宅产业现代化，然后扩展为建筑产业现代化，装配式建筑开始缓慢发展。由企业开始积极探索，一些地区编制了“装配整体式结构体系”的标准或规范
快速发展期	2011—2015 年	政府主导的保障性住房大规模建设，各级政府积极推进，现浇建筑成本上升和劳动力短缺，促成装配式建筑快速发展
全面发展期	2016—至今	国家发布了促进装配式建筑发展的纲领性文件，装配式建筑技术体系初步建立，装配式建筑建设面积大幅度增长

20 世纪 50 年代，中国的装配式建筑开始了发展。中国在第一个五年计划（1953—1957 年）之后，建立了工业化的初步基础，开始了大规模的基本建设。我国在 1956 年就初步确定了建筑工业化的发展思路，国务院发布了《关于加强和发展建筑工业的决定》，首次明确了建筑工业化的发展方向。“一五”计划提出学习国外技术和建筑工业化经验，推进设计模数化、构件预制化和现场装配化，为发展装配式结构打下了坚实的基础。1959 年，中国引入了苏联的薄壁深梁式装配式混凝土大板建筑，首次采用

预制框架－剪力墙结构技术建造了北京民族饭店（图 1-3a），自此出现了装配式建筑发展的第一次高潮。到 20 世纪 70 年代，中国初步创立了装配式建筑技术体系，如大板住宅体系、大模板住宅体系、框架轻板住宅体系等。1971 年建成的北京外交公寓（图 1-3b）为高层建筑，1973 年建成的北京前三门大街高层住宅（图 1-3c）采用“内浇外挂”的方式建造，这是我国学习建筑工业化的成果，也是我国首次采用预制技术建造的高层住宅。然而 1976 年的唐山大地震对预制建筑的破坏，使得人们开始质疑装配式混凝土结构建筑的抗震性能，装配式混凝土结构建筑的发展从此被按下暂停键。

(a)　(b)

(c)

图 1-3　我国早期的装配式混凝土建筑

（a）北京民族饭店；（b）北京外交公寓；（c）北京前三门大街高层住宅

1978 年改革开放以后，中国出现了一轮装配式建筑发展热潮，标准化体系快速建立，并且建设了一批大板建筑、砌块建筑。以北京为例，这一时期建成的装配式住宅约 1000 万 m^2。但是这股热潮仅仅只持续到 20 世纪 80 年代。20 世纪 80 年代以预制空心板为主要预制构件的装配式建筑造型单一、功能不全、抗震性能不佳、易渗漏，装配式建筑的产品规格少、保温防水性能差等自身缺陷加上大量廉价劳动力涌入城市、商品混凝土快速兴起等外部因素促使现浇混凝土建筑逐渐取代了装配式建筑。

20 世纪 90 年代，中国房地产开始快速发展，同时也引发了对房地产行业发展的反思。1996 年，建设部发布了《住宅产业现代化试点工作大纲》和《住宅产业现代化试点技术发展要点》，明确提出了“推行住宅产业现代化，即用现代科学技术加速改造传统的住宅产业”，使“住宅产业”的概念在中国逐步形成共识。1999 年，国务院办公厅发布了《关于推进住宅产业现代化提高住宅质量的若干意见》，建设部成立了住宅产业化促进中心，中国的装配式建筑又开始缓慢发展，在一些企业和城市开始了探索和技术创新。

2011 年，《国民经济和社会发展第十二个五年规划纲要》提出要在“十二五”期间建设 3600 万套保障性住房。在此背景下，国家出台了一系列推进装配式建筑发展的政策文件，住房和城乡建设部推动并认定了一批国家住宅产业现代化综合试点（示范）城市和国家住宅产业基地，一些地方政府也出台了“面积奖励”“成本列支”“资金引导”等有利政策，中国的装配式建筑市场开始快速发展，装配式建筑结构体系也初步完善。

（2）当前中国装配式建筑发展战略

2015 年 12 月 20 日，中央城市工作会议提出，要大力推动建造方式创新，以推广装配式建筑为重点，通过标准化设计、工厂化生产、装配化施工、一体化装修、信息化管理、智能化应用，促进建筑业转型升级。2016 年，中共中央　国务院《关于进一步加强城市规划建设管理工作的若干意见》和国务院办公厅《关于大力发展装配式建筑的指导意见》发布，以京津冀、长三角、珠三角三大城市群为装配式建筑重点推进地区，常住人口超过 300 万人的其他城市为积极推进地区，其余城市为鼓励推进地区，因地制宜发展装配式混凝土建筑。此后，住房和城乡建设部又先后出台了一系列促进装配式建筑健康发展的政策文件，中国的装配式建筑发展进入了一个新时期。2020 年，全国新增装配式建筑共计 6.3 亿 m^2，其中混凝土结构占比最大，为 68.3%，我国装配式混凝土建筑的发展呈现良好的态势。2021 年，全国新开工装配式建筑面积达 7.4 亿 m^2，较 2020 年增长 18%；从结构类型来看，装配式混凝土结构建筑 4.9 亿 m^2，占新开工装配式建筑的比例为 67.7%；钢结构建筑 2.1 亿 m^2，占新开工装配式建筑的比例为 28.8%，其余为木结构建筑及其他混合结构形式装配式建筑。

发展装配式建筑，创新建造方式，助推建筑业转型升级已经成为共识，尤其是在国务院办公厅《关于大力发展装配式建筑的指导意见》发布后，一批专门从事装配式建筑设计、生产、施工的企业迅速成长，装配式建筑行业得到了长足的发展。新的装配式建筑吸收国外先进技术（连接技术），充分考虑结构整体抗震性能，形成了以装配整体式建筑为主流的装配式建造技术。尽管发展形势乐观，但我国的装配式建筑仍存在着评价标准不统一、新型技术推广难度大、片面追求“装配化”、缺乏对创新技术的支持和包容、国家和行业技术标准与团体标准的衔接出现脱节等问题。传统的行业管理体制尚未适应现代工业化建造方式，从设计、施工、监理、生产到验收的各环节，与工业化建筑强调全过程、全产业链、一体化的要求不相适应。

1.2　装配式混凝土结构体系

目前，我国的装配式建筑建造主要集中于装配式混凝土结构，因此本节将对装配式混凝土结构体系进行介绍。

1.2.1　装配式混凝土框架结构体系

1. 按构件的预制情况分类

根据构件预制情况，装配式混凝土框架结构可分为：① 竖向框架柱现浇，水平构件梁、板采用预制构件；② 竖向构件与水平构件采用预制，节点现浇连接或螺栓连接；③ 梁柱节点区域和周边部分构件整体预制。

根据框架结构构件的预制范围，装配式混凝土框架结构可以分为单梁单柱式、框架式和混合式。

单梁单柱式装配式混凝土框架结构是把框架结构中的预制梁和预制柱按每个开间、进深、层高划分成直线形的单个构件，这种划分能够使构件的外形简单，重量较小，便于生产、运输和安装，是应用较多的一种方式。如果吊装设备允许，也可以采用直通两层的长柱和挑出柱外的悬臂梁方案。框架式装配式混凝土框架结构是将整个框架划分成若干个小的预制框架，小框架本身包括梁、柱，甚至楼板，可以做成很多种形状，如 H 形、十字形等。与单梁单柱方案比较，这种划分扩大了构件的预制范围，可以简化吊装工作，加快施工进度，接头数量少，有利于提高整个框架的刚度。但是构件形状复杂，不便生产、运输，安装时构件容易碰坏。同时，这种构件的重量较大，只能在运输和安装设备条件允许的情况下采用。混合式装配式混凝土框架结构是单梁单柱式与框架式相结合的框架结构形式。

2. 按构件的连接方法分类

与传统的建筑结构设计不同，装配式混凝土结构设计中需要考虑构件的拆分与构件的拼装连接，遵循受力合理和连接简单的原则，使构件易于安装。构件的节点设计是装配式混凝土框架结构设计的要点之一。

根据节点连接方式的不同，装配式框架结构可分为等同现浇结构与不等同现浇结构。前者包括后浇整体式连接等刚性节点连接形式，后者则是螺栓连接等柔性节点连接形式。

常用的装配式混凝土框架结构的节点形式有后浇整体式连接、预应力拼接、焊接连接、螺栓连接等。各种连接形式节点的力学性能差别很大，即使同种连接形式，由于具体构造不同，节点的力学性能也不尽相同。

（1）后浇整体式连接节点

后浇整体式连接节点是指预制梁、柱或 T 形构件在接合处利用钢筋、型钢连接或锚固，并通过现浇混凝土连接形成整体框架的连接方式，即框架的预制构件之间采用湿连接方式，需要在连接的构件之间浇筑混凝土或者灌注灌浆料。后浇整体式连接一般位于梁柱节点、梁端或梁跨中，具体有现浇柱端节点、现浇梁端节点、叠合节点（梁端节点）、叠合节点（跨中节点）和梁柱组合 T 形节点这五种构造方式，如图 1-4 所示。

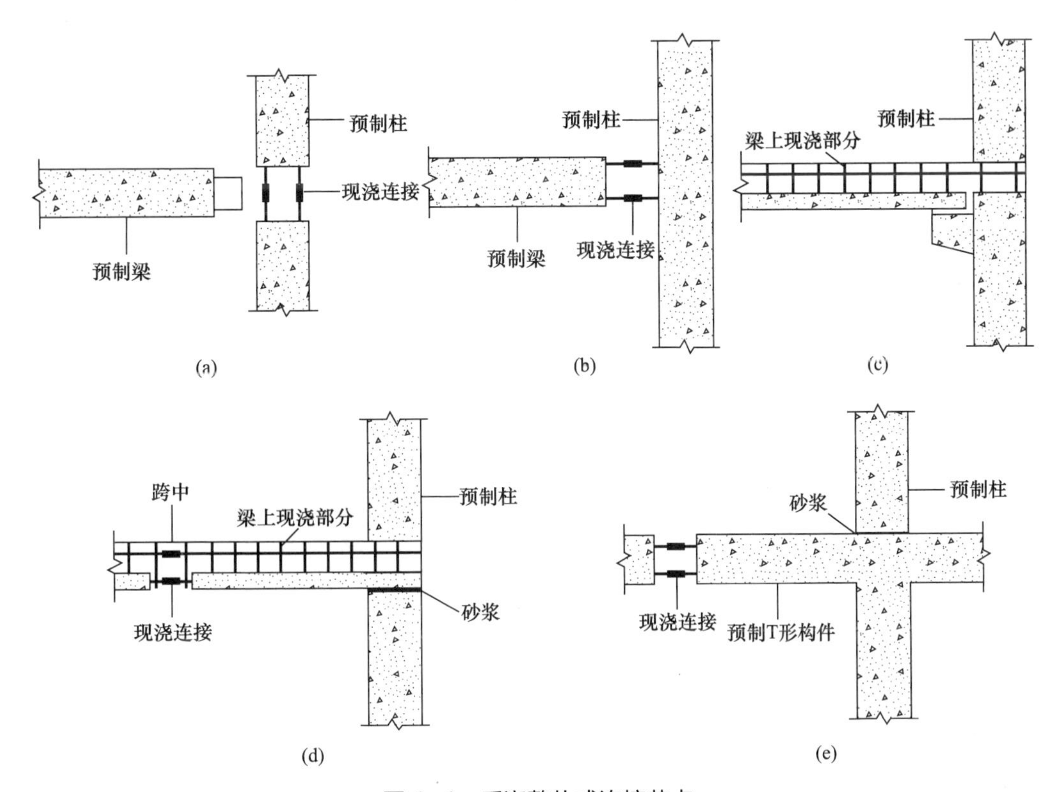

图 1-4 后浇整体式连接节点

（a）现浇柱端节点；（b）现浇梁端节点；（c）叠合节点（梁端节点）；
（d）叠合节点（跨中节点）；（e）梁柱组合 T 形节点

后浇整体式节点连接方式的概念建立在与全现浇框架的强度和延性相当的基础之上，因此又被称为仿现浇连接。尽管采用这种连接方式的结构性能与全现浇结构相似，但由于这种连接仍需现浇混凝土，其模板支撑和混凝土养护大大降低了装配式混凝土框架结构的施工速度。

（2）预应力拼接节点

通过张拉预应力筋施加预应力把框架结构预制梁和柱连接成整体，这种连接节点就是预应力拼接。预应力拼接有两种形式，即有粘结预应力筋连接和无粘结预应力筋连接。但是，在反复荷载作用下，有粘结预应力混凝土节点中的预应力筋可能会出现较大的塑性变形，从而导致过多的预应力损失。因此，目前预制装配式预应力混凝土框架的节点通常采用无粘结预应力筋连接的方式，而无粘结预应力筋连接节点又分为全预应力连接和混合连接两种方式，如图 1-5 所示。

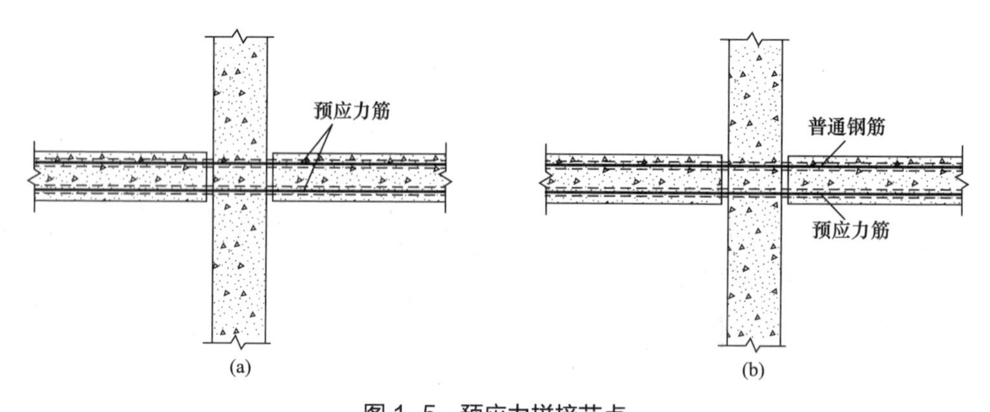

图 1-5　预应力拼接节点

（a）全预应力连接节点；（b）混合连接节点

全预应力连接节点是在预制梁和柱中预留孔道，预应力筋穿孔道，梁与柱之间通过灌浆封实接缝。预应力连接的一个突出特点是梁上的剪力可通过梁柱之间的摩擦力传递到柱。混合连接节点采用普通钢筋与无粘结预应力筋的混合连接，两种配筋除共同提供抗弯能力把梁柱连成整体外，还分别承担着其他功能，一是为了减小甚至消除结构的残余变形，无粘结预应力筋提供了挤压力，使得梁柱之间形成摩擦抗剪，在结构承受水平荷载变形后为其提供弹性恢复力；二是在水平反复荷载（强震）作用下，普通钢筋通过交替的拉压屈服变形，起到耗散能量的目的。

（3）焊接连接节点

焊接连接节点属于干式连接，是一种常见的框架节点形式，主要用于厂房等工业建筑。虽然在焊接连接中缺少明显的塑性铰设置，焊缝处容易发生脆性破坏，其抗震性能不甚理想，但是采用焊接连接可避免混凝土的现场浇筑以及养护，加快了施工速度，节省工期。为了充分发挥焊接连接节点的优越性，可在塑性铰区域设置具有良好塑性变形能力的焊接接头。在施工中为了保证焊接的有效性和减小焊接的残余应力，应该充分安排好相应构件的焊接工序。

（4）螺栓连接节点

螺栓连接节点具有安装迅速的优点，但其缺点也十分明显。构件在预制时，其连接部位的螺栓位置必须制作特别准确，运输和安装时也要细心保护，防止螺纹损伤。一旦某个螺栓孔或螺栓的螺纹受到了破坏，其维修或更换的施工操作相对复杂。在螺栓连接设计中连接构造普遍复杂，连接构件相对较多。

通过螺栓连接或者焊接连接的框架结构属于干连接框架结构。在湿连接框架中，设计允许的塑性变形往往设置在连接区域以外的区域，连接区域保持弹性；而干连接的框架则是预制构件保持在弹性范围，设计要求的塑性变形往往仅限于连接区域本身，在梁柱结合面处易产生集中裂缝。

3. 按是否使用预应力分类

根据是否使用预应力，装配式混凝土框架结构分为预应力装配式框架结构和非预应力装配式框架结构两大类。预应力装配式框架结构主要包括装配式整体预应力板柱框架结构（IMS 体系）、键槽式预制预应力混凝土装配整体式框架结构（SCOPE 体系）、预压装配式预应力框架结构等，其中世构（SCOPE）体系在我国的应用最为广泛；在非预应力装配式框架结构中，我国较为常用的是台湾润泰体系。

（1）装配式整体预应力板柱框架结构（IMS 体系）

装配式整体预应力板柱框架结构起源于南斯拉夫 IMS 体系。它无梁无柱帽，以预制板和预制柱为基本构件，预制板和预制柱之间的接触面为平面，在接触面之间的立缝中浇筑砂浆或细石混凝土，形成平接接头，然后对整个楼盖施加预应力，即双向后张有粘结的预应力筋贯穿柱孔和相邻构件之间的明槽，并将这些预制构件挤压成整体预应力钢筋混凝土板柱结构；楼板依靠预应力及其产生的静摩擦力支承固定在柱上，板和柱之间形成预应力摩擦节点。明槽式整体预应力和板柱之间的预应力摩擦节点是该结构体系的两大特征。该结构具有良好的抗震性能，节点具有良好的延性。中国建筑科学研究院有限公司、四川省建筑科学研究院有限公司、北京市建筑设计研究院股份有限公司、中国地震局工程力学研究所、北京中建建筑科学研究院有限公司、清华大学以及昆明理工大学等单位对该结构体系进行了试验，试验结果均表明该结构体系的抗震性能不低于整体现浇结构，装配式整体预应力板柱框架结构特别适于在地震区推广应用。

该结构体系无梁无柱帽，建筑布置灵活，适于成片开发的商住楼、民居及体型规则的公用建筑。此外，该结构的灵活隔断给建筑师设计及用户使用提供了极大的方便，便于进行改造，为发展中国住宅建筑提供了较好的结构形式。

（2）键槽式预制预应力混凝土装配整体式框架结构（SCOPE 体系）

法国预制预应力建筑国际公司创建的世构体系在包括中国在内的 30 多个国家和地区得到了推广应用，该结构体系的全称为“键槽式预制预应力混凝土装配整体式框架结构体系”。该结构体系采用预制或现浇钢筋混凝土柱、预制预应力混凝土叠合梁、叠合板，通过钢筋混凝土后浇将梁、板、柱及键槽式梁柱节点（图 1-6）连成整体，形成框架结构体系。世构体系在国外已有 50 多年的历史，我国第一条世构体系生产线在南京建成投产，流水线上采用了高压蒸汽养护的先进技术，生产效率很高，24h 内就可生产出强度合格的预制构件。

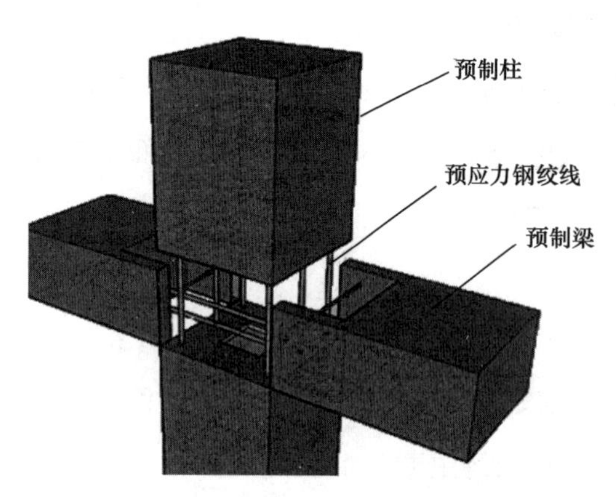

图 1-6　世构体系预制梁与柱的键槽式节点连接

世构体系的预制构件包括预制钢筋混凝土柱、预制混凝土叠合梁、叠合板。在工程实际应用中，世构体系主要有三种装配形式：① 采用预制柱，预制预应力混凝土叠合梁、叠合板的全装配；② 采用现浇柱、预制预应力混凝土叠合梁、叠合板，进行部分装配；③ 仅采用预制预应力混凝土叠合板，适用于各种类型结构的装配。此三类装配方式以第一种最为省时。由于房屋构成的主体是部分或全部为工厂化生产，且预制柱、预制梁、预制板均为专用机具制作，工业装配化水平高，标准化程度高，装配方便，只需将相关节点现场连接并用混凝土浇筑密实，房屋架构即可形成。

世构体系的预制叠合梁、叠合板的受力钢筋采用高强预应力钢筋（钢绞线、消除应力钢丝），通过先张法工艺生产。预制梁与预制柱之间采用键槽式节点连接，这是世构体系最大的特色。通过在预制梁端预留凹槽，预制梁的纵筋与伸入节点的 U 形钢筋在其中搭接。U 形筋主要作用是连接节点两端，并将梁纵向钢筋从传统的在节点区锚固的方式改变为预制梁端的预应力钢筋在键槽即在梁端塑性铰区搭接连接的方式，最后再浇筑高强微膨胀混凝土达到连接梁柱节点的目的。预制柱的柱底与混凝土基础的连接一般采用灌浆套筒连接，预留孔长度应大于柱主筋搭接长度，预留孔宜选用封底镀锌波纹管，封底应密实不漏浆，管的内径不应小于柱主筋外切圆直径。

（3）预压装配式预应力混凝土框架结构

预压装配式预应力混凝土框架结构起源于日本的一项名为“压着工法”的技术，采用工厂化生产的预制柱和预制预应力梁，在预制工厂中预制主梁和柱，对梁进行一次张拉，并预留二次张拉的钢筋孔道；运至现场直接吊装，梁柱就位后，将后张预应力筋穿过梁柱的预留孔道，对节点实施预应力张拉预压（二次张拉）。后张预应力筋既可以作为施工阶段拼装手段，形成整体节点，又可以在使用阶段作为受力钢筋承受梁端弯矩，构成整体受力节点和连续受力框架。

在遭遇地震作用后，预压装配式预应力混凝土框架结构具有很强的弹性恢复能力，预应力筋能够有效控制装配式混凝土结构在预制梁和预制柱的拼接处产生裂缝，提高构件和节点的抗裂性能，并且解决了预应力混凝土框架难以装配的问题。预压装配式预应力混凝土框架结构的节点具有较强的抗裂能力和抗剪能力，符合框架抗震设计的“强节点”要求，克服了传统装配式框架铰接节点整体性差、抗震性能差和梁端抗弯能力弱的缺点，增强了装配式框架结构的抗震性能。

（4）润泰体系

我国台湾省的“润泰体系”属于预制装配整体式混凝土框架结构体系，采用预制柱、叠合梁和叠合板等预制构件，柱中钢筋采用微膨胀砂浆套筒续接器进行连接，通过现浇钢筋混凝土将预制构件及节点连成整体的结构体系。在润泰框架结构体系中，预制柱的配筋方式是以一个中心大圆螺箍再搭配四个角落的小圆螺箍交织而成（图 1-7），螺箍可以减少工厂箍筋绑扎量，在结构效能与生产上的效率与方形箍相比都有大幅提升。

润泰框架结构体系的预制构件包括预制钢筋混凝土柱、预制混凝土叠合梁、预制混凝土叠合板，采用传统的装配整体式混凝土框架节点连接方法，即柱与柱、柱与基础之间采用灌浆套筒连接，通过现浇钢筋混凝土节点将预制柱与叠合梁连接成整体。润泰体系的施工过程是首先将预制柱吊装就位，利用无收缩灌浆料进行灌浆以实现柱与基础或上层柱与下层柱之间的连接；随后依次进行大梁吊装、小梁吊装，梁柱接头的封模以及大小梁接头灌浆，最后进行叠合楼板的吊装，后浇混凝土形成框架结构的整体。

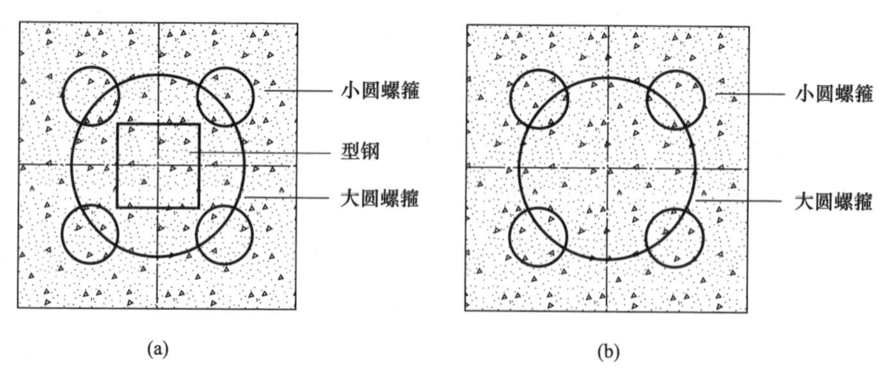

图 1-7　润泰体系预制多螺旋箍筋柱示意

（a）含型钢；（b）不含型钢

1.2.2　装配式混凝土剪力墙结构体系

装配式混凝土剪力墙结构刚度大，侧向变形小，抗震性能好；工业化程度高，预制比例可达 70%；适用于中小开间的建筑，室内空间规整，几乎无梁柱外露；成本可控，成本最低可与现浇剪力墙结构持平；可以选择局部或全部预制，可继承传统的户型平面，适合于有适当凹凸的平面户型。装配式混凝土剪力墙结构的缺点是单块剪力墙自重较大，吊装和安装较为困难；连接比较复杂，节点处工程量较多；边缘构件难以预制；不易满足需要大空间的建筑使用要求。

目前，装配式混凝土剪力墙结构是我国高层住宅的主要结构形式。在国外，装配式剪力墙结构多用于低层、多层和高层建筑，欧洲国家（如丹麦、德国、法国、英国等）装配式混凝土剪力墙结构可达 16～26 层，而日本的装配式剪力墙结构一般在 10 层以内，并且该结构形式在地震中表现出良好的抗震性能。装配式剪力墙结构是实现住宅产业化的有效途径之一。我国多家房地产企业和高校引进国外装配式剪力墙结构体系和技术，并加以吸收和创新，形成了多种装配式剪力墙结构的建造技术和方法。

根据构件预制工艺以及现场施工工艺的不同，装配式混凝土剪力墙结构体系可以分为内浇外挂式剪力墙结构、全装配式剪力墙结构、双板叠合式剪力墙结构等。

内浇外挂式剪力墙结构是应用较为广泛的形式，内墙采用现浇方式，外剪力墙由预制构件拼装而成，墙体之间采用现场现浇的方式，其整体性能被认为与现浇混凝土剪力墙结构完全等同，可以遵循现浇混凝土剪力墙结构的设计方法与构造原则。在施工方面，外墙模板省去了建筑外周支撑系统的搭设，方便了施工，且有利于外墙的抗渗漏。内浇外挂装配式混凝土剪力墙结构是目前较为认可的一种装配式混凝土剪力墙结构。

全装配式剪力墙结构是全部或大部分构件采用预制构件，上层和下层预制墙板之间通过套筒或浆锚搭接等方式进行连接。虽然试验已经基本证实套筒连接与浆锚搭接连接均可以有效传递钢筋应力，保证所连接的预制墙板间的受力整体性，但考虑到墙板完全预制后进行连接，与现浇混凝土剪力墙整体浇筑仍然存在差异，在设计时需要确保其整体性的连接构造，如在钢筋的套筒连接构造、浆锚搭接连接构造、预制墙板间后浇混凝土等方面加强措施。在施工方面，虽然节省了大量模板与支撑作业量，但对施工技术与质量的要求有所提高，在预制墙板的安装精度、套筒灌浆或浆锚灌浆的密实度、叠合板间拼缝的高低差等方面需要高度重视。

双板叠合式剪力墙结构采用预制的叠合墙板和叠合楼板，叠合墙板和叠合楼板在工程应用中使用标准化的预制构件。预制墙板采用双板叠合剪力墙，叠合剪力墙由两层预制板与格构钢筋制作而成，为了保证预制和现浇部分的可靠连接，需要设置穿越预制部分和现浇部分的钢筋桁架。双板叠合剪力墙现场安装就位后，在墙板间填充现浇混凝土（图 1-8），共同承担竖向荷载和水平荷载作用。格构钢筋可作为预制墙板的受力钢筋以及吊点，作为连接墙板两层预制板与现浇混凝土之间的连接钢筋，对提高结构整体性和抗剪性能发挥了重要作用。此形式的装配式混凝土剪力墙结构，考虑到预制墙板与中部现浇混凝土共同工作性能，实质上等同于现浇混凝土结构，可完全遵循传统现浇混凝土剪力墙结构的设计方法与构造原则。在施工方面，双板叠合式剪力墙节省了大量模板与支撑体系，且不存在钢筋套筒灌浆连接或浆锚搭接连接等精细化操作工艺，但是对墙板的安装精度仍然有较高要求，并且现场混凝土浇筑量比较大。此外，在制作工艺方面，对预制构件的制作工艺及设备提出了较高要求。

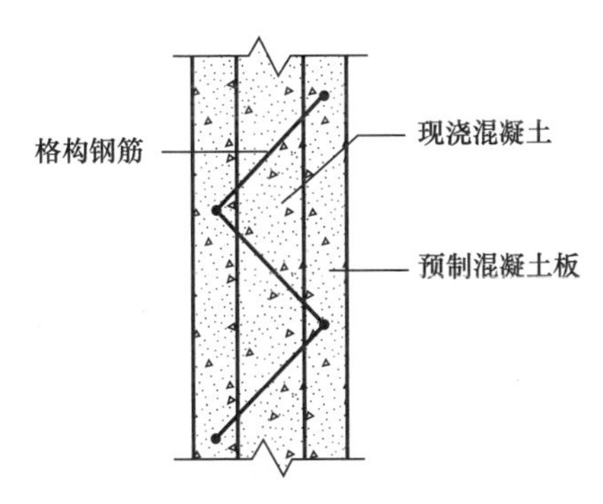

图 1-8　双板叠合式剪力墙

1.3　装配式混凝土建筑的设计简介

1.3.1　装配式混凝土建筑的协同设计概念

1. 一体化协同设计概念

一体化设计是指在建筑设计过程中，将各个专业的设计要求、技术参数、施工工艺等因素融合在一起，形成一个整体的设计方案。传统的建筑设计是一个相对独立的过程，而装配式建筑设计最重要的特点是一体化设计。装配式建筑项目设计除了包括概念/方案设计（可研阶段、报审阶段）、初步/扩初设计（技术阶段）、施工图设计（出图阶段）等阶段，还需要对施工图进行深化设计。在装配式建筑的建筑标准化设计阶段就必须综合考虑建筑设计、装修设计、结构设计、机电设计、工厂生产制造、运输、装配、运营维护等建筑全生命周期中的重要因素，将传统设计中的后期内容进行前置，从而为深化设计开展提供基础。在装配式建筑中，预制构件和部品部件的设计是一体化设计的重要内容之一，需要考虑各个专业的要求，如结构、电气、给水排水等，确保构件在拼装时的准确性和稳定性。同时，还要考虑材料的选择，确保构件的耐久性和安全性。

装配式混凝土建筑设计是一个有机的过程，"装配式"概念贯穿设计全过程，需要建筑设计师、结构设计师与机电、幕墙、装修等其他专业设计师密切合作，并且需要设计人员与加工制作厂家和安装施工单位的技术人员密切合作，建设单位、设计单位、预制构件厂、施工单位密切配合，建筑、结构、机电、装修等专业进行协同设计，考虑预埋、加工制作、安装、运输、吊装方案及质量控制等要求，通过装配式混凝土建筑的一体化协同设计，将各个专业的要求和技术参数融合在一起，形成一个整体的设计方案。

2. 一体化协同设计的基础

传统施工图设计图纸仅仅包含设计阶段的信息，没有包含工厂生产和施工阶段的设计信息，不能指导装配式建筑的生产施工过程，装配式混凝土建筑（建筑、结构、机电、内装、幕墙、绿色建筑）一体化协同设计基本模式采用协同、平行的设计模式，即建筑集成、结构支撑、机电配套、装修一体化的协同设计思路，统一空间基准规则、标准化模数协调规则、标准化接口规则，实现以建筑系统为基础，与结构系统、机电系统和装修系统的一体化装配，每个系统各自集成、系统之间协同集成，最终形成完整的装配式建筑。

装配式混凝土建筑一体化协同设计的基础是标准化、模数化、模块化。装配式混凝土建筑设计以标准化为基础，实现"少规格多组合"，从"千篇一律"演变到"千变万化"，标准化设计贯穿装配式混凝土建筑整个设计、生产、施工安装过程中。通过标准化设计实现装配式混凝土部品构件的标准化和建筑体系的标准化。对于标准化设计而言，模数化设计是标准化设计的前提，模数化设计是在进行建筑设计时使建筑尺寸满足模数数列的要求。在建筑工业化中，为实现大规模的生产和施工，不同材料、结构和形式的构件必须具有一定的通用性，实行模数化设计，统一协调建筑的尺寸。在装配式混凝土建筑设计中，建立标准化建筑单元模块，形成系列的标准化设计模块，组合成标准化功能模块，从而实现建筑模块化设计。

装配式混凝土建筑的结构系统、外围护系统、设备与管线系统和内装系统均应进行系统一体化标准设计，提高集成度、施工精度和效率。结构设计标准化由系列的标准化构件如混凝土梁、板、柱、墙（水平结构、竖向结构）等通过可靠的连接方式装配以形成结构体系；机电设计标准化由系列的设备、管道单元组合成标准化的机电模块（强弱电、给水排水、供暖、设备、管道），系列功能的机电模块集成化、模块化，装配成有机的机电系统；装修设计标准化由系列零配件、部品部件装配成标准化的装饰模块（外立面、内隔墙、顶棚、地面、厨卫），系列装饰模块装配成有机的装饰系统。

装配式混凝土建筑采用系统集成的方法统筹设计、生产运输、施工安装，实现全过程的协同。各系统设计（结构系统的集成设计、外围护系统的集成设计、设备与管线系统的集成设计、内装系统的集成设计等）应统筹考虑材料性能、加工工艺、运输限制、吊装能力等要求，内装设计应与建筑设计、设备与管线设计同步进行。

装配式混凝土建筑设计的核心是技术集成和专业协同，通过系统的装配式结构技术、绿色建筑技术、健康建筑技术、智能建筑技术、隔震减震技术、再生能源技术、信息化数字技术等技术集成，建筑、结构、机电、装修等专业协同设计，从而达到满足装配式建筑功能完善、性能良好、节能环保、造型新颖方面的设计要求。装配式混凝土建筑的全专业协同设计宜采用建筑信息模型（BIM）技术，实现全专业、全过程的信息化管理；宜采用智能化技术，提升建筑使用的安全、便利、舒适和环保等性能。装配式混凝土建筑设计宜建立信息化协同平台，采用标准化的功能模块、部品部件等信息库，统一编码、统一规则，全专业共享数据信息，实现建设全过程的管理和控制。

1.3.2　装配式混凝土建筑的建筑设计要点

装配式混凝土建筑设计应按照模数化、标准化、模块化的要求，以“少规格、多组合”为原则，实现建筑及部品部件的系列化和多样化。装配式混凝土建筑应实现全装修设计，内装系统应与结构系统、外围护系统、设备与管线系统进行一体化协同设计建造。

1. 模数化、标准化、模块化设计

建筑模数化、标准化、模块化是装配式建筑设计的关键技术。建筑标准化设计的基础是模数化设计，是以基本构成单元或功能空间为模块，如图 1-9 所示，采用基本模数、扩大模数、分模数的方法，实现建筑主体结构、建筑内装修以及部品部件等相互间的尺寸协调。

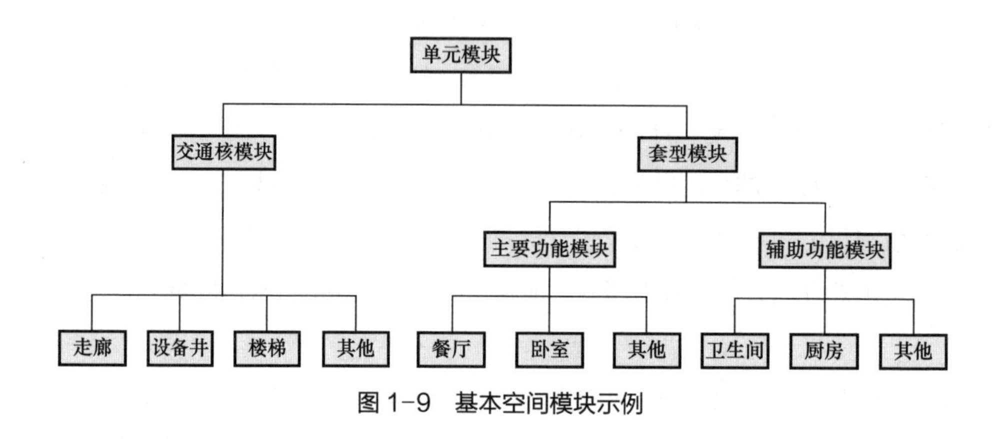

图 1-9　基本空间模块示例

（1）模数化

装配式混凝土建筑设计要重点考虑模数协调，参考装配式建筑要求以及结构工程师的意见进行建筑设计，建筑设计应符合现行国家标准《建筑模数协调标准》GB/T 50002 的有关规定。利用模数协调原则整合开间、进深尺寸，通过对基本空间模块（图 1-9 为住宅的基本空间模块）的组合形成多样化的建筑平面。装配式混凝土建筑的平面设计宜采用水平扩大模数数列 2*n*M、3*n*M（*n* 为自然数，M 为 100mm），做到构件部品设计、生产和安装等环节的尺寸协调。装配式混凝土建筑的开间、进深、层高、洞口等尺寸应根据建筑类型、使用功能、部品部件的生产与装配要求等确定。开间与柱距、进深与跨度、门窗洞口宽度等宜采用水平扩大模数数列 2*n*M、3*n*M。建筑层高、门窗洞口高度的确定涉及预制构件及部品的规格尺寸，应在立面设计中遵循模数协调的原则，确定合理的设计参数，宜采用竖向扩大模数数列 *n*M，保证建设过程中满足部件生产与便于安装等要求。建筑部件及连接节点采用模数协调的方法确定设计尺寸，使所有的部件部品成为一个整体，构造节点的模数协调，可以实现部件和连接节点的标准化，提高部件的通用性和互换性。梁、柱、墙等部件的截面尺寸宜采用竖向扩大模数数列 *n*M；构造节点和部件的接口尺寸宜采用分模数数列 *n*M/2、*n*M/5、*n*M/10。建筑设计的尺寸定位宜采用中心定位法和界面定位法相结合的方法，对于部件的水平

定位宜采用中心定位法，部件的竖向定位和部品的定位宜采用界面定位法。部品部件尺寸及安装位置的公差协调应根据生产装配要求、主体结构层间变形、密封材料变形能力、材料干缩、温差变形、施工误差等确定。

（2）标准化

标准化包括平面标准化、立面标准化、构件标准化和部品部件标准化。平面标准化通过定义一些常用的标准户型、功能单元，在建筑平面设计时由这些标准单元进行不同的模块化组合，实现平面的多样化，即有限模块的无限生长。立面标准化是指将外墙板、门窗、阳台、空调板、色彩单元等进行模块化集成。构件标准化则通过标准化的户型模块保证构件模块的预制构件规格少，标准化程度高。建筑基本单元、连接构造、构配件、建筑部品及设备管线等尽可能满足重复率高、规格少、组合多的要求。楼梯、阳台、空调板、凸窗宜统一标准。非竖向承重部分的外墙及内墙，适宜进行标准化，可有效降低成本。对于现浇部分节点，通过结构优化，也可实现标准化，便于施工。部品部件标准化是指具有相对独立功能的建筑产品，如厨房、卫生间、装饰部件等功能模块，通过模数协调和模块组合进行标准化设计，能覆盖多种标准户型，有效提高标准化程度。

（3）模块化

装配式建筑宜采用模块组合的标准化设计，将结构系统、外围护系统、设备与管线系统和内装系统进行集成设计。建筑的基本单元模块通过标准化的接口，按照功能要求进行多样化组合，建立多层级的建筑组合模块，形成可复制可推广的建筑单体。目前国内已开始进行标准化户型的研究，力求做到标准化预制构件、部品、功能房间，提高装配效率。标准化同样可以考虑灵活可变的元素，进而创造出丰富的立面形式。例如，在居住建筑设计中，遵循可持续、可变化的设计理念，可以将厨房模块、卫浴模块、客厅模块、居室模块、阳台模块和交通模块等基本单元模块进行组合，形成不同套型单元模块，从而形成系列标准化平面单元和标准化立面单元；将套型模块、廊道模块、核心筒模块等再组合成标准层模块，依此类推，最终形成可复制的模块化建筑。某装配式混凝土住宅建筑的模块化设计案例如图 1-10 所示。

装配式混凝土建筑应满足适用性能、环境性能、经济性能、安全性能、耐久性能等要求，并应采用绿色建材和性能优良的部品部件，研究“可推广、可复制”“低成本、高效益”的绿色建筑产业化技术集成体系。

2. 装配式混凝土建筑专业设计的基本要求

装配式混凝土建筑设计时既要考虑装配式建筑预制构件的最大长度和最大重量，

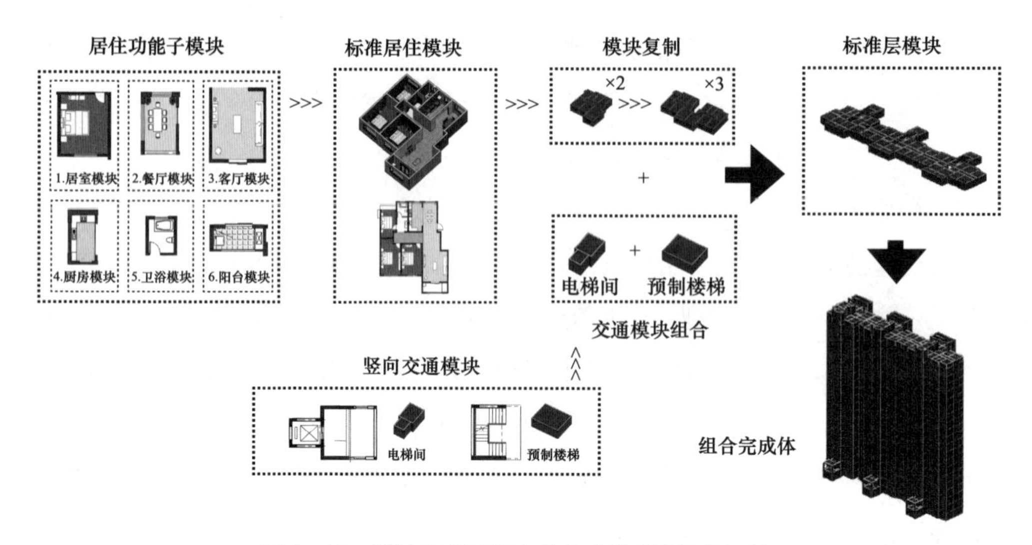

图 1-10 某装配式混凝土住宅建筑的模块化设计

使之满足吊装、运输设备的限制条件，又要考虑构件尺寸的模数化、标准化，并尽量减少规格种类，以满足工厂化生产的要求，提高生产效率。与现浇混凝土建筑相比，装配式混凝土建筑的平面布置更加规则、均匀，应具有良好的整体性。装配式混凝土建筑的平面长宽比不宜过大，局部凸出或凹入部分的尺寸也不宜过大。

对于装配式混凝土建筑来说，避免设计出怪、奇、特、不规则、重复率小等不适合进行装配式深化设计的造型方案，尽量达到模数化，减少种类。如果有条件，建筑平面应尽量保证平整，减少凹凸。建筑外立面设计以简洁为原则，不宜有过多的外装饰构件和线脚。装配式混凝土建筑预制构件水平和竖向的拼缝对建筑的外立面会有较大的影响，建筑方案设计时应考虑如何处理拼缝。标准化、模数化、集成化是降低生产成本的基础，是提高施工速度的基础，更是体现装配式建筑优势的基础。

装配式结构的建筑设计对建筑师提出更高要求，要求建筑师具有工业化建筑设计理念，尽量按照标准化生产，设计出可组合的单元、可重复利用建筑构配件，这对于降低工程造价是十分重要的。建筑设计方案应使结构构件规格尽量统一，例如在一些项目中出现了两种预制板板型，一边长度相同，另一边长度相差不大，但无法将两者归为一种板型来生产制造，这样直接增加了模具套数，减少了模具周转率，影响生产速度并导致制作成本的增加，因此在建筑设计中就需要考虑结构设计，尽量统一构件尺寸规格。装配式混凝土建筑设计，还需要考虑其他专业设计的影响。对于水、暖、电设备及装饰装修来说，箱位布置、管线走向及叠加问题尤为重要，如水、暖、电的走线，当沿横向布置管线时，要考虑管线叠加后对板厚的影响以及管线叠加后相应位置的板是否仍适合做预制；当沿纵向布置管线时，要考虑是否需要留洞、穿孔、预埋等情况，如遇预埋，预埋件的高度需要高出预制板面还是平齐于预制板面，均需提前明确沟通。

与普通混凝土建筑相比，对于装配式混凝土建筑，建筑设计说明中需要增加的内容包括：① 简述项目的装配要求，包括采用装配式的建筑面积和单体预制率；② 说明项目采用装配整体式建筑单体的分布情况、范围、规模、所采用的装配结构体系以及预制构件种类、部位等；③ 在主要经济指标中，应包含各装配整体式建筑单体的建筑面积统计，在建筑面积统计时，如果有预制外墙满足不计入规划容积率的条件，需要列出各单体中该部分面积，说明外墙预制构件所占外墙面积比例及计算过程，并说明是否满足不计入容积率的条件；④ 在用料说明和室内外装修中，应包含预制装配式构件的构造层次，当采用预制外墙时，应注明预制外墙外饰面做法、外墙预制构件接缝防水防火等构造措施。

在建筑设计平面图中，对于采用装配整体式结构的单体建筑，应在平面图中用不同图例注明采用的预制装配式构件（图 1-11），反映预制混凝土（Prefabricated Concrete，简称 PC）构件类型、名称、尺寸、重量，进行窗洞大小和各栋建筑相同预制构件的整合。平面图中还应具体标示出预制装配式构件的板块划分位置，并注明构件与轴线关系尺寸。此外，应包含预制装配式构件与主体现浇部分的平面构造做法。在立面图中应做好预制装配式构件板块的立面示意，表示出预制装配式构件板块划分的立面分缝线、装饰线和饰面做法。在剖面图中，如果剖到预制构件，应用不同图例注明采用预制构件位置。平面放大详图应表达出预制构件与主体现浇之间、预制

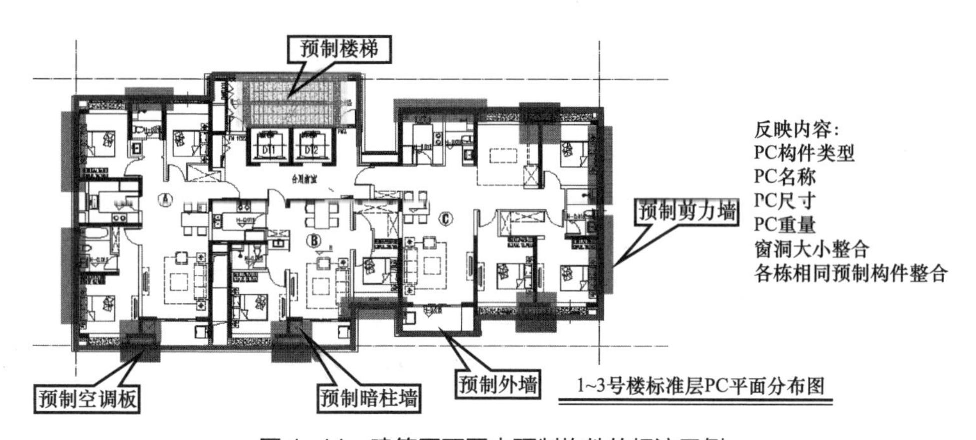

图 1-11　建筑平面图中预制构件的标注示例

构件之间水平和竖向构造关系，表达构件连接、预埋件、防水层、保温层等交接关系和构造做法；当预制外墙为反打面砖或石材时，应表达其铺贴排布方式。节点详图中，应表达预制装配式构件拼接处防水、保温、隔声、防火等的典型构造大样。

同现浇混凝土建筑设计有所区别，对于装配式混凝土建筑，在建筑、结构、设备和装饰装修等方案确定后，设计人员开始进行深化方案设计，确认深化的种类和部位；在制定方案时，要遵循基本深化原则，在保证结构安全的前提下，尽可能对构件进行分组归类，减少构件种类，使标准化预制构件的应用比例提高，使装配式的优势体现在项目进行的各个阶段。综合考虑装配式建筑的特点、标准化、模数化以及深化设计人员确认需要深化的范围，来进行装配式建筑设计。

1.3.3 装配式混凝土建筑的结构设计要点

1. 结构设计基本规定和要求

装配式混凝土结构以行业标准《装配式混凝土结构技术规程》JGJ 1—2014 为主要设计依据，通过可靠的连接技术以及必要的结构构造措施，装配整体式混凝土结构设计可以等同现浇混凝土结构设计，与现浇结构一样采用以概率理论为基础的极限状态设计方法。根据《装配式混凝土结构技术规程》JGJ 1—2014 中第 6.1.10 条规定，装配式结构构件及节点应进行承载能力极限状态及正常使用极限状态设计，并应符合现行国家标准《混凝土结构设计标准（2024 年版）》GB/T 50010、《建筑抗震设计标准（2024 年版）》GB/T 50011 和《混凝土结构工程施工规范》GB 50666 等的相关规定。根据《装配式混凝土结构技术规程》JGJ 1—2014 中第 6.3.2 条规定，装配整体式结构承载能力极限状态及正常使用极限状态的作用效应分析可采用弹性方法。

按照装配方式分类，装配式混凝土结构主要包括装配整体式混凝土结构和全装配混凝土结构。装配整体式混凝土结构采用预制构件与后浇混凝土相结合的方法，通过节点的合理设计与构造，使得整体结构具有与现浇结构一致的受力性能，其结构分析、内力计算与现浇混凝土结构基本相同。在构件配筋构造方面，由于需要考虑预制构件之间的节点连接，一般会采取进一步的加强措施。而在全装配式混凝土结构中，各预制构件之间主要通过螺栓连接、焊接连接、预应力筋压接等干性连接，整体的强度、刚性等与现浇混凝土结构并不一致，且结构内力呈现出非连续传力特点，因此建筑整体性和抗侧向作用的能力较差，不太适用于高层建筑，在国外的一些低层和多层建筑中使用较多。

近年来我国不断完善设计规程，出台了《预制预应力混凝土装配整体式框架结构技术规程》JGJ 224—2010、《装配式混凝土结构技术规程》JGJ 1—2014、《钢筋套筒灌浆连接应用技术规程（2023 年版）》JGJ 355—2015、《装配式混凝土建筑技术标准》GB/T 51231—2016、《装配式混凝土框架节点与连接设计标准》T/CECS 43—2021 等一系列装配式混凝土建筑设计相关技术标准。

装配式混凝土建筑的结构设计应该按照相关规范，以现行国家标准《混凝土结构设计标准（2024 年版）》GB/T 50010、《高层建筑混凝土结构技术规程》JGJ 3 和《建筑抗震设计标准（2024 年版）》GB/T 50011 等规范为基本设计依据，但与现浇混凝土结构有所不同，深化布置部分涉及混凝土强度等级、配筋、出筋、尺寸的变化，如一般住宅的预制部分板需加厚，钢筋和间距有时需加大加密。结构需要对设计深化部分的构件进行重新计算分配，来实现装配式建筑能等同于现浇混凝土结构的设计理念。《装配式混凝土结构技术规程》JGJ 1—2014 和《装配式混凝土建筑技术标准》GB/T 51231—2016 中有一些特殊的规定，装配式混凝土结构的设计必须严格按照规范进行设计计算。

装配式混凝土结构的平面布置宜规则、对称，并应具有良好的整体性；楼梯间的布置不应导致结构平面的显著不规则；建筑立面和竖向剖面宜规则，结构的侧向刚度宜均匀变化，竖向抗侧力构件的截面尺寸和材料宜自下而上逐渐减小，避免抗侧力结构的侧向刚度和承载力竖向突变，承重构件宜上下对齐，结构侧向刚度宜下大上小。结构相关预制构件（柱、梁、墙、板）的划分，应遵循受力合理、连接简单、施工方便、少规格、多组合、能组装成形式多样的结构系列的原则。

装配式混凝土结构的最大适用高度与结构形式、抗震设防烈度等诸多因素有关。当结构中竖向构件全部为现浇且楼盖采用叠合梁板时，房屋的最大适用高度可按现行行业标准《高层建筑混凝土结构技术规程》JGJ 3—2010 中的规定执行。《装配式混凝土结构技术规程》JGJ 1—2014（以下简称《装规》）规定的装配式混凝土建筑最大适用高度与《高层建筑混凝土结构技术规程》JGJ 3—2010（以下简称《高规》）规定的现浇混凝土结构的最大适用高度比较如下：

（1）装配式混凝土框架结构与现浇混凝土框架结构最大适用高度一样。

（2）框架装配式、剪力墙现浇的框架－剪力墙结构，与现浇框架－剪力墙结构最大适用高度一样。

（3）结构中竖向构件全部现浇，仅楼盖采用叠合梁、板时，与现浇混凝土结构最大适用高度一样。

（4）剪力墙结构、框支剪力墙结构，装配式混凝土结构比现浇混凝土结构最大适用高度降低 10～20m。

（5）《装规》对装配式筒体结构没有给出规定。

装配式混凝土结构（《装规》）与现浇混凝土结构（《高规》）最大适用高度的对比见表 1-2。

装配式混凝土结构与现浇混凝土结构最大适用高度对比（单位：m）　　表 1-2

结构体系	非抗震设计		抗震设防烈度							
			6 度		7 度		8 度（0.2g）		8 度（0.3g）	
	《高规》	《装规》	《高规》	《装规》	《高规》	《装规》	《高规》	《装规》	《高规》	《装规》
框架结构	70	70	60	60	50	50	40	40	35	30
框－剪结构	150	150	130	130	120	120	100	100	80	80
剪力墙结构	150	140（130）	140	130（120）	120	110（100）	100	90（80）	80	70（60）
框支剪力墙	130	120（110）	120	110（100）	100	90（80）	80	70（60）	50	40（30）
框架－核心筒	160		150		130		100		90	
筒中筒	200		180		150		120		100	
板柱－剪力墙	110		80		70		55		40	

注：1. 表中，框－剪结构部分全部为现浇。
2. 装配整体式剪力墙结构和装配整体式部分框支剪力墙结构，在规定的水平力作用下，当预制剪力墙结构底部承担的总剪力大于该层总剪力的 50% 时，其最大适用高度应适当降低，当预制剪力墙结构底部承担的总剪力大于该层总剪力的 80% 时，最大适用高度应取表中括号内的数值。
3. 装配整体式剪力墙结构和装配整体式部分框支剪力墙结构，当剪力墙边缘构件竖向钢筋采用浆锚搭接连接时，房屋最大适用高度应比表中数值降低 10m。
4. 对于超过表内高度的房屋，应进行专门研究和论证，采取有效的加强措施。

预制预应力混凝土框架结构的高度设计，应该遵照标准《预制预应力混凝土装配整体式框架结构技术规程》JGJ 224—2010，并且地震设防时的预制预应力混凝土框架结构的适用高度比普通装配式混凝土结构的适用高度要低，预制预应力混凝土装配整体式结构适用的最大高度见表 1-3。

预制预应力混凝土装配整体式结构适用的最大高度（单位：m）　　表 1-3

结构类型		非抗震设计	抗震设防烈度	
			6 度	7 度
装配式框架结构	采用预制柱	70	50	45
	采用现浇柱	70	55	50
装配式框架－剪力墙结构	采用现浇柱、墙	140	120	110

装配式混凝土结构应根据设防类别、抗震设防烈度、结构类型和房屋高度采用不同的抗震等级。装配式框架结构和装配式框架－现浇剪力墙结构的抗震等级与现浇结构相同，装配整体式剪力墙结构和部分框支剪力墙结构的抗震等级的划分高度比现浇混凝土结构适当降低。

装配式混凝土结构中所采用的混凝土、钢筋和钢材的各项力学性能指标和耐久性要求应分别符合现行国家标准《混凝土结构设计标准（2024 年版）》GB/T 50010 和《钢结构设计标准》GB 50017 的规定。预制构件的混凝土强度等级不宜低于 C30；预应力混凝土预制构件的混凝土强度等级不宜低于 C40，且不应低于 C30；现浇混凝土强度等级不应低于 C25。钢筋的选用应符合现行国家标准《混凝土结构设计标准（2024 年版）》GB/T 50010 的规定。普通钢筋采用套筒灌浆连接和浆锚搭接连接时，钢筋应采用热轧带肋钢筋。热轧带肋钢筋的肋，可以使钢筋和灌浆料之间产生足够的摩擦力，有效地传递应力，从而形成可靠的连接接头。钢筋套筒灌浆连接接头采用的灌浆套筒和灌浆料应符合现行行业标准《钢筋连接用灌浆套筒》JG/T 398、《钢筋连接用套筒灌浆料》JG/T 408 以及《钢筋套筒灌浆连接应用技术规程（2023 年版）》JGJ 355 的规定。

由于底部加强区对结构整体的抗震性能很重要，构件截面大且配筋较多连接不便，而且结构底部或首层往往不太规则，不适合采用预制构件，因此高层装配式剪力墙结构的底部宜采用现浇结构，高层装配整体式框架结构的首层宜采用现浇结构。为保证结构的整体性，高层装配式混凝土结构中屋面层和平面受力复杂的楼层宜采用现浇楼盖，当采用叠合楼盖时，后浇混凝土叠合层厚度不应小于 100mm，且后浇层内应采用双向通长配筋。

对于装配式混凝土建筑，结构设计说明应补充材料选择、连接方式、制作要求、施工方案、堆场要求、安全生产等内容，标示出装配式结构构件的典型连接方式（包括结构受力构件和非受力构件等连接），施工、吊装、临时支撑要求及其他需要说明的内容；做好采用预制混凝土构件的相关说明，包括预制构件混凝土强度等级、钢筋种类、钢筋保护层等；主要结构材料部分要写明连接材料种类，包括连接套筒型号、浆锚金属波纹管、水泥基灌浆料性能指标、螺栓规格、螺柱所用材料、接缝所用材料、接缝密封材料及其他连接方式所用材料等。结构平面图中应区分现浇结构及预制结构；绘出预制结构构件的位置及定位尺寸；绘制构件拆分图，预制构件平面、立面拆分及构件详图、施工预埋件定位及布置图等。

对于装配式混凝土结构来说，结构分析主要包括抗震分析、构件短暂工况验算、抗剪键的设计与计算等，并进行结构施工图清单及材料统计。主体结构抗震分析主要包括结构质量分布、结构周期和振型、变形验算、各楼层受剪承载力、结构剪重比、楼层刚度比、抗倾覆和稳定验算。结构设计计算中采用装配式结构的相关系数调整计算，结构计算参数调整包括地震作用调整（对既有现浇也有预制抗侧力构件，现浇抗侧力构件地震作用放大 1.1 倍）、周期折减系数、梁刚度放大系数、剪力墙厚度折算、梁端弯矩调幅、荷载复核。经过结构设计分析，可以进行各构件和节点设计；进行构件各阶段计算，包括脱模、吊装和施工验算，进行脱模埋件和吊装埋件设计；此外，还应进行装配式结构连接接缝计算、预制率的计算、无支撑叠合构件两阶段验算、夹心保温板连接计算。

装配式混凝土建筑的结构设计中一项重要的工作是进行预制构件深化设计，深化设计包括了构件的拆分设计、构件的拼装连接设计和构件的加工深化设计。结构深化设计图主要包含深化设计总说明、深化节点总说明、深化平面布置图和深化构件详图。根据要说明的内容，有时也可将深化设计总说明和深化节点总说明合为一张深化设计总说明图纸。深化设计总说明一般包括：工程概况、设计依据、深化混凝土结构拆分、预制构件深化设计、钢筋混凝土预制构件生产技术要求、预制构件装配施工技术要求、构件脱模存放运输吊装和其他特殊说明。深化节点总说明包括单向叠合板板侧分离式拼缝构造示意图、双向叠合板整体式接缝构造示意图、钢筋遇线盒或洞口的补强做法，钢筋弯折要求，与中间支座、边支座的连接构造，与后浇带的连接构造，降板接缝连接构造，节点区混凝土要求示意图等项目中所含有的一切相关节点构造说明示意图。节点说明中的节点示意图应使用现行的、权威的图集、规范、规程等作为绘制依据。深化平面布置图中应对构件的预制范围、现浇范围、编号、位置尺寸、距离、后浇带的位置尺寸、安装方向等有明确的标注。框架结构施工图纸中会含有预制梁、板、柱、楼梯等主要构件详图，剪力墙结构施工图纸中会含有预制外墙板、内墙板、楼板、楼梯等主要构件详图，都应附上对应的、有变化的、不同楼层的深化平面布置图，并配有对应的结构层高表。深化构件详图一般包括：构件详图、构件信息统计表、示意图或说明。预制构件标记方法可以采用统一的代号、序号。

2. 装配式混凝土结构的构件拆分

预制构件的拆分方案设计是装配式建筑深化设计的关键环节。构件拆分设计需要满足建筑功能设计，符合结构分析结果，并考虑生产和施工等多种因素。构件拆分的具体实施阶段一般是在结构分析完成，开始进行深化设计时进行。构件拆分设计后形成各单体构件，以便在工厂加工，然后将单体构件运输至现场进行组装以满足工业化建造的要求。合理的装配式建筑设计不应是在结构设计阶段才考虑构件拆分，而是应该从建筑方案选型时开始，通过建筑的标准化设计实现“模数统一、模块协同、少规格、多组合”的目标。建筑标准化设计包括平面标准化、立面标准化、构件标准化和部品部件标准化，采用标准化构件可以提高模板重复利用率，降低建造成本，提高建造速度和质量。做好构件的拆分可以更有利于工厂化生产、运输以及施工安装，可以有效地降低成本，提高效率。构件拆分是装配整体式混凝土结构不同于现浇混凝土结构的重要特性之一。

构件拆分的影响因素有很多，包括结构合理性、建筑功能性和艺术性、构件的制作运输和安装等。在满足结构和功能要求的同时，拆分方案的设计应综合考虑标准化、经济性、规模性等几个方面。

从结构合理性考虑，构件拆分应当符合以下原则：① 结构拆分应考虑结构的合理性。如对于四边支承的叠合楼板，板块拆分的方向（板缝）应垂直于长边；外立面的外围护构件尽量单开间拆分。② 构件接缝（如预制剪力墙接缝）位置选在受力较小的部位。③ 高层建筑结构体系套筒连接节点应避开塑性铰位置。具体地说，柱、梁结构一层柱脚、最高层柱顶、梁端部和受拉边柱，这些部位不应设计套筒连接部位；避开梁端塑性铰位置，梁的连接节点不应设在距离梁端 h 范围内（h 为梁高）。④ 尽可能统一和减少构件规格，遵循少规格、多组合的原则，使得构件拆分连接巧妙简单。⑤ 应当与相邻的相关构件拆分协调一致，如叠合板的拆分与支座梁的拆分需要协调一致。⑥ 受现场脱模、堆放、运输、吊装的影响，要求单构件重量尽量差不多，一般不超过 6t，长度不宜超过 6m，极限为 7m，拼缝宽 15～25mm。⑦ 立面拆分原则是构件拆分不跨层，以楼层为单位。

考虑制作、运输、安装条件对预制构件拆分的限制，构件拆分应满足以下要求：① 预制构件拆分时，应考虑预制构件在生产过程中的方便支模和浇筑，尽可能采用统一或可变的模板进行制作。② 构件的拆分还应该考虑运输要求，拆分后的构件应便于在运输车辆中码放，方便可靠地张紧固定在运输平台上，并考虑运输车辆的尺寸要求以确定其尺寸；一般公路运输的货车总宽不大于 2.5m，货车高度不大于 4.2m（从地面算起），货车总长不大于 18m，超过上述尺寸时需要到当地交通管理部门申请，给预制构件的运输带来较大的限制。③ 构件的拆分应利于构件在安装过程中的方便定位和临时固定，以便尽早脱钩，提高吊装效率。在安装过程中，应避免不同构件端部钢筋的穿插，以便可以按照从上到下的顺序快速就位。构件就位后，通过绑扎少量的贯通钢筋或连接钢筋，并在后浇区域内浇填混凝土，将构件连为整体，形成结构。

装配式框架结构的构件拆分一般可以分为两种，水平结构构件预制、竖向结构构件现浇，水平结构构件预制、竖向结构构件预制。当采用水平结构预制叠合构件时，即预制梁和预制楼板均为预制叠合构件，预制构件上还需浇筑一层现浇混凝土叠合层，施工完成后，预制构件与现浇层形成一个整体，共同传递荷载，形成装配整体式混凝土结构。叠合板有多种形式，常见的包括带肋叠合板、钢筋混凝土叠合板、预应力混凝土叠合板等。叠合板具有良好的承载能力和刚度，当楼板无大开洞时，叠合楼板的现浇层与现浇楼板一样，可以保证结构整体性，可协调各榀抗侧力结构共同作用，可以满足平面内无限刚度的假定；当楼板有大开洞时，要对叠合板进行弹性分析，以满足现浇混凝土结构的要求。因竖向构件现浇，预制梁纵筋全部在现浇梁柱节点区内锚固，其锚固构造与现浇结构一样。箍筋的设置也可以与现浇构造一致。与现浇结构不同的是这种结构形式要根据现行行业标准《装规》中第 6.5.1 条对预制梁端部抗剪承载力进行验算。水平为预制楼板、预制梁和现浇层，竖向为现浇构件的装配式混凝土结构，如图 1-12 所示，结构的横向刚度大，整体性能好，这种形式的装配式结构的受力特性与传统的现浇混凝土结构相近。在保证节点钢筋连接可靠性的基础上，这种结构可以被认为与传统现浇混凝土结构等同，设计采用的分析方法可参照现浇混凝土结构，结构的抗震等级均可按照现浇混凝土结构的采用。

与横向预制、竖向现浇构件相比，竖向和横向都预制的混凝土结构，具有更高的生产和施工效率，装配化程度高，但结构的受力也更加复杂，与现浇结构的差异也更大。目前，我国高层规范、抗震标准、混凝土标准以及相关图集对混凝土抗震框架柱的纵筋连接提出要求，其中规定框架柱和剪力墙竖向纵筋不得在梁柱节点区域上下 500mm 范围内驳接。由于预制构件制作和施工工艺的要求，我国预制柱通常在楼面标高处进行钢筋连接，因此很难满足上述要求。现行行业标准《高规》中第 6.5.3 条规定：位于同一连接区段内的受拉钢筋接头面积百分率不宜超过 50%。采用预制竖向构件的装配式混凝土结构无法满足这项要求。根据装配式结构的拆分位置，可以将横向、竖向都预制的混凝土结构分为以下几种拆分形式：节点、梁、柱分别预制；节点与梁一起预制、柱预制；节点现浇，梁、柱预制；节点与柱一起预制、梁预制；T 形构件拆分形式。如图 1-13 所示为节点现浇，梁、柱预制的拆分方式。

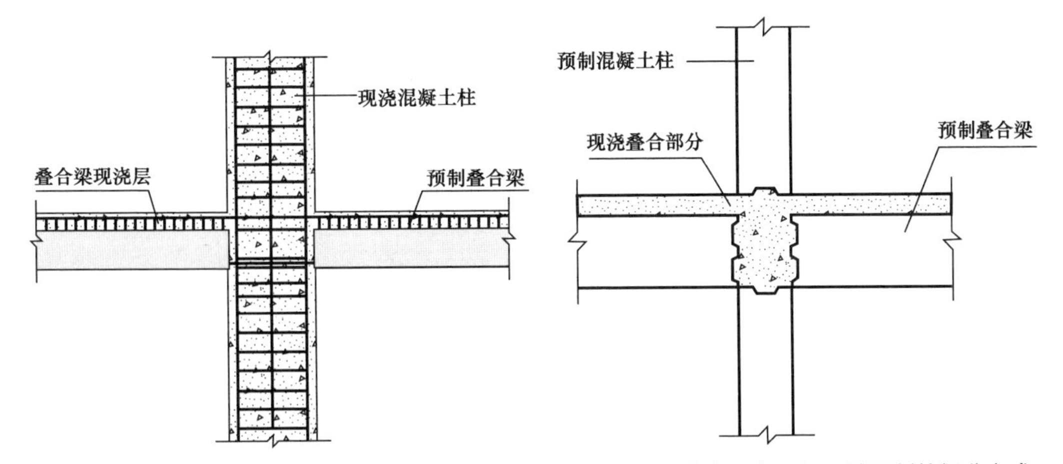

图 1-12　叠合梁与现浇柱示意　　图 1-13　节点现浇，梁、柱预制的拆分方式

装配式剪力墙结构主要有三种拆分方式：边缘构件全部现浇、非边缘构件预制；边缘构件部分现浇、水平钢筋环插筋连接；外墙全预制、现浇部分设置在内墙。边缘构件全部现浇、非边缘构件预制的拆分方式如图 1-14 所示，此部位的钢筋连接与现浇结构的连接方式相同，仅在墙体竖向分布钢筋处采用套筒连接，套筒数量比较少，所以此种拆分方式的抗震性能与现浇结构基本相同。但是现浇部位模板复杂，水平分布钢筋与边缘构件箍筋如果满足搭接长度，则会导致现浇区域过大。在水平作用下，窗下的墙体对主体结构约束增强。边缘构件箍筋承担水平剪力，预制墙板变成竖向传力构件，使结构整体传力途径不清晰，与现浇结构设计思路有差异。边缘构件部分现浇、水平钢筋环插筋连接的拆分方式如图 1-15 所示，可以缩短现浇节点的长度，使成本大大降低。但是现浇区域比较小，箍筋环插筋连接操作困难，存在搭接长度不满足要求的问题，外墙还需要模板。外墙基本全预制、现浇部分设置在内墙的拆分方式如图 1-16 所

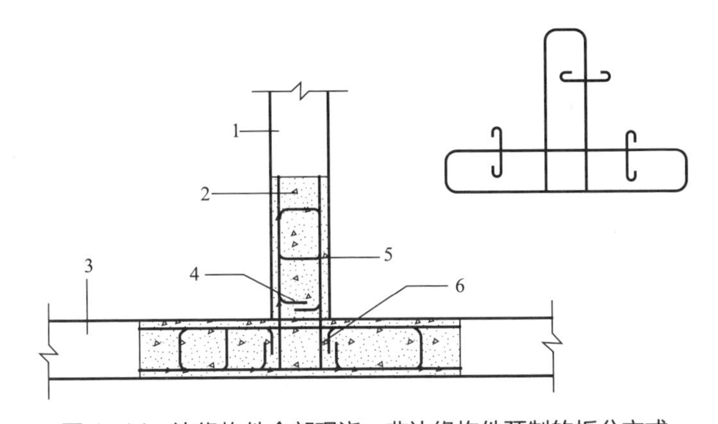

图 1-14　边缘构件全部现浇、非边缘构件预制的拆分方式

1—预制墙板；2—现浇部分；3—预制外墙板；4—拉筋；5—水平连接钢筋；6—边缘构件箍筋

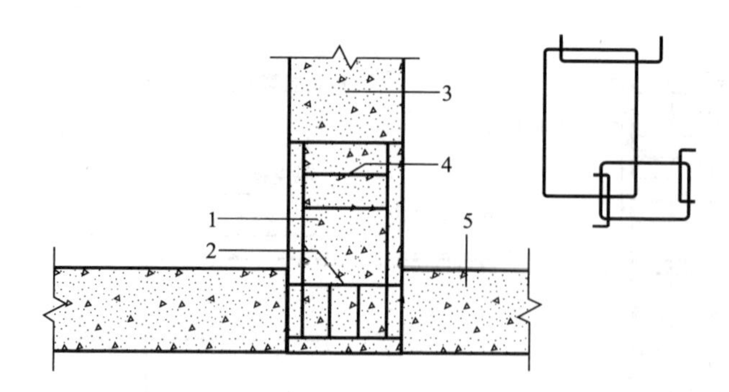

图 1-15　边缘构件部分现浇、水平钢筋环插筋连接的拆分方式

1—现浇部分；2—构件钢筋；3—预制墙板；4—边缘构件箍筋；5—预制外墙板

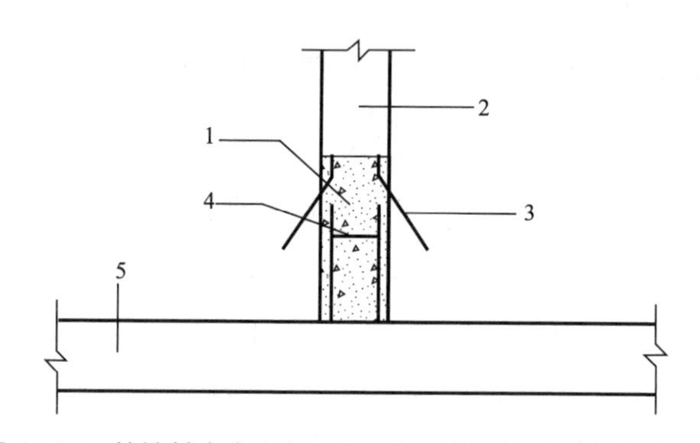

图 1-16　外墙基本全预制、现浇部分设置在内墙的拆分方式

1—现浇部分；2—预制墙板；3—水平连接钢筋；4—边缘构件箍筋；5—预制外墙板

示，这种拆分方式是建立在柱梁体系拆分方法的基础上的改进。外墙基本全预制，内墙可选择部分预制或者全部现浇，这种拆分方式的基本连接构造是在剪力墙上按照连梁纵向钢筋的直径预留出梁窝，连梁纵向钢筋可以选择直锚或弯锚。若外墙尺寸足够，为了便于施工，上部钢筋的锚固最好采用直锚。这种拆分方式的外墙几乎全部预制，现浇构件的数量相对减少，现浇部分模板结构简单，便于制作。而且相较于前两种的拆分方式，外墙全预制、内墙部分预制或全部现浇的拆分方式的传力途径更加清晰。

3. 构造要求

（1）总体构造要求

在我国早期的工程实践中，装配式结构在地震作用下会产生较多的损伤，严重的会丧失整体性，造成整体结构的倒塌，或者局部构件的连接不足掉落从而威胁生命财产安全。因此，长期以来人们产生了“装配式结构整体性不高”的印象，限制了装配整体式建造模式的应用和发展。大量的试验研究表明，通过采取必要的构造措施，贯彻落实这些构造措施的执行，装配整体式结构也能具有足够的整体性，这正是新时期建筑工业化能够得以推广和应用的基础。

构造措施应使连接节点具有足够的整体性。节点把各独立的构件有效连接起来，形成一个整体，共同抵抗外部荷载。装配整体式结构的节点具有多种形式，节点连接预制的墙、梁、柱、板构件形成能够承受作用的整体结构。调查表明，在地震中整体倒塌的建筑物，梁柱构件的破坏都比较轻，倒塌主要是由于框架结构各构件之间的连接发生了破坏。所以，预制构件的节点是装配式混凝土结构的薄弱环节，也是设计的重点。节点对整个装配式结构有着至关重要的意义，能否通过构造措施使节点具有良好的整体性能，是装配式结构能否有效工作的关键。

构造措施应尽量减少构件和节点的类型和数量。装配式混凝土结构的各种预制构件，是在工厂中统一机械化制作，然后运送到现场进行拼装施工的。所以减少构件的类型，可以充分发挥工厂机械化生产的优势，从而提高生产效率，加快施工进度。对比以手工现浇为主的传统施工模式，装配式混凝土预制构件都是在工厂里按照统一的标准生产出来的，可以避免许多现浇过程中出现的质量问题，可以对构件的尺寸和外观进行有效控制。减少构件的类型，可以在保证质量的同时实现批量化生产。要求构件的数量少，从而可以减少节点接头的数量，发挥工业化的优势；要求节点的类型少，从而可以简化构造，确保传力和受力，构造措施是否合理，直接影响装配整体式结构是否具有良好的经济性。

构造措施应使节点发挥出良好的承载能力和延性。连接节点是构件的交汇点，由于在工地现场完成连接，混凝土的浇筑和养护条件不如工厂预制时完善，因此容易成为结构的薄弱环节；另一方面，节点又是受力的关键区域，各种荷载产生的内力在节点处转换、传递，尤其是框架结构的梁柱节点，其还要承受地震作用产生的内力作用。节点在超载情况下，很有可能产生屈服，故要求节点能维持屈服强度而不致产生脆性破坏，并提供适当的延性耗散地震的能力。因此，应在节点处加以约束，以便提供较大的变形能力，有利于内力的重分布和耗能减震。

构造措施应保证安装的方便。由于连接处构造复杂、钢筋数量种类繁多、空间狭小等，装配式结构现场拼装时会出现很多问题，比如钢筋定位偏差，套筒连接时钢筋与预制套筒位置错位偏移，灌浆不饱满等。在吊装过程中，各个部件之间的拼接误差较大，现场预制构件尺寸有大有小，导致有的安装后有缝隙，部分构件安装不上去，整体结构安装质量不过关。此外还会出现构件安装顺序错误等问题，一旦有此类情况发生，就会耗费大量的时间来解决问题，严重的还会影响工程进度。因此，构造措施必须充分考虑工地现场的安装可行性，对可能发生的意外情况做好预案。

（2）基本预制构件的构造

1）叠合板

装配式混凝土结构中的楼板，大多采用的是叠合板的施工工艺。叠合板安装流程为：叠合板支撑安装—叠合板吊装就位—叠合板位置校正—绑扎叠合板负弯矩钢筋—支设叠合板拼缝处等后浇区域模板。叠合板包括钢筋桁架混凝土叠合板（图 1-17）、PK 预应力混凝土叠合板、SP 预应力空心楼板等。钢筋桁架混凝土叠合板是目前国内最为流行的预制板，包括预制层和现浇层，预制层包括钢筋桁架和底部的混凝土层。钢筋桁架主要由上下弦钢筋和腹杆钢筋组成，沿板主要受力方向布置，距离板边不应大于 300mm，间距不宜大于 600mm，混凝土保护层厚度不应小于 15mm。钢筋桁架混凝土叠合板可根据预制板接缝构造、支座构造、长宽比按单向板或双向板设计；在预制板内设置钢筋桁架，可增加预制板的整体刚度和水平界面抗剪性能；钢筋桁架的下弦与上弦可作为楼板的下部和上部受力钢筋使用；施工阶段，验算预制板的承载力及变形时，可考虑桁架钢筋的作用，减少预制板下的临时支撑。当跨度大于 6m 时，为了减小预制板自重，提高其抗裂性能，宜采用预应力混凝土预制板作为叠合板的底层。PK 预应力混凝土叠合板是一种新型装配整体式预应力混凝土楼板。它是以倒“T”形预应力混凝土预制带肋薄板为底板，肋上预留椭圆形孔，孔内穿横向非预应力受力钢筋，然后再浇筑叠合层混凝土从而形成整体双向受力楼板，可根据需要设计成单向板或双向板。板肋的存在，增大了新、老混凝土接触面，板肋预留孔洞内后浇叠合层混凝土与横向穿孔钢筋形成的抗剪销栓，能够保证叠合层混凝土与预制带肋底板形成整体协调受力并共同承载，加强了叠合面的抗剪性能。SP 预应力空心楼板采用高强度、低松弛预应力钢绞线及干硬性混凝土冲捣挤压成型，具有跨度大、承载力高、尺寸精确、平整度好、抗震、防火、保温、隔声效能佳等优点，该产品适用于混凝土框架结构、钢结构及砖混结构的楼板、屋面板以及墙板。在工业与民用建筑中，具有广泛的应用前景。

图 1-17　钢筋桁架混凝土叠合板

叠合板应按照国家相关标准进行设计并且应符合以下规定：① 叠合板的预制板厚度不宜小于 60mm，后浇混凝土叠合层厚度不应小于 60mm；② 当叠合板的预制板采用空心板时，板端空腔应封堵；③ 跨度大于 3m 的叠合板，宜采用桁架钢筋混凝土叠合板；④ 跨度大于 6m 的叠合板，宜采用预应力混凝土预制板；⑤ 板厚大于 180mm 的叠合板，宜采用混凝土空心板。叠合板的预制板与现浇混凝土层之间的接合面应设置粗糙面，粗糙面的面积不宜小于接合面面积的 80%，凹凸深度不应小于 4mm；当没有采用桁架钢筋时，设置的抗剪构造钢筋应采用马镫形状，间距不宜大于 400mm，且钢筋的直径 d 不应小于 6mm。马镫形钢筋宜伸到叠合板上、下部纵向钢筋处，预埋在预制板内总长度不应小于 15d，水平段长度不应小于 50mm。

叠合板可单向布置或双向布置，叠合板之间的接缝可以采用分离式接缝和整体式接缝两种构造措施。分离式接缝适用于以预制板的搁置线为支承边的单向叠合板，而整体式接缝适用于四边支承的双向叠合板。分离式接缝便于构件的生产和施工，板缝边界主要传递剪力，弯矩传递能力较差。当采用分离式接缝时，为了保证接缝不发生剪切破坏，同时控制接缝处裂缝的开展，应在接缝处紧邻预制板顶面设置垂直于板缝的附加钢筋，附加钢筋的截面面积不宜小于预制板中该方向钢筋的面积，钢筋直径不宜小于 6mm、间距不宜大于 250mm。附加钢筋伸入梁侧后浇混凝土叠合层的锚固长度不应小于钢筋直径的 15 倍。试验研究表明，采用分离式接缝的叠合板，其开裂特征类似于单向板，承载能力高于单向板，挠度小于单向板但是大于双向板，分离式接缝的叠合板按照单向板进行设计是偏于安全的。当预制板侧接缝可实现钢筋与混凝土的连续受力时，可视为整体式接缝，采用后浇带的形式对整体式接缝进行处理。为了保证后浇带具有足够的宽度来完成钢筋在后浇带中的连接或锚固连接，后浇带的宽度不宜小于 200mm，其两侧板底纵向受力钢筋可在后浇带中通过焊接、搭接或弯折锚固等方式进行连接。

2）叠合梁

装配式构件的叠合梁（图 1-18）一般采用上半部分为现场浇筑，下半部分预制的形式，即叠合梁下部主筋已在工厂完成预制并与混凝土整浇完成，上部主筋需现场绑扎或在工厂绑扎完毕但未包裹混凝土。此结构可以为深入制作的板钢筋提供锚固，所以往往同时采用叠合板和叠合梁，梁和板的后浇层同时浇筑。叠合梁施工时，先将叠合梁的预制部分吊装就位，然后安装叠合板预制板，将预制板侧的钢筋伸入梁顶预留空间。如果这时叠合梁上已经安装上部纵向受力钢筋，梁纵向钢筋将会阻碍预制板侧钢筋的下行，使之无法就位。为此，叠合梁的上部纵向钢筋往往不先安装在预制梁上，而是等叠合板吊装就位后，再在工地现场进行安装、绑扎。

图 1-18　叠合梁

预制梁与后浇混凝土叠合层之间的接合面应设置粗糙面，粗糙面的面积不宜小于接合面的 80%，粗糙面凹凸深度不应小于 6mm。叠合梁预制部分的截面形式可采用矩形或凹口截面形式。叠合梁现浇部分和预制部分的叠合界面不高于楼板的下边缘，当板的总厚度小于梁的后浇层厚度要求时，单纯为了增加叠合面的高度而增加板的厚度，会使板的自重增加过多，不利于结构受力和工程造价。这时候，可以采用凹口截面的预制梁。在装配式框架结构中，当采用叠合梁时，为保证后浇区域具有良好的整体性，框架梁的后浇混凝土叠合层厚度不宜小于 150mm，次梁的后浇混凝土厚度不宜小于 120mm；当采用凹口界面预制梁时，凹口深度不宜小于 50mm，凹口边厚不宜小于 60mm，以防止运输、安装过程中的磕碰损伤。

叠合梁预制部分的端面应设置抗剪键槽，并宜设置粗糙面。键槽的尺寸和数量应经抗剪计算确定，深度不宜小于 30mm，宽度不宜小于深度的 3 倍，不宜大于深度的 10 倍。键槽间距宜等于键槽宽度，键槽端部斜面倾角不宜大于 30°。工程中可以采用贯通截面宽度的键槽，也可采用不贯通截面宽度的键槽，当采用后者时，槽口距离截面边缘不宜小于 50mm。

叠合梁的箍筋形式可采用整体封闭箍筋或组合封闭箍筋的形式。抗震等级为一、二级的叠合框架梁的梁端箍筋加密区宜采用整体封闭箍筋。在抗震要求不高的叠合梁或叠合梁部位中，可以采用组合封闭钢筋的形式，即箍筋由一个 U 形的开口箍和一个箍筋帽组合而成。抗震等级为一、二级的叠合框架梁的两端箍筋加密区宜采用组合封闭箍的箍筋形式，且整体封闭箍的搭接部分宜设置在预制部分。叠合梁的梁拼接节点宜在受力较小截面。梁下部纵向钢筋在后浇段内宜采用机械连接或焊接连接；上部纵向钢筋应在后浇段内连续。

3）预制柱

装配整体式结构中一般部位的框架柱采用预制柱，如图 1-19 所示；重要或关键部位的框架柱应现浇，比如穿层柱、跃层柱、斜柱，

图 1-19　预制柱

高层框架结构中地下室部分及首层柱。预制柱安装流程为：找平—柱吊装就位—柱支撑安装—柱纵筋套筒灌浆—预制柱上侧节点核心区浇筑前安装柱头钢筋定位板。上下层预制柱连接位置：柱底接缝宜设置在楼面标高处。钢筋连接方式应保证抗震性能良好，当框架柱的纵向钢筋直径较大时，宜采用套筒灌浆连接。为了加强柱底抗剪强度，预制柱底部设有键槽，深度不宜小于 30mm，键槽端部斜面倾角不宜大于 30°。

装配式混凝土预制柱的设计要符合现行国家标准《混凝土结构设计标准（2024 年版）》GB/T 50010 相关规定的要求，矩形柱截面的边长不应小于 400mm，圆形柱截面直径不宜小于 450mm，且不宜小于同方向梁宽的 1.5 倍。柱纵向受力钢筋在底端连接时，箍筋的加密区长度不应小于纵向受力钢筋连接区域长度与 500mm 之和。当采用套筒灌浆连接或浆锚搭接连接等方式时，套筒或搭接段上端第一道箍筋距离套筒或搭接段顶部不应大于 50mm。采用较大直径的柱纵向受力钢筋有利于减少钢筋根数，增大钢筋间距，便于柱节点区钢筋的连接和布置，因此柱纵向受力钢筋直径不宜小于 20mm，纵向受力钢筋间距不宜大于 200mm，且不应大于 400mm。柱的纵向受力钢筋可集中于四角配置，且宜对称布置。柱中可设置纵向辅助钢筋且直径不宜小于 15mm 和箍筋直径，当正截面承载能力计算不计入纵向辅助钢筋时，纵向辅助钢筋可不深入框架节点。由于位于柱底的钢筋连接套筒具有较大的刚度和承载能力，柱的塑性铰区可能会上移到套筒连接区以上，为了加强对可能塑性铰区混凝土的约束，柱底箍筋加密区应延伸到套筒顶部以外至少 500mm，且套筒上端第一道箍筋距离套筒顶部不大于 50mm。

4）预制剪力墙

装配式混凝土剪力墙结构中一般部位的剪力墙可采用部分预制、部分现浇，也可全部预制；底部加强部位的剪力墙宜现浇。预制剪力墙如图 1-20 所示，厚度不宜小于 200mm。为尽量降低现场操作的复杂性，使装配后的墙板整体性能等同现浇剪力墙结构，对于预制构件的选择采用如下原则：竖向受力相对较小时，承重构件竖向应上下对齐无转换；外围护剪力墙由于方便现场装配连接建议优先选择，装配率 30% 及以下一般不选择内部剪力墙预制；剪力墙结构底部加强区的竖向受力构件采用现浇；由于混凝土暗柱拆分较复杂且暗柱部分预制造价较高，一般混凝土暗柱选择现浇；楼梯间、电梯间的结构墙宜现浇，不宜采用预制墙；结构小震计算处于偏

图 1-20　预制剪力墙

心受拉的墙肢不宜采用预制墙，如采用，需保证其水平装配缝的受剪承载力。楼层内相邻预制剪力墙之间连接接缝应现浇形成整体式接缝。当接缝位于纵横墙交接处的约束边缘构件区域时，约束边缘构件一定范围内宜全部采用后浇混凝土，并应在后浇段内设置封闭箍筋。

预制剪力墙宜采用一字形，也可采用 L 形、T 形或 U 形。相对于现浇的剪力墙而言，预制剪力墙可以将墙体完全预制或做成中空，剪力墙的主筋需要在现场完成连接；在预制剪力墙外表面反打上外保温及饰面材料。预制墙板洞口宜居中布置，沿洞口周边设置补强箍筋，补强箍筋直径不小于 12mm。对于端部设有边缘构件的预制剪力墙，宜在端部配置 2 根直径不小于 12mm 的竖向构造钢筋，沿该钢筋竖向应配置拉筋，拉筋直径不小于 6mm，间距不宜大于 250mm。普通外挂墙板的厚度不宜小于 120mm，宜双层双向配筋。外挂墙板与主体结构的连接节点采用柔性连接点支承方式。内隔墙在工程预制时可以预埋管线，以减少现场二次开槽，降低现场工作量。推广采用绿色材料 ALC 板或蒸压陶粒混凝土板，其具有自重轻，安装便捷，无抹灰等特点。在住宅建筑中，常采用保温隔热材料与混凝土墙板一体化的预制混凝土外墙板。预制夹心外墙板外叶墙板的厚度不宜小于 50mm，内叶墙板的厚度不宜小于 80mm，夹心保温材料的厚度不宜小于 30mm；受力的内叶墙板宜双层双向配筋；内、外叶墙之间应采用拉结件进行可靠连接，拉结件在混凝土中的锚固长度不宜小于 30mm，其端部距离墙板外表面不宜小于 25mm。

（3）构件连接方式

装配式混凝土的连接方式一般有钢筋套筒灌浆连接、浆锚搭接、后浇混凝土连接和焊接连接，其中钢筋套筒灌浆连接又分为全灌浆套筒连接和半灌浆套筒连接，如图 1-21 所示。套筒灌浆连接指通过在预制混凝土构件中预埋的金属套筒中插入钢筋并灌注水泥基灌浆料而实现的钢筋连接方式。钢筋套筒灌浆连接的工作机理，是将钢筋从套筒两端开口插入套筒内部，中间填充高强度微膨胀结构性灌浆料，借助灌浆料的微膨胀特性并受到套筒的围束作用，增强与钢筋、套筒之间的摩擦力，实现钢筋应力传递。采用钢筋套筒灌浆连接的混凝土结构，设计应符合现行国家标准《混凝土结构设计标准（2024 年版）》GB/T 50010、《建筑抗震设计标准（2024 年版）》GB/T 50011 及《装规》的有关规定。采用套筒灌浆连接的构件混凝土强度等级不宜低于 C30。

采用套筒灌浆连接的混凝土构件设计应符合下列规定：① 接头连接钢筋的强度等级不应高于灌浆套筒规定的连接钢筋强度等级；② 接头连接钢筋的直径规格不应大于

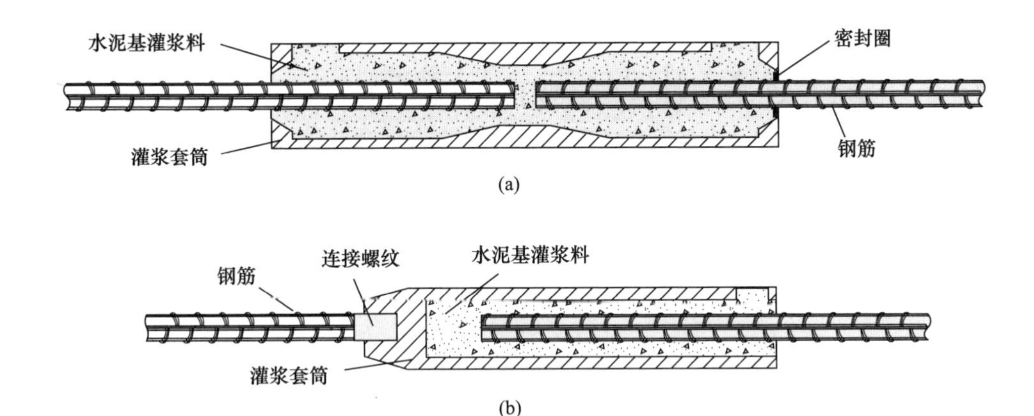

图 1-21　钢筋套筒灌浆连接示意

（a）全灌浆套筒连接；（b）半灌浆套筒连接

灌浆套筒规定的连接钢筋直径规格，且不宜小于灌浆套筒规定的连接钢筋直径规格一级以上；③ 构件配筋方案应根据灌浆套筒外径、长度及灌浆施工要求确定；④ 构件钢筋插入灌浆套筒的锚固长度应符合灌浆套筒参数要求；⑤ 竖向构件配筋设计应结合灌浆孔、出浆孔位置综合考虑；⑥ 底部设置键槽的预制柱，应在键槽处设置排气孔；⑦ 混凝土构件中灌浆套筒的净距不应小于 25mm；⑧ 在混凝土构件的灌浆套筒长度范围内，预制混凝土柱箍筋的混凝土保护层厚度不应小于 20mm，预制混凝土墙最外层钢筋的混凝土保护层厚度不应小于 15mm；⑨ 灌浆套筒连接钢筋不能用作防雷引下线，防雷采用镀锌钢板单独设置或采用其他现浇部位焊接连接钢筋。

由于装配整体式框架柱的纵向钢筋接头不得布置在同一截面，因此采用灌浆套筒连接柱纵向钢筋时，其接头应满足Ⅰ级接头的性能要求。灌浆套筒的长度应根据试验确定，且灌浆连接端长度不宜小于钢筋直径的 8 倍，并应预留钢筋安装的调整长度，以便适应工程中可能出现的误差。预制端的调整长度不应小于 10mm，现场装配端的调整长度不应小于 20mm。剪力墙中，边缘构件的性能对剪力墙的整体性能影响很大，同时边缘构件内往往采用直径较大的纵向钢筋，因此这些纵向钢筋的连接宜优先采用灌浆套筒连接，而墙身范围内分布的钢筋可以采用浆锚搭接连接。

浆锚搭接连接是指通过在预制混凝土构件中采用特殊工艺制成的孔道中插入需搭接的钢筋，并灌注水泥基灌浆料而实现的钢筋搭接连接方式，如图 1-22 所示。

约束浆锚搭接连接（图 1-22a）是基于粘结锚固原理进行连接的方法，在竖向结构构件下段范围内预留出竖向孔洞，孔洞内壁表面留有螺纹状粗糙面，周围配有横向约束螺旋箍筋，将下部装配式预制构件预留钢筋插入孔洞内，通过灌浆孔注入灌浆料

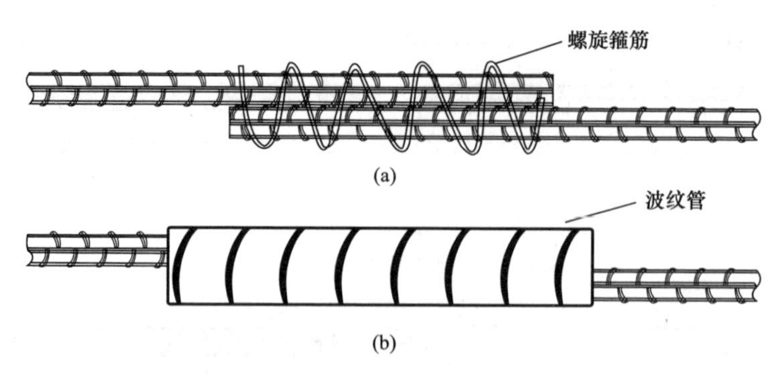

图 1-22　浆锚搭接连接示意

（a）约束浆锚搭接；（b）波纹管浆锚搭接

将上下构件连接成一体的连接方式。约束浆锚搭接连接理论上属于钢筋非接触式搭接，但是由于螺旋箍筋的存在，搭接长度可以相应缩短，因为连接部位钢筋强度没有增加，所以不会影响塑性铰。约束浆锚搭接连接的主要缺点是预埋螺旋棒必须在混凝土初凝后取出来，在取出时间和操作规程的掌握上要求较高，时间早了容易塌孔，时间晚了预埋棒取不出来。因此，成孔质量很难保证，如果孔壁局部混凝土产生损伤，对连接质量会有影响。比较理想的做法是预埋棒刷缓凝剂，成型后冲洗预留孔，但是应注意孔壁冲洗后是否满足约束浆锚搭接连接的相关规程。

波纹管浆锚搭接连接（图 1-22b）是通过在混凝土墙板内预留波纹管（薄钢板），下部预留钢筋插入波纹管，然后在孔道内注入微膨胀高强灌浆料形成的连接方式。钢筋搭接（非接触）的长度小于搭接长度，大于套筒长度，搭接长度在无可靠试验资料的前提下，一般可以按照搭接长度选用。波纹管混凝土保护层厚度一般不小于 50mm，所以在制作剪力墙构件时，两侧纵向钢筋应梅花形设置，波纹管相互错开，但是这样需要钢筋在连接位置弯折内收，钢筋加工精细度要求较高。

浆锚搭接连接具有机械性能稳定、便于采用套筒灌浆材料、价格低廉、施工方便等特点。纵向钢筋采用浆锚搭接连接时，对预留孔成孔工艺、孔道形状和长度、构造要求灌浆料和被连接钢筋，应进行力学性能以及适用性的试验验证。直径大于 20mm 的钢筋不宜采用浆锚搭接连接，直接承受动力荷载构件的纵向钢筋不应采用浆锚搭接连接。

（4）装配式混凝土框架结构节点连接构造

1）柱与柱的连接

对于预制柱的连接，柱的纵向钢筋宜采用套筒灌浆连接。套筒灌浆连接方式是将金属套筒插入柱纵向钢筋，并灌注高强、早强、可微膨胀的水泥基灌浆料，通过刚度很大的套筒对可微膨胀灌浆料的约束作用，在钢筋表面和套筒内侧间产生正向作用力，钢筋借助该正向力在其粗糙的、带肋的表面产生摩擦力，从而实现柱子受力钢筋之间应力的传递。柱的上部钢筋伸出柱表面，贯穿节点核心区，并留有足够的长度插入上部柱的金属套筒。根据行业标准《钢筋套筒灌浆连接应用技术规程（2023 年版）》JGJ 355—2015，要求灌浆套筒具有较大的刚度和较小的变形能力，灌浆料具有较高的抗压强度。同时，套筒连接段用于锚固的钢筋深度不宜小于 8 倍钢筋直径。此外，由于采用套筒灌浆连接，节点区域柱截面的刚度以及承载力较大，为防止柱的塑性铰上移到套筒连接区域以上，套筒连接区域以上 500mm 范围内需加密柱箍筋（图 1-23），第一道箍筋距离套筒顶部应小于 50mm。此外，柱底的接缝宜设置在楼面标高处，在进行柱子连接时，下部节点区混凝土已经经过现场浇筑并达到一定的强度，节点区混凝土上表面应设置粗糙面，上部柱与节点区上表面之间的柱底接缝厚度一般取 20mm，柱底接缝与套筒灌浆同时采用灌浆料填实。为保证柱底接缝灌浆的密实性，柱底键槽的形式应允许灌浆填缝时内部气体的排出。若存在后浇节点区，柱纵向受力钢筋应贯穿后浇节点区。

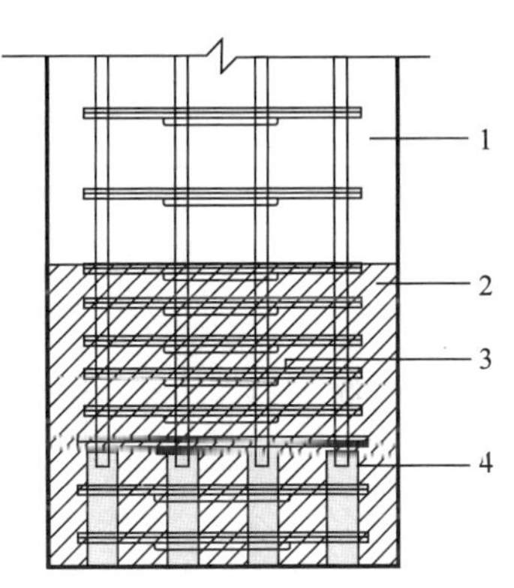

图 1-23　套筒灌浆连接时柱底箍筋加密构造

1—预制柱；2—箍筋加密区（阴影区）；3—加密区箍筋；4—半套筒灌浆连接接头

2）梁与柱的连接

装配式框架结构中的梁柱节点各个方向伸出的钢筋数量很多，连接非常复杂。对于梁柱之间的连接，应合理考虑施工装配的可行性。梁、柱构件应采用直径粗、间距大的钢筋布置方式，避免梁柱节点在节点区锚固时发生冲突，同时也应控制节点区箍筋，合理安排节点区钢筋位置。在框架中间层或顶层的中节点，梁下侧的纵向受力钢筋可采用机械连接或焊接的方式直接连接，或者锚固在后浇节点区内；上部的纵向受力钢筋应贯穿后浇节点区。在中间层的端节点，当柱尺寸不满足纵向受力钢筋的直线锚固要求时，宜采用锚固板或 90° 弯折锚固。在顶层的端节点，框架梁的下部纵向受力钢筋应锚固在后浇节点区内，宜采用锚固板方式；梁上部纵向受力钢筋宜采用锚固板锚固，也可与柱外侧纵向受力钢筋在后浇节点区搭接，构造要求应符合现行国家标准《混凝土结构设计标准（2024 年版）》GB/T 50010 的要求。柱内侧的纵向受力钢筋则宜采用锚固板锚固。

当柱截面较小，梁下部纵筋在节点区内连接困难时，梁下部的纵向受力钢筋可以伸至节点区外的后浇段内连接。为保证梁端塑性铰区的性能，钢筋连接接头与节点区的距离不应小于 1.5 倍框架梁的截面有效高度。

3）主次梁之间的连接

当主次梁截面高度差异不大时，主梁与次梁可采用后浇段连接，在主梁上预留后浇段，钢筋连续穿过并锚固次梁的钢筋（图 1-24）。根据规范，次梁上部的纵向钢筋应在主梁后浇段内锚固，当锚固直段长度小于 l_a（l_a 为锚固长度）时，可采用弯折锚固或锚固板；若按铰接设计，锚固的直段长度不应小于 $0.35l_{ab}$（l_{ab} 为受拉钢筋基本锚固长度），弯折后的直段长度不应小于 12 倍钢筋直径；若充分利用钢筋强度，则锚固的直段长度不应小于 $0.6l_{ab}$。

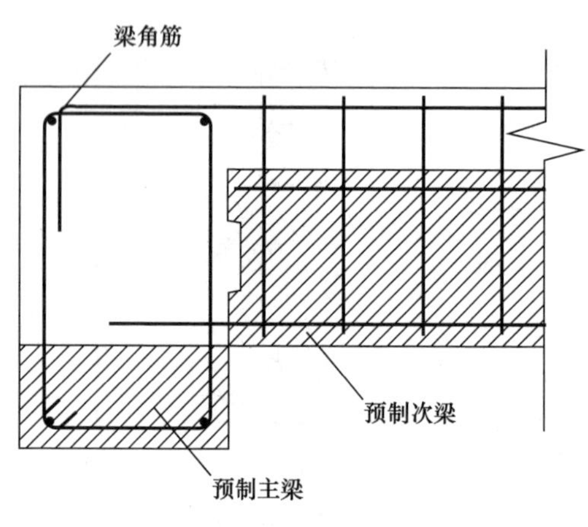

图 1-24　主次梁交接段连接构造

当主梁截面较高而次梁截面较小时，可不完全断开主梁的混凝土，采用预制凹槽的形式，将次梁端做成挑耳搁置在主梁的凹槽上。主次梁的负筋绑扎完成后再与楼层的后浇层一起施工，从而形成整体式连接。

（5）装配式混凝土剪力墙结构节点连接构造

在结构中，剪力墙的水平和竖向连接问题应是关注的重点，如预制剪力墙之间的连接、预制梁与预制剪力墙的连接。

1）预制剪力墙的连接

在装配整体式剪力墙结构中，墙体间的接缝及连接较多，主要为预制构件之间的接缝及预制构件与现浇混凝土之间的界面，施工时对接缝处剪力墙墙身钢筋连接要求较高，装配或绑扎较难，上下层预制剪力墙的竖向钢筋可采用套筒灌浆连接或浆锚搭接连接。边缘构件竖向钢筋应逐根连接。当预制剪力墙的竖向分布钢筋仅部分连接时，被连接的同侧钢筋间距不应大于 600mm，且不连接的分布钢筋不得计入剪力墙构件承载力设计和分布钢筋配筋率的计算中，不连接的竖向分布钢筋直径不应小于 6mm。为保证结构的延性，在对结构抗震性能要求比较高的部位需要在其底部加强剪力墙，且在边缘构件中竖向钢筋直径较大处宜采用灌浆套筒连接，不宜采用浆锚搭接连接。预制剪力墙底部留有 20mm 高度的水平接缝，接缝处后浇混凝土上表面应设置粗糙面，在灌浆时采用灌浆料将墙体水平接缝填满，剪力墙水平接缝需进行受剪承载力验算。

剪力墙的水平连接一般位于楼层位置，安装时叠合楼板的预制板搁置到墙顶边缘，端部伸出的钢筋伸入墙顶，在浇筑叠合楼板的现浇层时，同时在墙顶浇筑水平后浇带。墙顶需要连接的钢筋伸出水平后浇带，之后与上层预制剪力墙连接。水平后浇带的宽度与剪力墙厚度相同，高度不应小于楼板厚度，水平后浇带内配置不少于 2 根直径大于等于 12mm 的连续纵向钢筋。同楼层预制剪力墙之间的连接接缝，一般可分为 T 形连接接缝（图 1–25）、L 形连接接缝（图 1–26）和一字形连接接缝（图 1–27）。T 形连接接缝位于纵横墙交接处的约束边缘构件区域，约束边缘构件的区域宜全部采用后浇混凝土，并应在后浇段内设置封闭箍筋及拉筋，预制墙板中的水平分布筋在后浇段内锚固。L 形连接接缝位于纵横墙交接处的构造边缘区域，构造边缘构件宜全部采用后浇混凝土。若边缘构件采用了部分预制形式，则需要合理布置预制构件以及后浇段中的钢筋，使边缘构件内形成封闭箍筋。一字形连接接缝位于非边缘构件区域，相邻预制剪力墙之间应设置后浇段，宽度不应小于墙厚且不宜小于 200mm，且后浇段内应设置不少于 4 根竖向钢筋，钢筋直径不应小于墙体竖向分布筋直径且不应小于 8mm。两侧墙体的水平分布筋可采用锚环的形式锚固在后浇段内，两侧伸出的锚环宜相互搭接。

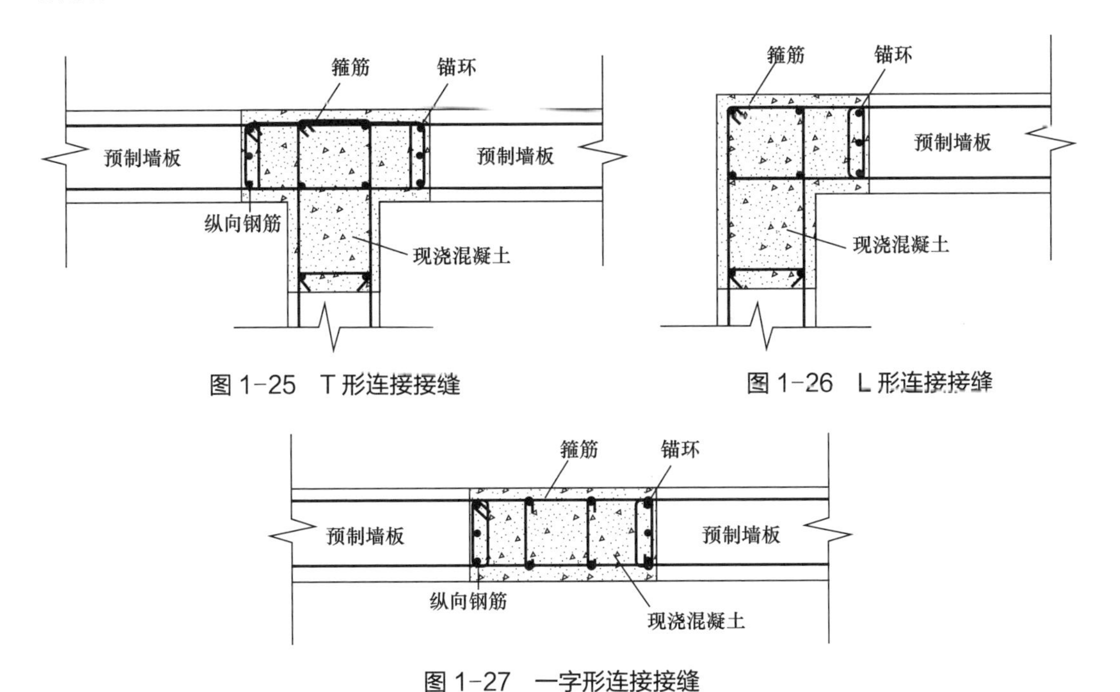

图 1–25　T 形连接接缝

图 1–26　L 形连接接缝

图 1–27　一字形连接接缝

2）预制梁与预制剪力墙的连接

预制叠合梁的预制部分与剪力墙的连接主要有三种做法。第一种做法是预制梁与预制剪力墙整体预制，这种做法适用于连梁跨度不大、联肢后的剪力墙长度较短的情况。第二种做法是预制连梁分为两段，分别与两侧的剪力墙预制，在跨中现场拼接，此时，连梁跨中接缝的构造应满足框架梁中间拼接的要求。第三种做法是剪力墙与连梁的预制部分分别预制，在现场实现连梁端部与预制剪力墙的拼接，预制剪力墙边缘构件采用后浇混凝土，接缝处连梁纵向钢筋应在后浇段中锚固或连接（图 1-28）。当预制剪力墙端部上角预留局部后浇节点区时，连梁的纵向钢筋应在局部后浇节点区内锚固或连接。其中，顶层和中间层的预制连梁腰筋与预制墙体或缺口墙体水平分布筋搭接。

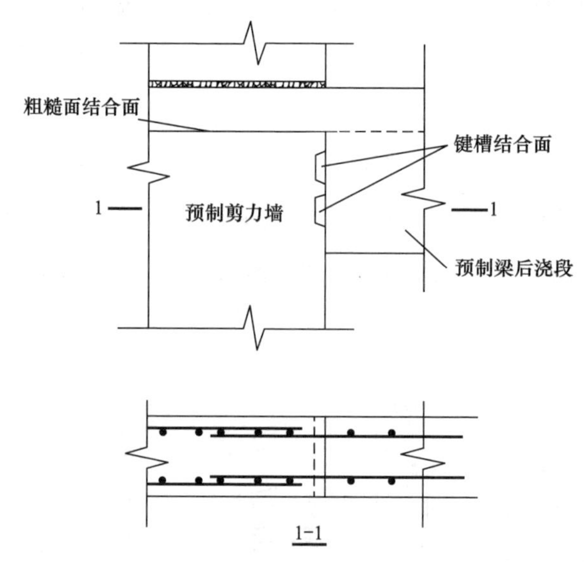

图 1-28　预制梁与预制剪力墙的连接

1.3.4　装配式混凝土建筑的机电设计要点

1. 设备与管线系统设计的一般规定

装配式混凝土建筑为一体化设计，各专业间互为条件，互相制约，大量施工及安装工作（内装、幕墙、机电）需在前期设计时精准确定（预制构件中预埋），因此必须通过最大限度配合实现最优方案。给水排水、暖通空调、电气、智能化、燃气等设备与管线应综合设计；宜选用模块化产品，接口应标准化，并应预留扩展条件。应充分了解装配式建筑的构造、加工、施工等基本特性，明确具体项目中各单体采用的装配式结构体系及预制混凝土构件分布情况，制定科学、合理、经济、高效的设备管线安装敷设总体方案。装配式混凝土建筑的结构系统、外围护系统、设备与管线系统和内装系统均应进行集成设计，提高集成度、施工精度和效率。各系统设计应统筹考虑材料性能、加工工艺、运输限制、吊装能力等要求。可将机电各专业工作前置，利用 BIM 模型直观反映，分析管井及设备用房内管线、设备布局，优化管井尺寸及设备机房尺寸，进行空间净高分析。

装配式混凝土建筑中应注明预制构件，包含预制墙、梁、楼板中预留孔洞、沟槽及预埋套管、百叶、预埋件等的定位尺寸、标高及大小。设备管线综合应减少平面交叉；竖向管线宜集中布置，以满足维修更换的要求。设备专业给出在预制构件中孔洞、管线、预埋套管、线盒等与预制构件的关系及处理原则。按照全过程整体把控和精细化设计思路，对预埋预留进行精确定位，并适当考虑施工安装便利及容错措施，以提高施工效率及建筑品质。根据管线综合结果及结构梁开洞原则预留洞口，再给结构设计师确认并出图。机电管线穿梁开洞原则：① 洞口尽量布置在中间 1/3 梁跨位置，洞边距离梁两端大于 2 倍梁高，变截面梁洞口边距离两边大于 2000mm；② 洞口高度不超过梁高 1/3，上下边缘剩余混凝土厚度不小于 250mm；③ 洞口长度不应超过梁高；④ 洞中心距离两端不小于 3 倍洞口较大尺寸（如宽度大于高度，以宽度尺寸为准）。

设备与管线系统设计的一般规定包括：

（1）装配式混凝土建筑的设备与管线宜与主体结构相分离，应方便维修更换，且不应影响主体结构安全；设备与管线安装应满足结构设计要求，不应在结构构件安装后开槽、钻孔、打洞。

（2）装配式混凝土建筑的设备与管线宜采用集成化技术、标准化设计，当采用集成化新技术、新产品时应有可靠依据。

（3）装配式混凝土建筑的设备与管线应合理选型，准确定位。

（4）装配式混凝土建筑的设备和管线设计应与建筑设计同步进行，预留预埋应满足结构专业相关要求，不得在安装完成后的预制构件上剔凿沟槽、打孔、开洞等；穿越楼板管线较多且集中的区域可采用现浇楼板。

（5）装配式混凝土建筑的部品与配管连接、配管与主管道连接及部品间连接应采用标准化接口，且应方便安装使用维护，设备管线接口应避开预制构件受力较大部位和节点连接区域。

（6）装配式混凝土建筑的设备与管线宜在架空层或吊顶内设置。

（7）公共管线、阀门、检修口、计量仪表、电表箱、配电箱、智能化配线箱等，应统一集中设置在公共区域；用于住宅套内的设备与管线应设置在住宅套内。

（8）装配式混凝土建筑的设备与管线穿越楼板和墙体时，应采取防水、防火、隔声、密封等措施，防火封堵应符合现行国家标准《建筑设计防火规范（2018 年版）》GB 50016 的有关规定。

（9）装配式混凝土建筑的设备与管线的抗震设计应符合现行国家标准《建筑机电工程抗震设计规范》GB 50981 的有关规定。

2. 装配式混凝土建筑的电气系统设计要点

装配式混凝土建筑的电气系统设计要点包括：

（1）在充分了解装配式建筑的基本特性、各单体的结构体系以及预制构件分布情况的基础上，科学制定设备管线安装敷设方案，装配式混凝土建筑的电气和智能化设备与管线的设计应满足预制构件工厂化生产、施工安装及使用维护的要求。

（2）电气和智能化系统的竖向主干线应在公共区域的电气竖井内设置，充分考虑建筑布置及精装修需求，严格把握每一段电气管线的预埋，尽可能减少在混凝土中预埋。

（3）根据结构各相应参数调整原有电气设计流程及实施方法，结合叠合楼板及预制墙体的构造与分布情况对重点区域进行合理可行的管线敷设方案设计，并配合结构专业预留预埋好相关预制构件。

（4）配电箱、智能化配线箱不宜安装在预制构件上。

（5）不应在预制构件受力部位和节点连接区域设置孔洞及接线盒，隔墙两侧的电气和智能化设备不应直接连通设置。

（6）当大型灯具、桥架、母线、配电设备等安装在预制构件上时，应采用预留预埋件固定。

（7）遵循精细化设计和全过程整体把控原则，精确定位预埋预留，充分考虑施工安装便利。

电气管线敷设方案的确定应遵从尽可能安装在吊顶和装饰墙体（如轻质隔墙内部空间、外墙与室内装饰面层间、内保温层等）内的原则，以建筑布置及精装修设计条件要求为导向，准确把握每一段电气管线在预制构件中预埋的必要性，尽量减少管线在混凝土（特别是预制板）中的预埋。

根据土建预制装配化程度及实施方案的具体情况，调整原有相关的电气设计流程和做法，注意与结构各相应参数的“定量”配合，结合具体区域叠合楼板及预制墙体的具体分布和特殊构造，制定合理、可行的“重点区域”管线敷设排布方案，及时配合结构专业做好预制构件预留预埋，必要时需要协商干预局部板墙构件的结构拆分及形式方案。

管线路由应进行总体优化，减少在预制及现浇楼板的交叉，尤其是三重交叉。叠合板中暗敷的管线不应影响结构安全，通常敷设在钢筋混凝土现浇板内的管线最大外径不宜超过板厚的 1/3。电气管线暗敷在叠合板内时，应与建筑结构专业确认叠合板现浇层、找平层的厚度等信息，以确定电气管线所能使用的最大管径。电气管线暗敷时，外护层厚度不应小于 15mm（消防配电管线为 30mm），在实际项目中计算时还应考虑施工误差等各方面因素。叠合板预制板的桁架钢筋高出预制板面，当电气管线与桁架钢筋有交叉点时，还需考虑桁架钢筋的高度（约为 30mm）。

装配式混凝土建筑的防雷设计应符合下列规定：当利用预制剪力墙、预制柱内的部分钢筋作为防雷引下线时，预制构件内作为防雷引下线的钢筋，应在构件接缝处做可靠的电气连接，并在构件接缝处预留施工空间及条件，连接部位应有永久性明显标记；建筑外墙上的金属管道、栏杆、门窗等金属物需要与防雷装置连接时，应与相关预制构件内部的金属件连接成电气通路；设置等电位连接的场所，各构件内的钢筋应作可靠的电气连接，并与等电位连接箱连通。

3. 装配式混凝土建筑的给水排水系统设计要点

装配式混凝土建筑的给水排水设计要点主要包括：

（1）给水系统配水管道与部品的接口形式及位置应便于检修更换，并应采取措施避免结构或温度变形对给水管道接口产生影响。

（2）给水分水器与用水器具的管道接口应一对一连接，在架空层或吊顶内敷设时，中间不得有连接配件，分水器设置位置应便于检修，并宜有排水措施。

（3）宜采用装配式的管线及其配件连接。

（4）敷设在吊顶或楼地面架空层的给水管道应采取防腐蚀、隔声减噪和防结露等措施。

（5）装配式混凝土建筑的排水系统宜采用同层排水技术，同层排水管道敷设在架空层时，宜设积水排出措施。

（6）预留洞及预埋套管的设计要点为：排水管道最好采用同层排水；当管道需要

穿越承重墙或基础时，应当预留洞口，且注意管顶上部的净空高度要大于或等于建筑物沉降量；需要穿越地下室外墙时应当预埋防水套管；需要穿越楼板或墙时应当预留孔洞，且直径要大于管道外径约 50mm。

（7）有些附件的预留洞安装比较困难，对此可以采用直接预埋的方式。一般情况下，需要进行预埋的构件都是设置在屋面、阳台板或者空调板上的，预制构件在工厂生产加工时，应当注意构件的清洁，避免其被混凝土等堵塞。

（8）装配式混凝土建筑的太阳能热水系统应与建筑一体化设计。

（9）当采用集成式或整体厨房、卫浴时，应预留给水、热水、排水管道接口，管道接口的形式和位置应便于检修。

（10）装配式住宅建筑节水设计应符合《民用建筑节水设计标准》GB 50555—2010 的规定。

4. 装配式混凝土建筑的暖通空调系统设计要点

装配式混凝土建筑的暖通空调系统设计要点主要包括：

（1）满足舒适节能的使用要求：合理选择冷热源、末端及通风系统，为装配式建筑提供冷暖适中的生活环境。在保证良好舒适度的前提下，尽可能做到减少能源消耗，满足既舒适又节能的技术要求。严格控制室内二氧化碳排放，新风系统的设计应适当，建筑的新风量应能满足室内卫生要求，并应充分利用自然通风。

（2）满足干式工法的施工要求：暖通系统的输配管路尽量采用集成分配技术，地暖及辐射板等辐射末端应满足干式工法的施工要求，地砖区满足干贴要求，散热器应解决预制暗埋管道工艺，冷热源选择应尽量减少空调板数量。

（3）满足智能化控制要求：采用暖通系统自动控制技术，对空气的温度湿度进行合理控制，既保障了室内舒适度，又能够有效实现暖通系统的节能设计。

（4）建筑室内设置供暖系统时，应符合下列规定：宜选用干式低温热水地板辐射供暖系统。当室内采用散热器供暖时，供回水管宜选用干法施工，安装散热器的墙板部（构）件应采取加强措施。

（5）供暖、通风及空调系统冷热输送管道布置应符合现行国家标准《民用建筑供暖通风与空气调节设计规范》GB 50736 的规定，并应采取防结露和绝热措施。当冷热水管道固定于梁柱等构件上时，应采用绝热支架。

5. 机电设计深度

装配式混凝土建筑的电气设计、给水排水设计、暖通设计应独立于传统施工图，需设置专项内容设计，且应至少包含以下内容：

（1）明确各单体采用的装配式结构体系及采用的预制混凝土构件分布情况，应在预制构件布置图上注明预制构件中预留孔洞、沟槽及预埋套管、管线等的部位以及设备、管线等的设置。

（2）与预制件有关的电气预埋箱、插座、接线盒、孔洞、沟槽及管线等要有做法标注及详细定位，并明确构件间的连接做法。

（3）说明设备的隔声、防火、防水、保温等措施。

（4）利用预制件内的钢筋作为防雷引下线时，应明确引下线钢筋、连接件规格、详细做法以及可采用大样等内容。

（5）详图应注明预留孔洞、沟槽等的标高、定位尺寸等及构件间预埋管线需贯通的连接方式；说明装配式建筑管道接口要求，标明管道的定位尺寸、标高及管径；复杂的安装节点应给出剖面图。

本章小结

与传统现浇建造方式相比，装配式建筑符合可持续发展理念，是实现住宅产业化的有效途径，也是当前我国社会经济发展的客观需要。在我国，装配式混凝土结构是住宅产业化的重要结构体系，能够实现设计标准化、生产工厂化、施工装配化、装修一体化、管理信息化和应用智能化。至今，装配式混凝土结构已形成了较为完整的设计和施工方法，结构体系主要包括装配式框架结构、装配式剪力墙结构和装配式框架 - 剪力墙结构等。常用的预制混凝土框架节点形式有后浇整体式连接、预应力拼接、焊接连接、螺栓连接等。根据是否使用预应力，装配式混凝土框架结构分为预应力装配式框架结构和非预应力装配式框架结构。根据构件预制工艺以及现场施工工艺的不同，装配式混凝土剪力墙结构体系可以分为内浇外挂形式、全装配形式、双板叠合形式。装配式框架结构的构件拆分一般可以分为两种，即水平结构构件预制、竖向结构构件现浇和水平结构构件预制、竖向结构构件预制。剪力墙结构拆分主要有三种方式：边缘构件全部现浇、非边缘构件预制，边缘构件部分现浇、水平钢筋环插筋连接和外墙全预制、现浇部分设置在内墙。传统的建筑设计是一个相对独立的过程，而装配式建筑设计中最重要的特点是一体化协同设计，在装配式建筑的建筑标准化设计阶段就必须综合考虑建筑设计、装修设计、结构设计、机电设计、工厂生产制造、运输、装配、运营维护等。装配式结构（建筑、结构、机电、装修）的一体化协同设计基本模式采用了协同、平行的设计模式，即建筑集成、结构支撑、机电配套、装修的一体化设计。装配式混凝土建筑的设计应按照模数化、标准化、模块化的要求，遵循少规格、多组合的原则，实现建筑及部品部件的系列化和多样化。

思考与练习题

1-1　装配式建筑有何特点？

1-2　按结构体系分类，装配式建筑有哪些种类？

1-3　装配式框架结构和装配式剪力墙结构的节点连接方式主要有哪些？

1-4　装配式混凝土结构的构件拆分内容及基本构造要求有哪些？

1-5　装配式混凝土建筑各专业的设计要点有哪些？

第2章

装配式建筑中的 BIM 技术应用

本章要点及学习目标

本章要点

（1）BIM 的概念及技术标准；

（2）BIM 技术的软件工具及应用；

（3）BIM 技术在装配式建筑各阶段中的应用。

学习目标

（1）了解 BIM 的技术标准、软件工具；

（2）掌握 BIM 技术在装配式建筑设计中的应用流程。

2.1 BIM 技术在装配式建筑中的应用

2.1.1 BIM 技术在装配式建筑中应用的必要性

BIM 为建筑信息模型（Building Information Modeling）的简称，该模型的创建以建筑项目中的各类数据、信息为基础，再通过数字信息虚拟仿真建筑物的真实信息，呈现的方式是数据库和三维模型，具有可视化、模拟性、协调性、优化性、可出图性等特点。

2002 年，欧特克公司正式提出 BIM 概念，随后 BIM 的表达逐渐被业界接受与认可，BIM 技术在发达国家开始广泛应用于各类建筑工程。BIM 是一种应用于工程设计、建造和过程管理的数据化工具，它通过参数模型整合项目的各种相关信息，并让这些相关信息在项目策划、运行和维护的全生命周期过程中实现共享和传递，使工程管理人员和技术人员对各种工程信息做出准确辨识、正确理解和高效应对，为实现项目设计、生产加工、施工、运营管理的协同工作提供基础，在提高生产效率、节约成本和缩短工期方面发挥重要作用。

装配式建筑是指用预制的构件在工地装配而成的建筑，通过“标准化设计、工厂化生产、装配式施工、一体化装修、信息化管理”，全面提升建筑品质和建造效率。装配式建筑的根本特征是生产方式的工业化，在设计角度上，体现为标准化、模块化的设计方法；在生产环节上强调构件在工厂中制作完成的生产工业化；现场施工机械化，施工现场的主要工作是对预制构件进行拼装；强调结构主体与建筑装饰装修、机电管线预埋一体化，实现各专业集成化的设计；建造过程信息化，需要在设计建造过程中引入信息化手段。传统建筑生产建设的各个过程的各环节是以条块分割为主，没有形成上下贯穿的产业链，因此造成设计与生产施工脱节、部品构件生产与建造脱节、工程建造与运维管理脱节，导致工程质量性能难以保障、责任难以追究。BIM 作为新一代计算机辅助建设技术，被国内外众多知名设计师称为建筑业继 CAD 之后的第二次“革命性”技术。装配式建筑的协同设计是在建筑业环境发生深刻变化、建筑传统设计方式必须得到改变的背景下出现的，也是数字化建筑设计技术与快速发展的网络技术相结合的产物。装配式建筑的核心是“集成”，而 BIM 技术是“集成”的主线，其可以串联起设计、生产、施工、装修和管理的全过程，服务于设计、建设、运维、拆除的全生命周期。可以数字化虚拟、信息化描述各种系统要素，实现信息化协同设计、可视化装配，工程量信息的交互和节点连接的模拟及检验等全新运用，整合建筑全产业链，实现全过程、全方位的信息化集成。可见，采用 BIM 技术可以实现设计、施工、生产、运营与项目管理的全产业链整合。

通过基于 BIM 技术的装配式建筑产业化集成应用体系，建立装配式建筑标准化和三维可视化数据模型，在全生命周期内提供协调一致的信息，实现数据共享和协同工作。利用 BIM 技术建立装配式标准化户型库和装配式构件产品库，提高预制构件拆分效率，实现精细化协同设计；通过 BIM 指导生产，通过具备可追溯性质量管控的生产管理系统对构件加工过程进行规范化管理，设计数据直接对接构件生产设备，使生产进度和质量得到有效管控；施工过程中通过 BIM 实现构件运输、安装及施工现场的一体化智能管理，利用拼装校验技术与智能安装技术指导施工，优化施工工艺，可有效提高建造效率和工程质量，降低人工工作量；在运营维护阶段，借助 BIM 技术实时监测建筑使用情况、能耗、资产等方面信息，提高管理效率。

2.1.2 BIM 技术在装配式建筑设计阶段中的应用

BIM 技术在进行三维模型创建时，并不是对点、线、面进行单一的组合，而是通过具体的数据信息对建筑物的不同构件进行组装。组装后模型中的不同构件之间并不孤立存在，而是通过参数化联动在一起，形成一个整体。模型中的每一个构件尺寸、材质及模型之间相互关联，BIM 软件中构件的移动、删除和尺寸的改动所引起的参数变化会引起相关构件的参数关联结果的变化，任一视图下所发生的变更都是联动的，以保证所有视图的一致性，故无需对所有视图逐一进行修改。以往利用传统 CAD 系统进行设计时，如果其他专业出现设计变更，相关专业设计师需要手动逐项修改各张图纸的相关信息，修改过程不仅工作量大，还存在漏改的风险。应用 BIM 系统的参数化协同设计时，由于各专业是基于同一个模型上展开各自的设计工作，修改的模型数据信息是相互关联的，所以保证了信息的变更准确和实时传递，节省了各专业设计师的时间和精力，大大提高了设计效率。BIM 系统使用编程构建数字化的对象来表示建筑构件，对象的属性都需要由一系列的参数来表达，参数包含在对象的代码中。参数一般需遵循或满足预先制定的规则和定义。例如，门这一对象包括了门所具备的全部属性：宽度、高度、厚度、材质、装饰效果、开启方式、价格信息等。通过对 BIM 技术的应用，能够在“虚拟网络”中构建与“现场场景”对应的“数据模型”。当前，BIM 技术在建筑全生命周期设计中的运用经验表明，“模型世界”与“现实世界”能够实现全面对应。

BIM 技术可以实现设计信息的开放与共享。设计人员可以将装配式建筑的设计方案上传到项目的服务器上，在其中对尺寸、样式等信息进行整合，并构建装配式建筑各类预制构件和部品部件的数据库。随着服务器中数据的不断积累与丰富，设计人员可以将同类型数据进行对比优化，以形成装配式建筑预制构件的标准形状和模数尺寸。预制构件和部品部件数据库的建立和标准化设计有助于装配式建筑通用设计规范和设计标准的设立。利用各类标准化的数据库，设计人员还可以积累和丰富装配式建筑的设计户型样式，节约设计和调整的时间，有利于丰富装配式建筑的适用户型规格，更好地满足居住者多样化的需求。

BIM 的出现使装配式建筑的协同设计不再是简单的文件参照，BIM 技术为协同设计提供底层支撑，使得分布在不同地理位置的不同专业的设计人员可以通过网络的协同展开设计工作，大幅提升协同设计的工作效率。利用 BIM 技术构建的设计平台，装配式建筑设计中各专业的设计人员能够快速传递各专业的设计信息，对设计方案进行“同步”修改，更好地实现了信息的收集、传递与反馈。通过碰撞与自动纠错功能，自动筛选出各专业之间的设计冲突，进行碰撞检查，对预制构件的预埋和预留进行准确定位，完成深化设计。各个专业之间还可以互通设计资料，避免造成图纸误差等问题，有利于设计方案的即时调整与高效沟通，提高设计效率。最后由 BIM 模型导出图纸和构件的型号及数量表，利用这些数据与施工方、建设方、构件生产厂家进行沟通，可以根据各方情况随时调整设计方案，实现协同设计工作。除此之外，还可以快速地计算出工程量，减少传统计算的误差。

BIM 技术的最大价值在于信息化和协同化，为参与各方提供了一个三维规划信息交互的渠道，将不同专业的规划模型在同一渠道上交互合并，使各专业、各参与方的协同作业成为可能。问题查看是针对全部建筑规划周期中的多专业协同规划，各专业将建好的 BIM 模型导入 BIM 专业软件，对施工流程进行模拟，展开施工问题查看，然后对问题点仔细剖析、扫除、评论，处理因信息不互通造成的各专业规划冲突，优化工程规划，在项目施工前预先处理问题，减少不必要的设计变更与返工。

BIM 技术可以对装配式建筑项目进行数据信息的统一处理，并对数据库进行架构。从数据信息来看，BIM 的数据组织是经过处理的，能够做到信息的单一对接，不仅有较为完整的数据信息，同时还能够让信息更加完整地保存和传输。BIM 技术将项目中的单构件作为基本元素，将基本元素的质量性能、设备性能、施工要求、成本数据等相关信息有机结合起来，形成一个数据化的建筑信息模型。BIM 的信息数据中有一部分记录了建筑物整体的组织关系与空间关系，使数字化建筑物形成完整的、有层次的管理信息系统，从根本上改变了建设工程相关信息的共享与管理方式。BIM 技术有助于将装配式建筑设计从单纯的设计阶段扩展到装配式建筑的全生命周期设计，规划、设计、施工、运营等各方集体参与，从而带来综合效益的大幅提升。

2.1.3　BIM 技术在装配式建筑生产和施工阶段中的应用

为实现建造全过程的 BIM 应用，应提倡交付 BIM 模型。将 BIM 模型、预制部品部件模型交付给后续的加工生产环节，根据对应的生产设备进行二维编码或射频码编码，利用部品部件模型直接对接相应生产设备进行 CAM 制造。在后续施工环节中，还可利用 BIM 模型进行制订安装计划、模拟安装过程等一系列工作。

在建筑工程建造阶段，可以利用 BIM 技术为建设过程的施工建立必要的技术和物质条件，进行构件的排产加工、施工方案及施工进度的模拟，从而让预制构件的生产、运输、施工等各个过程能得到合理的规划，实现对整个工程的科学管理。BIM 系统通过给予装配式建筑专业设计人员、构件拆分设计人员以及相关的技术和施工管理人员不同的权限，可以使更多的施工技术和管理专业人员参与到装配式建筑的设计过程中，根据自己所处的专业提出意见和建议，减少预制构件生产和装配式建筑施工中的设计变更，提高业主对装配式建筑设计单位的满意度，提高装配式建筑的设计效率，减少或避免由于设计原因造成的项目成本增加和资源浪费。

在装配式建筑的生产和施工阶段，BIM 技术的主要作用可以展现在两个方面，即预制构件实体的管理和施工中质量、进度的控制。BIM 技术可以完整监控构件生产、运输、施工现场的存储管理及施工场地规划、施工进度、质量、成本控制等。预制构件厂家通过装配式构件生产管理系统从 BIM 数据库中读取构件相关设计数据，同时将每一个预制构件的生产信息、质量监测信息、存储信息等返回给 BIM 数据库；将 BIM 设计信息直接导入工厂的生产中央控制系统，并转化成机械设备可读取的生产数据信息，可直接生产构件。为了保证预制构件的质量并建立装配式建筑质量可追溯机制，生产厂家可以在预制构件生产阶段为各类预制构件植入含有构件几何尺寸、材料种类、安装位置等信息的 RFID 芯片。由于构件标签编码的唯一性原则，可以确保构件在生产、存储、运输、吊装过程中信息准确，高效进行材料和设备管理。在施工安装时，可以使用 BIM 进行三维动态模拟对构件进行预安装，再将 BIM 模型与项目计划相关联，完成项目施工阶段的多场景 BIM 技术应用。

利用 BIM 技术进行虚拟施工进度和实际施工进度的对比，根据实际施工进度，随时将信息反馈到生产管理子系统，以便及时调整构件生产计划，减少待工、待料情况的发生。BIM 技术能够模拟施工现场环境，提早规划起重机位置及路径，有助于保证预制构件的生产加工准确度，并能直接影响施工装置的精确度，达到提供优选施工计划的目的。运用 BIM 技术，施工单位可以对施工方案计划进行实际模拟分析，将施工 3D 模型与时间相联系，建立 BIM 4D 施工模型，对施工进度和施工质量进行实时跟踪，有利于资源与空间的配置优化，得到最优的施工方案与施工组织设计。

以 BIM 技术为载体的信息化管理体系，在装配式建筑的施工过程中，通过 BIM 技术和标签技术可以将设计、生产、施工、运营维护、报废等阶段结合起来，解决了信息创建、管理、传递的问题，最终建立竣工模型。可以利用 BIM 技术进行设计概算、施工图预算、清单工程量计算、施工过程造价、施工结算工程量计算等工程量统计、分析和管理。BIM 模型、三维图纸、装配过程、管理过程的全程跟踪等手段为装配式建筑施工质量保证与安全管理奠定了基础，基于 BIM 技术，创建可视化、互动化与共享化平台，可以全方位动态监督整个装配式建筑的设计与施工流程，并且将装配式建筑的各类多元化信息导入云端操控系统，快速调取工程信息，增强整体施工精确性，确保施工质量，提高经济效益，对于实现建筑工业化有极大的推动作用。

2.1.4　BIM 技术在装配式建筑运营维护阶段中的应用

在建筑全生命周期中，建筑运营维护阶段是耗时最长的一个阶段，这个阶段的管理工作是很重要的。由于需要长期运营维护，对运营维护的科学安排能够提高运营质量，同时也能有效降低成本，从而给管理工作带来全面的提升。在运营维护阶段，BIM 技术的应用主要包括竣工模型交付、运维管理方案策划、运维管理系统搭建、运维模型搭建、空间管理与分析、资产管理与分析、设备设施管理与分析、应急管理、能源管理、运维管理系统维护、互动场景模拟等。

将 BIM 技术应用到运营维护阶段后，运营维护管理工作将出现新的面貌。施工方竣工后，应对建筑物进行必要的测试和调整，并按照实际情况提交竣工模型。由于运营维护管理方从施工方接收了 BIM 技术建立的竣工模型，就可以在这个基础上根据运营维护管理工作的特点，对竣工模型进行补充、完善工作，然后以 BIM 模型为基础，建立起运营维护管理系统。BIM 技术可以帮助管理人员进行空间管理，科学地分析建筑物空间现状，合理规划空间的安排，确保其充分利用。应用 BIM 技术可以处理各种空间变更的请求，合理安排各种应用的需求，并记录空间的使用、出租、退租的情况；还可以在租赁合同到期日前设置到期自动提醒功能，实现空间的全过程管理。应用 BIM 技术可以大大提高各种设施和设备的管理水平。可以通过 BIM 技术建立维护工作的历史记录，对设施和设备的状态进行跟踪，对一些重要设备的使用状态提前预判，并自动根据维护记录和保养计划提示到期需保养的设施和设备，对故障设备从派工维修到完工验收、回访等过程均进行记录，实现过程化管理。此外，BIM 模型的信息还可以与停车场管理系统、智能监控系统、安全防护系统等系统进行连接，模拟防灾计划与灾害应急以及互动场景，实行集中后台控制和管理，实现各个系统之间的互联、互通和信息共享。

2.1.5　BIM 技术常用工程软件工具

软件技术是 BIM 技术应用的主要形式，BIM 软件可以实现对建设项目的全生命周期的控制。BIM 软件主要分为核心建模软件、结构分析软件、管控软件、运维软件等。建筑项目从投资规划、设计、生产、施工到运营维护的过程中，涉及软件众多，一个 BIM 软件产品不可能涵盖建筑项目的所有业务应用。BIM 技术软件既有能够解决某项专业问题的单项产品，也有增强 BIM 技术、大数据、智能化、移动通信、云计算、物联网等技术的集成应用产品。BIM 从设计到运维的软件很多，只有真正符合现行国家标准的软件，才能在国内 BIM 市场获得认可和推广。使用者可以根据各软件的优缺点，灵活运用，充分发挥软件的优势，以获得好的效果。

BIM 建模软件是 BIM 应用的基础。国内各软件企业的建模及浏览的核心程序主要基于开源代码或国外软件的二次开发，国内软件企业在 BIM 技术底层图形技术的基础应用支撑方面投入较少，自主研发的 BIM 建模软件尚未成熟。基于 BIM 模型的分析类软件则以 BIM 模型为基础，进行结构性能、环境、功能、施工、造价、运维等工作的分析优化，以达到相应的目标。

常用的 BIM 建模设计软件包括 Autodesk Revit、GraphiSoft ArchiCAD、Rhino Grasshopper、Bently Microstation、Dassault CATIA 等。目前市面上主流的民用建筑 BIM 建模软件以 Revit、ArchiCAD 为主，工业建筑 BIM 建模软件以 Bentley 和 CATIA 为主。Revit 是国内民用建筑领域里最为常用的 BIM 建模软件。Revit 作为建模工具时提供了易于操作的界面，拥有自身和第三方共同开发的较为丰富的对象库，可以进行建筑、结构、机电专业的建模，精细化地设计出构件的形状、外观、长度、位置、大小等。Revit 建模核心是参数化建模，通过设定参数，可以批量修改构件的长度、大小、外观及形态。Revit 与其他软件间的协同可以通过插件建立联系，还有各种辅助的插件，可以高效地实现快速建模，提高设计水平。当项目文件过大时，Revit 建模运行速度会减慢。随着人们审美观念的转变，现代建筑经常采用漂亮的异形、自由曲面，其模型复杂，建模困难。Revit 对于复杂曲面的设计还存在缺陷，因此我们还需要借助其他软件进行辅助设计。目前常用的复杂曲面几何造型软件有 Rhino、Sketchup 和 FormZ 等。

常用的 BIM 结构设计分析软件包括 Revit、Tekla、Robot、PKPM-BIM、YJK、SAP、ETABS 等。Revit 需要将模型导入有限元分析软件进行结构分析。Tekla 是钢结构详图设计软件，其功能包括 3D 实体结构模型与结构分析的完全整合、3D 钢结构细部设计、3D 钢筋混凝土设计、专案管理、表自动产生系统等，可以有效控制整个结构设计的流程。以 Revit 为代表的国外软件虽然实现了建筑模型的三维仿真效果，但在专业深度方面达不到专业结构设计软件的水平，无法实现结构建模的快速搭建，无法基于国内结构设计规范进行设计，并且缺乏自动进行平法施工图设计等功能，因此在专业深化设计方面多依附于各软件公司的二次开发；缺乏建筑、结构、机电设计的协同工作功能。PKPM 是国内结构设计的主流软件，应用广泛，PKPM 和 BIM 的结合能够给我国结构设计人员的工作带来极大的便利。PKPM-BIM 协同设计系统（以下简称 PKPM-BIM）是我国自主开发的 BIM 平台软件，采用统一的三维数据模型及数据交换标准，集建筑、结构、机电（给水排水、供暖、通风空调、电气）、绿色建筑等多专业设计于一体，可以完成总平、方案、初设、施工等全流程设计。

除了以上介绍的核心建模和结构分析，BIM 软件还涉及建筑全生命周期的方案规划、机电分析、碰撞检查、绿色分析、施工管理、运营管理、可视化分析等。

2.2 BIM 技术在装配式建筑工程应用中的基本要求

2.2.1 BIM 技术标准

随着 BIM 技术的不断发展，美国、新加坡等国家在 BIM 的实施过程中相继推出了 BIM 实施标准。国际 BIM 技术标准主要分为 IFC（Industry Foundation Class，工业基础类）、IDM（Information Delivery Manual，信息交付手册）、IFD（International Framework for Dictionaries，国际字典框架）三类。IAI（Industry Alliance for Interoperability，国际协同联盟）于 1997 年 1 月发布了数据交换标准的第一个完整版本，即 Industry Foundation Classes，简称 IFC。IFC 是一种用于描述建筑工程行业的标准，其中包含了许多实体、属性集和数据类型。IFC 标准的各个版本之间有一些差异，其中 IFC2×3 和 IFC4 是两个重要版本，下面是 IFC2×3 和 IFC4 之间的一些主要区别（表 2-1）。IFC2×3 和 IFC4 之间的主要区别在于几何模型、曲面细节、数据格式和文件大小等方面。在某些情况下，IFC4 的几何模型和文件大小更适合大型项目，而 IFC2×3 则更适合小型项目。

IFC 基本特征　　表 2-1

序号	类型	特征
1	几何模型	IFC2×3 使用的是二次元（2d）模型，而 IFC4 使用的是四次元（4d）模型。四次元模型可以更好地表示复杂的三维空间曲面，因此在某些情况下，IFC4 的几何模型更加准确和精细
2	曲面细节	IFC2×3 仅支持封闭曲面的创建，而 IFC4 支持创建开放和闭合的曲面，并且可以使用 B 样条曲面等更复杂的曲面形式。这使得 IFC4 可以更好地表示复杂的三维空间曲面
3	数据格式	IFC2×3 采用的是命令字（Command Language）格式，而 IFC4 采用的是对象字（Object Language）格式。对象字格式可以更好地支持数据交换和共享，因此在某些情况下，IFC4 的数据格式更加灵活和易于使用

续表

序号	类型	特征
4	文件大小	由于 IFC4 支持更复杂的曲面形式和更丰富的数据格式，因此在创建大型文件时，IFC4 可能需要更多的存储空间。这使得 IFC2×3 在文件大小方面更加适合小型项目

IFC 标准致力于建立整个建设工程全生命周期阶段信息的共享和交换，而不是局限于一个特定的阶段，在 2013 年成为国际标准。目前，国际上一些主流的 BIM 软件都通过了 IFC2×3 认证，支持 IFC 数据格式的输入与输出。IFC 是信息交换标准格式，存储了工程项目全生命周期的信息，但是由于兼容 IFC 的软件缺乏专门的信息需求定义，致使信息传递方案没有办法得到解决。为此需要制定一套能满足信息需求定义的标准：IDM 标准。此标准定义了 IDM 的方法和格式，指定了统一的施工过程中建设规范与相应的信息需求，为各方获取准确可靠的信息交换提供依据。IFD 包含 BIM 标准中每个概念需求定义的唯一标识符，通过 IFD 标准，每个人都可以在信息交换过程中获得所需的信息，并且不会因为国家和地区的文化背景不同产生分歧。

从国家标准体系来看，BIM 标准分为四个层次，分别是国家标准、行业标准、地方标准、团体标准。我国发布的五部 BIM 国家标准都与国际 BIM 标准对应，其中，《建筑信息模型存储标准》GB/T 51447—2021 与 IFC 相对应；《建筑信息模型设计交付标准》GB/T 51301—2018、《制造工业工程设计信息模型应用标准》GB/T 51362—2019、《建筑信息模型施工应用标准》GB/T 51235—2017 与 IDM 相对应；《建筑信息模型分类和编码标准》GB/T 51269—2017 与 IFD 相对应。我国颁布的《工业基础类平台规范》GB/T 25507—2010 等同样采用 IFC。《建筑信息模型应用统一标准》GB/T 51212—2016 对建筑信息模型在工程项目全寿命期的各个阶段建立、共享和应用进行统一规定，包括模型的数据要求、模型的交换及共享要求、模型的应用要求、项目或企业具体实施的其他要求等，其他标准应遵循统一标准的要求和原则。《建筑信息模型存储标准》GB/T 51447—2021 对 BIM 技术的应用尤其是对 BIM 平台软件的开发和应用具有指导意义，为建筑信息模型数据的存储和交换提供依据，为 BIM 应用软件输入输出数据通用格式及一致性验证提供依据。《建筑信息模型施工应用标准》GB/T 51235—2017 规定在设计、施工、运维等各阶段 BIM 具体的应用内容，包括 BIM 应用基本任务、工作方式、软件要求、标准依据等。《建筑信息模型设计交付标准》GB/T 51301—2018 规定了在建筑工程规划、设计过程中，基于建筑信息模型的数据建立、传递和读取，特别是各专业之间的协同，工程各参与方之间的协作，以及质量管理体系的管控、交付等过程；规定了总体模型在项目生命周期各阶段应用的信息精度和深度的要求，规定各专业子模型的划分、包含的构件分类和内容，以及相应的造价、计划、性能等其他业务信息的要求。《建筑信息模型设计交付标准》GB/T 51301—2018 对应于 BIM 分类编码标准 OmniClass，规定模型信息应该如何分类，将建筑信息标准化以满足数据互用的要求以及建筑信息模型存储的要求。一方面，在计算机中保存非数值信息（例如材料类型）往往需要将其代码化，因此涉及信息分类；另一方面，为了有序地管理大量建筑信息，也需要遵循一定的信息分类标准。

2.2.2 工程信息模型的精细度和信息深度

《建筑信息模型设计交付标准》GB/T 51301—2018 将建筑工程设计划分为方案设计、初步设计、施工图设计、深化设计等阶段，施工图设计和深化设计阶段的信息模型宜用于形成竣工移交成果。从方案设计阶段到深化设计阶段，直至竣工移交之前，设计信息不仅仅是指设计方的工作内容，还包括由承包方、生产方所提供的深化和完善建筑物自身描述的信息。竣工移交之后，建筑物或构筑物进入长期的使用过程，此时使用者关注的也往往是建筑物自身的描述信息。在这些过程中，设计信息是各类应用的数字基础，在 BIM 领域，用来承载设计信息的模型即体现为建筑物或构筑物的数字化内核。基于此，可实现节能分析、施工组织、工程审批、数字化存档、智能建筑乃至智慧城市等多方面的应用。

基于 BIM 技术的建筑描述方式与传统的图示表达差异很大。根据建筑信息模型技术的特点，将建筑物或构筑物认知为功能空间和产品（部品）的组合，这种模式在国际上也是共识，体现在 IFC 架构当中。如图 2-1 所示，IFC 模型体系结构由四个层次构成，从下到上依次是资源层（Resource Layer）、核心层（Core Layer）、交互层（Interoperability Layer）、领域层（Domain Layer）。每层中都包含一系列的信息描述模块，并且遵守一个规则：每个层次只能引用同层次和下层的信息资源，而不能引用上层的资源，当上层资源发生变动时，下层是不会受到影响的。功能空间和产品（部品）在物理世界中体现为“工程对象”，映射在 BIM 数字化环境中体现为“模型单元”。BIM 模型由模型单元组成，交付全过程应以模型单元作为基本操作对象。模型单元是 BIM 的基本组成对象，同样也是基本处理对象。模型单元承载的信息，其可视化体现为几何信息的呈现，自身的定义体现为属性信息。模型单元应以几何信息和属性信息描

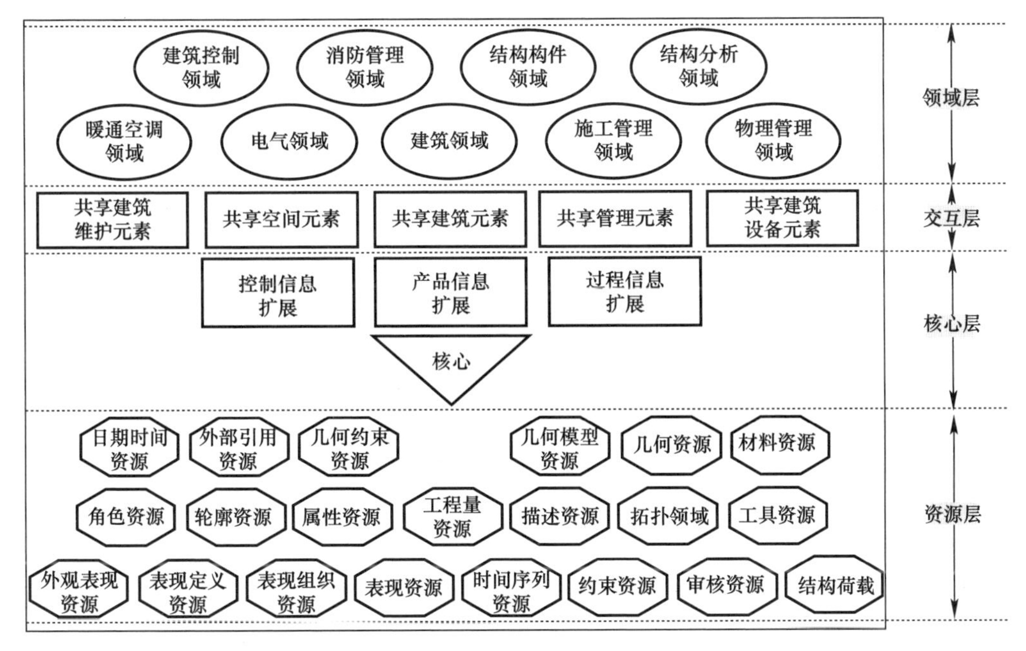

图 2-1　IFC 数据模式架构的四个概念层

述工程对象的设计信息，可使用图形、文字、文档、多媒体等方式补充和增强表达设计信息。模型单元在实体和属性两个维度上体现描述能力，例如一扇窗户，窗户本身即为实体，其相应的几何尺寸、材质、价格等均为属性。由于技术条件的限制和实际操作的需要，BIM 模型所包含的信息不一定能够全部以几何方式可视化表达出来，其对应的属性信息可具备更加丰富的信息内容。

模型单元体现了模型的单元化架构组织，模型单元可划分为四个级别，即由项目级、功能级、构件级和零件级四部分嵌套组成，而不是各类模型的散乱堆砌。项目级模型单元可描述项目整体和局部。功能级模型单元由多种构配件或产品组成，可描述诸如手术室、整体卫浴等具备完整功能的建筑模块或空间。构件级模型单元可描述墙体、梁、电梯、配电柜等单一的构配件或产品。多个相同构件级模型单元也可成组设置，但仍然属于构件级模型单元。零件级模型单元可描述钢筋、螺钉、电梯导轨、设备接口等不独立承担使用功能的零件或组件。模型单元会随着工程的发展逐渐趋于细微。模型单元可具有嵌套关系，低级别的模型单元可组合成高级别的模型单元。

模型精细度是全球通用的衡量建筑信息模型完备程度的指标。但如何定义模型精细度，当前并没有共识。BIM 建模精度在建模过程中也称建模精度（Level of Development，简称 LOD），由美国建筑师协会（AIA）等组织根据工程阶段特点划分为 LOD100、LOD200、LOD300、LOD400 乃至 LOD500。然而由于版权关系，其他多数国家采用不同的说法。如英国标准 BS1192 采用了 Level of Definition。在《建筑信息模型设计交付标准》GB/T 51301—2018 中采用 Level of Model Definition，日常使用时也可简称为 LOD。BIM 模型包含的最小模型单元应由模型精细度等级衡量。

根据工程项目的应用需求，可在基本等级之间按 50 进位扩充模型精细度等级。BIM 模型所包含的模型单元应分级建立，可嵌套设置，模型单元分级以及模型精细度基本等级划分的规定见表 2-2。

模型单元分级以及模型精细度基本等级划分　　表 2-2

模型单元分级	模型单元用途	BIM 模型精细度等级
项目级模型单元	承载项目、子项目或局部建筑信息	LOD1.0
功能级模型单元	承载完整功能的模块或空间信息	LOD2.0
构件级模型单元	承载单一的构配件或产品信息	LOD3.0
零件级模型单元	承载从属于构配件或产品的组成零件或安装零件信息	LOD4.0

设计阶段交付和竣工移交的模型单元模型精细度宜符合下列规定：① 方案设计阶段模型精细度等级不宜低于 LOD1.0；② 初步设计阶段模型精细度等级不宜低于 LOD2.0；③ 施工图设计阶段模型精细度等级不宜低于 LOD3.0；④ 深化设计阶段模型精细度等级不宜低于 LOD3.0，具有加工要求的模型单元模型精细度不宜低于 LOD4.0；⑤ 竣工移交的模型精细度等级不宜低于 LOD3.0。模型精细度与工程阶段并不存在严格对应关系，《建筑信息模型设计交付标准》GB/T 51301—2018 提出了最低要求。实际情况中竣工移交对 LOD 的要求反而比深化设计阶段可能有所降低，因为精细度在 LOD4.0 时，会出现零件级模型单元，这样细小的工程对象往往并非建筑物运营和维护的主要处理对象。不同阶段的 BIM 模型精细度及具体实施内容见表 2-3。

不同阶段的 BIM 模型精细度及具体实施内容　　表 2-3

实施阶段	BIM 模型精细度	实施内容
方案设计阶段	LOD1.0	模型可用于可行性研究、建筑整体概念设计，可分析建筑体量、朝向、日照等
初步设计阶段	LOD2.0	模型可用于项目规划评审报批、建筑方案评审报批、设计概算：包括预制构件数量、大小、形状、位置等
施工图设计阶段	LOD3.0	模型可用于专项评审报批、节能评估、预制构件造价估算、预留洞口位置、建筑工程施工许可、施工准备、施工招标投标计划等
深化设计阶段	LOD4.0	模型可用于预制构件加工、施工模拟、产品选用及采购：包含预留洞口尺寸、预埋件位置、连接件尺寸等内容以及制造、组装、细部施工所需要的完整信息
竣工移交阶段	LOD3.0	模型可用于竣工结算、数据归档、模型整合、运营维护等

模型单元的视觉呈现水平由几何表达精度衡量，体现了模型单元与物理实体的真实逼近程度。例如一台设备，既可以表达为一个简单的几何形体，甚至一个符号，也可以表达得非常真实，描述出细微的形状变化。几何表达精度体现了模型单元在视觉呈现上的描述能力。几何表达精度的等级（Level of Geometric Detail，代号为G）划分为G1、G2、G3、G4，其中G1要求满足二维化或者符号化识别需求；G2要求满足空间占位、主要颜色等粗略识别需求；G3要求满足建造安装流程、采购等精细识别需求；G4要求满足高精度渲染展示、产品管理、制造加工准备等高精度识别需求。《建筑信息模型设计交付标准》GB/T 51301—2018规定的四个级别，与工程阶段顺序没有一一对应关系。基于目前的软硬件技术，并结合工程实际需求，BIM无法也没有必要表达出构件或产品的全部几何变化真实细节，应根据不同类型的项目应用需求，采纳不同等级的几何表达精度。例如在方案设计阶段，需要对设计理念进行描述时，可能需要采用G4精度，来更加真实地演示设计效果。而在初步设计和施工图设计中，往往会采用G3精度。

模型单元信息深度等级（Level of Information Detail，代号N）划分为N1、N2、N3、N4，其中N1等级宜包含模型单元的身份描述、项目信息、组织角色等信息；N2等级宜包含和补充N1等级信息，增加实体系统关系、组成及材质、性能或属性信息；N3等级宜包含和补充N2等级信息，增加生产信息、安装信息；N4等级宜包含和补充N3等级信息，增加资产信息和维护信息。信息深度会随着工程阶段的发展而逐步深入。信息深度等级的划分，体现了工程参与方对信息丰富程度的一种基本共同观念。信息深度等级体现了BIM的核心能力。对于单个项目，随着工程的进展，所需的信息会越来越丰富，宜根据每一项应用需求，为所涉及的模型单元选取相应的信息深度。信息深度应与规定的几何表达精度配合使用，以便充分且必要地描述每一个模型单元。

2.2.3 工程信息模型交付物及交付深度

《建筑信息模型设计交付标准》GB/T 51301—2018规定BIM设计交付应包括设计阶段的交付和面向应用的交付。建筑工程各参与方应根据设计阶段要求和应用需求，从设计阶段BIM中提取所需的信息形成交付物。BIM交付过程中，应根据设计信息建立BIM，并输出交付物。交付协同应以交付物为依据，工程各参与方应基于协调一致的交付物进行协同。BIM的交付准备、交付物和交付协同应满足各阶段设计深度的要求。BIM主要交付物分为七类：建筑信息模型、属性信息表、工程图纸、项目需求书、建筑信息模型执行计划、建筑指标表、模型工程量清单，代码分别为D1～D7。建筑信息模型（D1 类交付物）不仅仅包括三维模型，也包含相互关联的二维图形、注释、说明以及相关文档等所有的信息介质，是最为全面的交付物。属性信息表（D2 类交付物）用来交付模型单元属性信息。工程图纸（D3 类交付物）是常规的二维图纸，然而事实表明仅交付工程图纸并不能很好地完成 BIM 所要求的信息传递和协同。项目需求书（D4 类交付物）用来交付项目需求信息。建筑信息模型执行计划（D5 类交付物）用来交付模型建立和组织状况的说明。建筑指标表（D6 类交付物）用来交付项目的各类技术经济指标。模型工程量清单（D7 类交付物）用来交付从模型中提取的工程量。

交付协同过程中，应根据设计阶段要求或应用需求选取模型交付深度和交付物，项目各参与方应基于协调一致的 BIM 协同工作。模型交付的深度应符合下列规定：① 应符合项目级、功能级和构件级模型单元的模型精细度要求；② 应符合项目级和功能级模型单元的信息深度要求；③ 应符合构件级和零件级模型单元的几何表达精度和信息深度要求。《建筑信息模型设计交付标准》GB/T 51301—2018 对常见工程对象的模型单元（包括场地工程对象模型单元、建筑工程对象模型单元、结构工程对象模型单元、给水排水系统工程对象模型单元、暖通空调系统工程对象模型单元、电气系统工程对象模型单元、智能化系统工程对象模型单元等）的交付深度标准进行了具体规定。不同阶段的 BIM 交付物的要求见表 2-4。

不同阶段的 BIM 交付物　　表 2-4

交付物的类别及代码	方案设计阶段	初步设计阶段	施工图设计阶段	深化设计阶段	竣工移交
建筑信息模型（D1）	应具备	应具备	应具备	应具备	应具备
属性信息表（D2）	可不具备	宜具备	宜具备	宜具备	应具备
工程图纸（D3）	宜具备	宜具备	应具备	宜具备	应具备
项目需求书（D4）	应具备	应具备	应具备	宜具备	应具备
建筑信息模型执行计划（D5）	宜具备	应具备	应具备	应具备	应具备
建筑指标表（D6）	应具备	应具备	应具备	宜具备	应具备
模型工程量清单（D7）	可不具备	宜具备	应具备	应具备	应具备

施工图和深化设计阶段交付前应进行冲突检测，并应编制冲突检测报告，冲突检测报告可作为交付物。考虑到冲突情况比较复杂，值得注意的是，标准中并未规定模型应当完全消除冲突，事实上做到这一点比较困难，也没有必要。但冲突检测操作方有责任说明检测的原则和方法，形成冲突检测报告。建议将冲突检测报告列为协同文

件，也可作为辅助交付物。冲突检测报告可包含下列内容：① 项目工程阶段；② 被检测模型的精细度；③ 冲突检测人、使用的软件及其版本、检测版本和检测日期；④ 冲突检测范围；⑤ 冲突检测规则和容错程度。

面向应用的交付宜包括建筑全生命期内有关设计信息的各项应用，BIM 的交付准备、交付物和交付协同应满足应用需求。面向应用的交付场景非常多，如建筑的性能化分析、冲突检测、造价分析、建筑表现、施工组织等。各种应用所需的设计信息、交付深度、交付物形式、协同模式等均需要根据应用的自身特点进行分析和考量，从而所有的要求均体现为应用需求，面向应用的交付过程以此为基石。应根据应用目标确定应用类别，根据应用类别制定应用需求文件，最后根据应用需求文件制定 BIM 模型执行计划，并根据执行计划建立 BIM 模型。应用需求文件应作为交付物并应包含下列内容：① BIM 模型的应用类别和应用目标；② 采用的编码体系名称和现行标准名称；③ 模型单元的模型精细度、几何表达精度、信息深度，并列举必要的属性及其计量单位；④ 交付物类别和交付方式。BIM 模型的应用场景较多，不同的应用对信息的需求不尽相同。从应用的角度上看，需要对两个方面问题加以明确。一方面，信息应用方明确提出所需的信息；另一方面，确保信息提供方可以交付应用方所需的信息。对 BIM 模型设计信息的应用，均应在读取设计信息的基础上，形成相应的应用模型。应用模型是设计模型信息的单向使用，所有应用阶段对设计信息的追加、修改、删减，均应在设计模型中完成，并再次读取至应用模型中。另外，阶段性应用信息，例如楼板的施工段等，均应体现在应用模型中，而不应影响设计模型的建筑本体描述。

2.3　装配式建筑的 BIM 设计流程及协同设计方法

2.3.1　基于 BIM 技术的装配式混凝土建筑的阶段设计流程

装配式混凝土建筑的设计和建造流程阶段如图 2-2 所示，流程阶段主要包括技术策划阶段、设计阶段、生产阶段和施工阶段，其中设计阶段包括方案设计阶段、初步设计阶段、施工图设计阶段和深化设计阶段，协同设计贯穿装配式建筑的各个设计阶段。在装配式混凝土建筑设计中，应充分考虑装配式建筑的设计流程特点与项目的技术经济条件，利用 BIM 信息化技术手段实现各专业间的协同配合，保证室内装修设计、建筑结构、机电设备及管线、生产、施工形成有机结合的完整系统，实现装配式建筑的各项技术要求。

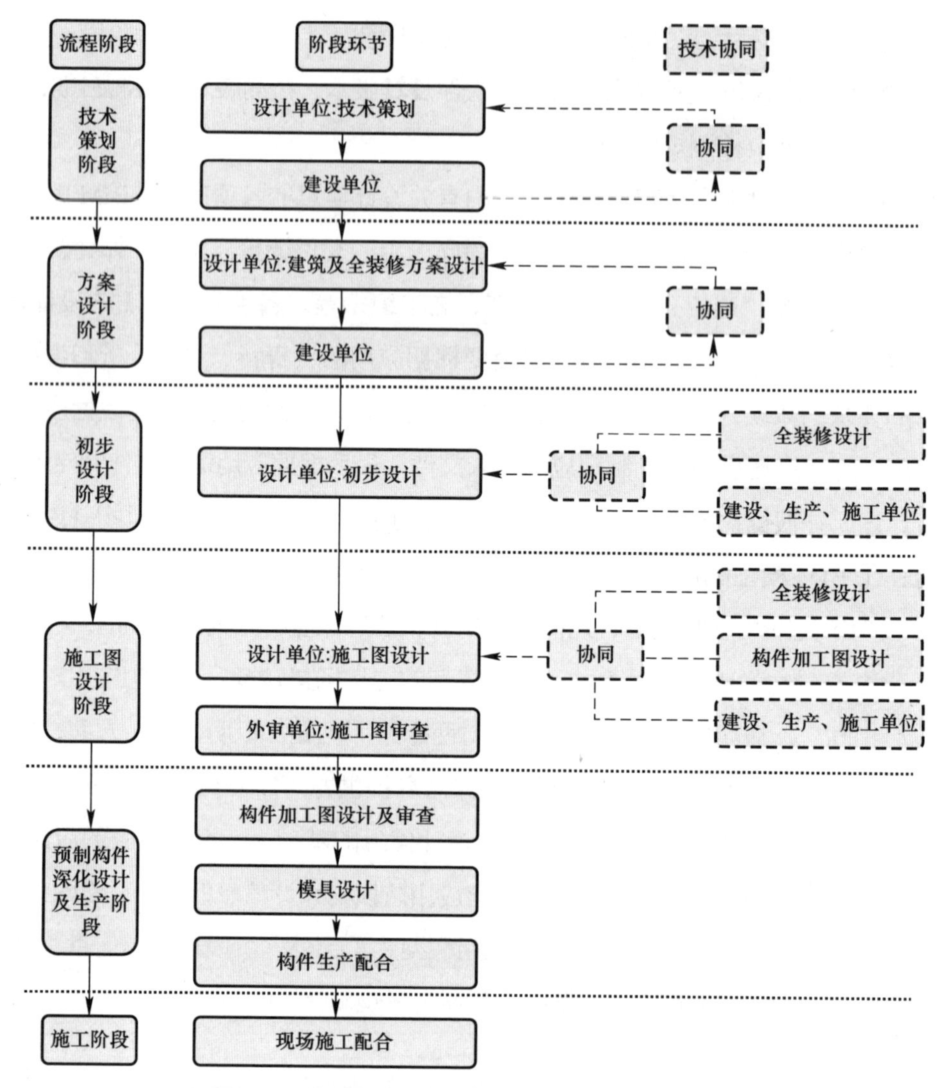

图 2-2　装配式混凝土建筑的设计和建造流程阶段

1. 技术策划阶段流程

在技术策划阶段进行前期方案策划及经济性分析，对装配式技术选型、技术经济可行性和可建造性进行评估，并应确定建造目标与技术实施方案，使项目的经济效益、环境效益和社会效益实现综合平衡。BIM 技术在技术策划阶段还没有应用，只是在该阶段进行统筹考虑，流程如图 2-3 所示。

（1）建筑技术策划时，应根据项目规划要求、项目开发要求以及项目总承包要求，结合总图概念方案或建筑概念方案，对建筑平面、结构体系、外围护系统、室内装修、机电系统等进行标准化设计策划，并结合成本估算，选择相应的技术配置，确定关键技术，估算预制率和装配率，并确定建设标准。

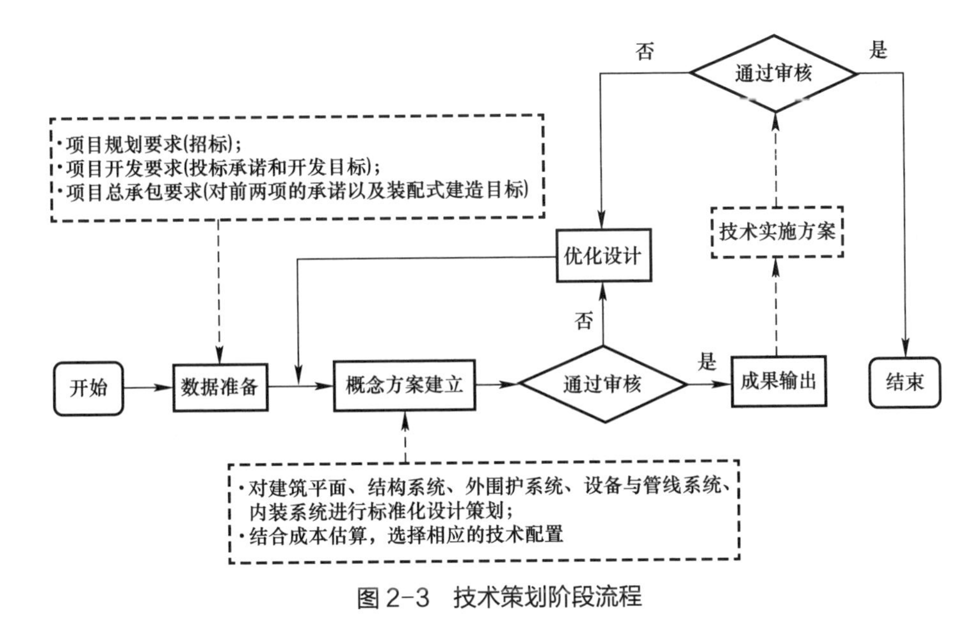

图 2-3　技术策划阶段流程

（2）构件部品生产策划时，根据供应商的技术水平、生产能力和质量管理水平，确定供应商范围。

（3）构件运输策划时，应根据供应商生产基地与项目用地之间的距离、道路、交通管理等条件，选择稳定可靠的运输方案。

（4）施工装配策划时，应根据建筑概念方案，确定施工组织方案及起重能力、构件运输和堆放、交叉施工、质量保障、工人培训、关键施工技能等方案。

（5）经济成本策划时，要确定项目的成本目标，并对装配式建筑实施重要环节的成本优化提出具体指标和控制要求。

2. 方案设计阶段流程及 BIM 技术应用内容

方案设计阶段为建筑设计后续若干阶段的工作提供依据和指导性文件，根据技术策划实施方案进行场地选址和分析、方案 BIM 模型构建、建筑性能分析、设计方案比选等；全装修设计应在此阶段介入，根据户型方案进行全装修方案设计。方案设计阶段流程如图 2-4 所示。

方案设计阶段 BIM 技术的应用包括：

（1）场地分析与规划条件分析：建立场地 BIM 模型，分析项目选址的各项因素（工程地质、工程水文、交通便捷程度、公共设施、服务、开发强度等），从而进行场地选址的科学性和合理性评估；利用场地模型分析建筑场地的主要影响因素，为不同建筑方案评审提供依据。

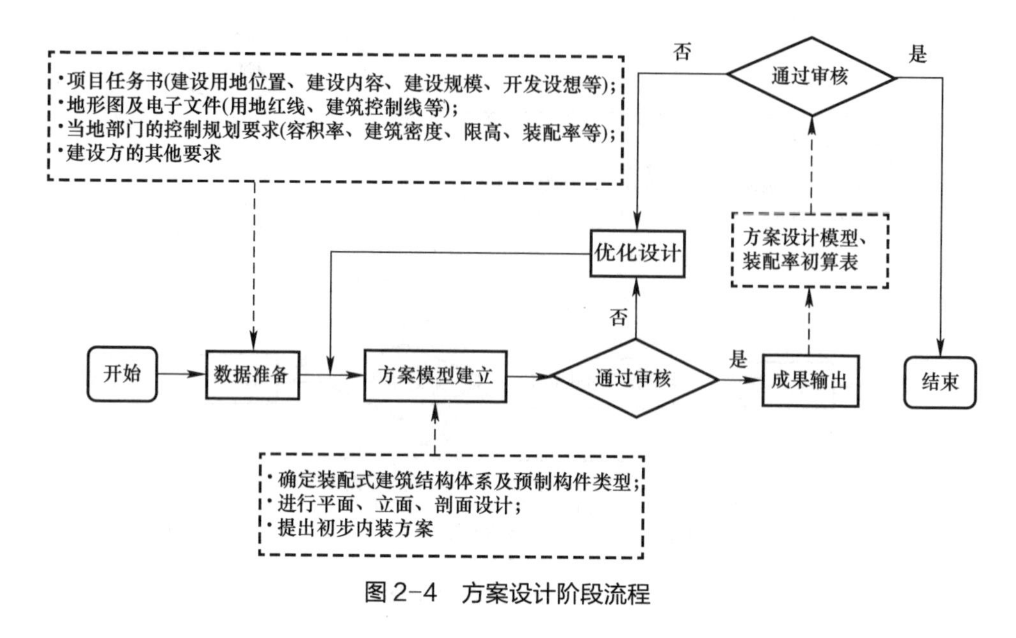

图 2-4　方案设计阶段流程

（2）方案设计阶段的 BIM 模型构建：通过空间架构设想、创意表达形式以及结构方式的初步解决方案，搭建建筑方案设计阶段的 BIM 模型，为初步设计阶段的 BIM 应用及项目审批提供数据基础；根据技术策划的实施方案初步确定建筑平、立面方案，重要节点构造设计，明确装配式建筑结构体系、预制构件种类、初步内装方案等。

（3）建筑性能及各项指标分析：基于方案 BIM 模型和周边环境数据（气象数据、热负荷数据、热工数据等），进行建筑性能（采光、通风、人员、结构、节能减排等）综合模拟分析、专项分析；根据方案 BIM 模型对主要技术经济指标、绿色建筑设计指标、装配式建筑设计指标等进行分析。

（4）设计方案比选及优化：基于性能分析方案 BIM 模型，进行设计方案评估、方案优化和方案比选，形成最优设计方案的 BIM 模型，确定建造目标与技术实施方案。

（5）建筑造价估算：根据设计方案 BIM 模型、造价指标及定额、设备材料供应及价格等，进行建设项目的投资造价估算。

方案设计阶段的 BIM 模型内容主要包括：

（1）建筑专业：场地模型和信息（地理区位、水文地质、气候条件等）；建筑功能区域划分（主体建筑、停车场、广场、绿地等）和空间划分（主要房间、出入口、垂直交通运输设施等）；建筑单体主体外观形状、位置等；主要技术经济指标（建筑总面积、占地面积、建筑层数、建筑高度、建筑等级、容积率等）；建筑防火、防水、人防类别和等级。

（2）结构专业：结构主要构件（柱、梁、剪力墙等）布置；主要技术经济指标（结构层数、结构高度、装配率等）；结构安全等级、建筑抗震设防类别、抗震等级等信息。

在方案设计阶段，设计者应该对装配式建筑进行定量的技术经济分析，确定建筑设计基本方案、基本结构构件、外围护结构等。方案设计阶段关于装配式的设计内容包括：

（1）在确定建筑风格、造型、质感时分析判断装配式的影响和实现的可能性。

（2）在确定建筑高度时考虑装配式的影响。

（3）在确定形体时考虑装配式的影响。

（4）考虑装配率的要求进行装配式建筑的设计。

3. 初步设计阶段流程及 BIM 技术应用内容

初步设计阶段是介于方案设计和施工图设计之间的过程，是对方案设计进行细化的阶段。在初步设计阶段，进一步论证建筑工程项目的技术可行性和经济合理性，根据前期方案设计阶段的成果，对各专业的设计进一步细化，使各专业之间密切配合，协同优化设计，为后期施工图设计提供基础。在初步设计阶段，需要深化结构建模设计和分析核查，修改完善方案设计 BIM 模型；利用各专业的 BIM 模型进行设计优化，为项目建设的批复、核对、分析提供准确的工程项目设计信息。同时，优化预制构件规格及种类、设备专业管线预留预埋等，并进行专项的经济性评估，分析影响成本的因素，制定合理的技术措施，进一步细化和落实所采用技术方案的可行性。初步设计阶段流程如图 2-5 所示。

初步设计阶段 BIM 技术应用主要包括：

（1）初步设计阶段的 BIM 模型构建：在方案设计阶段 BIM 模型优化的基础上，进一步完善优化建筑、结构、机电各专业 BIM 模型，并形成初步设计的构件平面布置图、立面布置图、重要节点详图、典型构件图及内装部品，确定建筑空间和各系统关系。各专业 BIM 模型构建需要统一建模规则，应用 BIM 软件对平面、立面、剖面等图位置进行一致性检查，将修正后的模型进行剖切，形成平面、立面、剖面等图，并形成初步设计阶段的建筑、结构 BIM 模型和二维设计图纸。此外，设置对应的项目样板文件，项目样板包括项目基本信息和专业信息。项目基本信息如建设单位、项目名称、项目地址、项目编号等；专业信息如标高、轴网、文字样式、字体大小、标注样式、线型等。

（2）模型检测优化：根据结构布置和结构形式，确定预制构件的拆分方案，进行

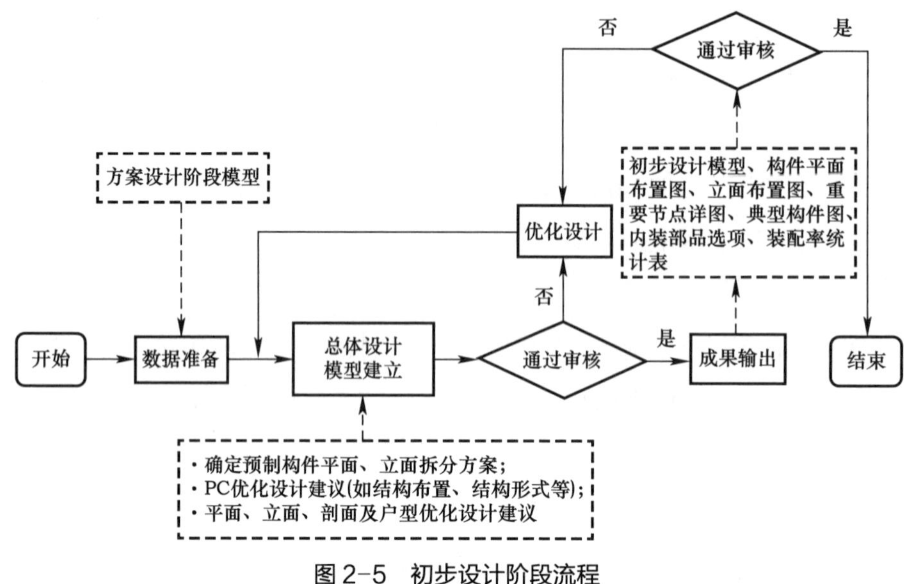

图 2-5　初步设计阶段流程

户型优化设计、预制混凝土（PC）构件优化设计和装配率统计，进一步细化和落实所采用技术方案的可行性；开展各专业三维可视化设计，构建初步设计阶段模型深度的 BIM 模型，并确保各专业模型的完整性、准确性和各专业间设计信息的一致性。

（3）建筑性能及各项指标分析：基于满足初步设计阶段深度的 BIM 模型，进行建筑性能分析，评定是否达到相关星级的绿色建筑标准，并进行优化建议；根据优化后的各专业 BIM 模型，对主要技术经济指标、绿色建筑设计指标、装配式建筑设计指标等进行分析。

（4）设计概算：BIM 模型是在初步设计阶段模型的基础上，按照设计概算建模规范进行模型深化，配合相关行业定额、设备材料价格等数据，实现工程量计算和计价的 BIM 模型，最终形成单位工程概算、单项工程综合概算、建设项目总概算。

初步设计阶段 BIM 模型在方案设计阶段 BIM 模型的基础上，需要补充的内容包括：

（1）建筑专业：主要建筑构造部件（非承重墙、门窗、幕墙、电梯、自动扶梯、阳台、雨篷、台阶等）的基本尺寸和位置；主要建筑设备（卫生器具等）的大概尺寸（近似形状）和位置；主要建筑装饰构件（栏杆、扶手等）的大概尺寸（近似形状）和位置等；主要建筑材料信息；建筑功能和工艺（声学、建筑防护等）特殊要求。

（2）结构专业：地基基础的基本尺寸和位置；结构主要构件的基本尺寸和位置；主要设备安装孔洞的大概尺寸和位置；场地类别、基本风压、基本雪压等自然条件信息；增加特殊结构及工艺要求，如新结构、新材料、新工艺等。

（3）给水排水专业：主要设备（水泵、水箱、水池、换热设备等）的基本尺寸和位置；主要设备间（阀门井、水表井、检查井等）的大概尺寸和位置；主要干管（给水排水干管、消防管干管）的基本尺寸和位置；主要附件（阀门、仪表等）的大概尺寸（近似形状）和位置；系统信息，如水质、水量等；设备信息，如主要性能数据、规格信息等；管道信息，如管材、型号等。

（4）电气专业：主要设备（机柜、配电箱、变压器、发电机等）的基本尺寸和位置；宜增加其他设备（照明灯具、视频监控、报警器、探测器等）的大概尺寸（近似形状）和位置；系统信息，如负荷容量、控制方式等；设备信息，如主要性能数据、规格信息等；电缆信息，如材质、型号等。

（5）暖通专业：主要设备（冷水机组、新风机组、空调、通风机、散热器等）的基本尺寸和位置；风道干管的基本尺寸、位置及主要风口位置；主要附件（阀门、计量表、开关、传感器等）的大概尺寸（近似形状）和位置；系统信息，如热负荷、冷负荷、风量、空调冷热水量等；设备信息，如主要性能数据、规格信息等；管道信息，如管材、保温材料等。

结合工程项目实际情况或 BIM 技术应用需求，可对初步设计阶段 BIM 模型的内容和信息进行修改和补充。

4. 施工图设计阶段流程及 BIM 技术应用内容

施工图设计阶段是建筑项目设计的重要阶段，是项目设计和施工之间的桥梁。施工图设计阶段应按照初步设计阶段制定的技术措施进行设计，综合考虑各专业的具体要求，完成各专业施工图设计文件、计算书、节点详图等，进行预留预埋及连接节点设计，形成完整可实施的施工图设计文件。本阶段主要通过施工图纸和模型，表达建筑项目的设计意图和设计结果，作为项目现场施工制作的依据。施工图设计阶段流程如图 2-6 所示。

施工图设计阶段 BIM 技术应用包括：建立建筑、结构、机电、内装等完整的 BIM 模型，开展多专业模型整合；各专业之间进行碰撞检查和净空检查，对设计不合理处修改，开展节点连接、三维管线综合检测和优化、净空检测优化设计；结构配筋、各连接节点、构件的可视化信息表达，进行虚拟仿真漫游的可视化展示，并指导出图；进行项目各项指标复核，确定施工图及施工预算；在三维设计模型的基础上进行构件拆分，对各类型预制构件进行统计，降低预制构件的类型和数量；精确统计预制构件的体积和重量，指导装配率的计算。

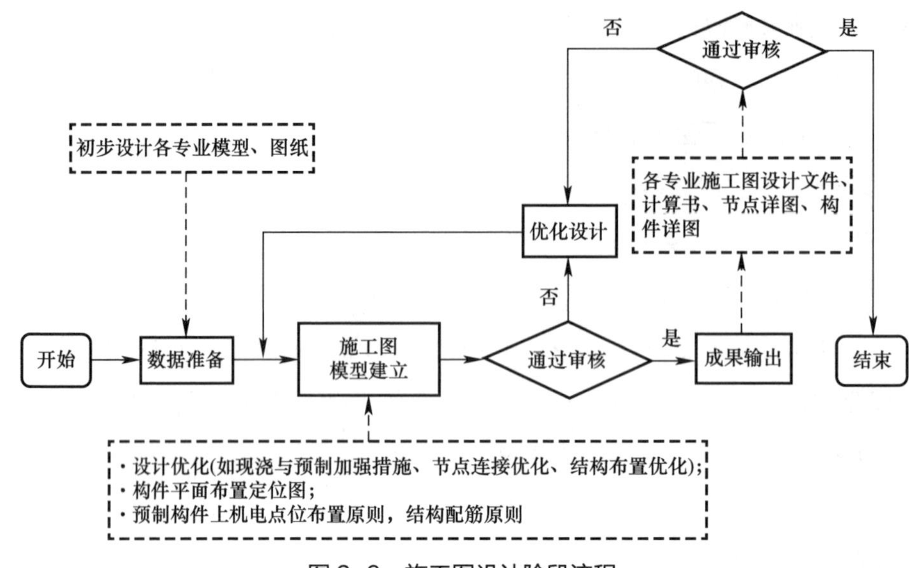

图 2-6　施工图设计阶段流程

（1）各专业 BIM 模型构建：通过相关责任方评审的各专业构建的 BIM 模型深度应满足规范和本阶段各专业 BIM 模型深度要求，宜达到施工图设计深度要求。通过 BIM 软件的协同设计功能模块，各专业 BIM 模型可以构建协同工作方式，各专业依据相关标准和规范要求，在同一平台上各自完成施工图 BIM 模型的构建。

（2）建筑与结构专业 BIM 模型的对应检测：在施工图设计阶段，我们需要将同一版本且通过专业会签的建筑与结构专业 BIM 模型进行同步整合对应检测，通过建筑与结构专业 BIM 模型的叠合对比，检查建筑与结构构件在平面、立面、剖面位置的尺寸是否相互对应以及有无冲突和碰撞，检测建筑与结构专业构件的空间位置及尺寸、预留洞口位置等，检查模型中是否存在“错、漏、碰、缺”等问题，检测建筑与结构柱网、柱、剪力墙、梁、板、墙体、楼梯等构件以及节点构造等尺寸及位置在平面、立面、剖面、大样图的一致性，检查预留洞口尺寸及位置的一致性。

建筑与结构专业 BIM 模型的对应检测应提供碰撞检测报告，报告中应详细记录碰撞情况及节点位置等，并提出建议提交责任方审定及调整。

（3）机电管线综合检测和优化：机电三维管线综合检测和优化基于同一版本且通过专业会签的施工图阶段的各专业 BIM 模型，具体包括三方面的内容（表 2-5）。

机电管线综合检测优化应提供管线碰撞检测报告，报告中应记录管线碰撞内容，包括碰撞分析情况、碰撞节点位置、对应碰撞构件编号，进行碰撞统计，并提出优化调整建议，最终形成优化后的机电管线综合图。

机电管线综合检测和优化内容　　表 2–5

序号	内容	细项
1	机电专业与建筑、结构专业之间的管线综合检测	给水排水、电气、暖通等专业分别与建筑、结构相关构件之间的碰撞检测、间距复核、预留孔洞检测；机电专业与建筑、结构专业图纸对应性和一致性等
2	机电专业之间的管线综合检测	给水排水、电气、暖通等专业综合管线平面布置及空间位置关系检测；机电管线检修空间的检测；机电各专业相互之间的系统避让空间问题、管道碰撞检测、间距复核
3	机电单专业内部管线检测	各系统给水排水、电气、暖通等专业内部管线体系的主要部件漏项检测、碰撞检测、间距复核

（4）空间净高检测优化：空间净高检测优化可与机电管线综合检测和优化同步进行，检测地下室、设备用房、门厅内外、室内通道、室内使用功能区域及对净高有特殊要求的区域的上方机电管道、结构梁、吊顶设置是否满足净高要求；结构预留孔洞位置是否与机电管道需求对应；检测楼梯梯段及平台上方结构梁是否满足梯段及平台净高要求。空间净高检测优化应提供净高分析报告，可与管线综合碰撞检测报告合并，宜记录不满足净高要求的节点位置、不满足原因及优化建议，并形成优化后的各专业 BIM 模型。

施工图设计阶段的 BIM 模型需要达到能够进行施工的深度要求。在初步设计阶段 BIM 模型基础上，施工图设计阶段需要补充的 BIM 模型内容见表 2–6。

施工图设计阶段各专业 BIM 模型内容　　表 2–6

序号	专业	BIM 模型内容
1	建筑专业	主要建筑构造部件（非承重墙、门窗、幕墙、电梯、自动扶梯、阳台、雨篷、台阶等）的深化尺寸和定位信息；其他建筑构造部件（夹层、天窗、地沟、坡道等）的基本尺寸和位置；主要建筑设备（卫生器具等）和固定家具的基本尺寸和位置；大型设备吊装孔及施工预留孔洞的基本尺寸和位置；主要建筑装饰构件（栏杆、扶手、功能性构件等）的大概尺寸（近似形状）和位置等；主要建筑构件材质等、特殊建筑造型和必要的建筑构造信息等
2	结构专业	基础的深化尺寸和定位信息；结构主要构件和节点的深化尺寸和定位信息；结构其他构件（楼梯、坡道、排水沟、集水沟等）的基本尺寸和位置；主要设备安装孔洞的准确尺寸和位置；构件配筋信息；结构设计说明；结构材料种类、规格、组成等统计信息；结构力学性能；结构施工及预制构件制作安装要求等信息
3	给水排水专业	主要设备（水泵、水箱、水池、换热设备等）的深化尺寸和定位信息；主要干管（给水排水干管、消防管干管等）的深化尺寸和定位信息（管径、埋设深度或敷设标高、管道坡度等）；管件（弯头、三通等）的基本尺寸和位置；给水排水支管、消防管支管的基本尺寸和位置；管道末端设备（喷头等）的大概尺寸（近似形状）和位置；固定支架位置；系统信息，如系统形式、主要配置信息等；设备信息，如主要技术要求、使用说明等；管道信息，如设计参数（流量、水压等）、接头形式、规格、型号等；附件信息，如设计参数、材料属性等；安装信息，如系统施工要求、设备安装要求、管道敷设方式等

续表

序号	专业	BIM 模型内容
4	电气专业	主要设备（机柜、配电箱、变压器、发电机等）的深化尺寸和定位信息；其他设备（照明灯具、视频监控、报警器、探测器等）的大概尺寸（近似形状）和位置；主要桥架（线槽）的基本尺寸和位置；系统信息，如系统形式、联动控制说明、主要配置信息等；设备信息，如主要技术要求、使用说明等；电缆信息，如设计参数、材料属性等；安装信息，如系统施工要求、设备安装要求、线缆敷设方式等
5	暖通专业	主要设备（冷水机组、新风机组、空调、通风机、散热器、水箱等）的深化尺寸和定位信息；其他设备（伸缩器、入口装置、减压装置、消声器等）的基本尺寸和位置；主要管道、风道的基本尺寸和位置；次要管道、风道的基本尺寸和位置；风道末端（风口）的大概尺寸和位置；系统信息，如系统形式、主要配置信息、工作参数要求等；设备信息，如主要技术要求、使用说明等；管道信息，如设计参数、规格、型号等；附件信息，如设计参数、材料属性等；安装信息，如系统施工要求、设备安装要求、管道敷设方式等

结合工程项目实际情况或 BIM 应用需求，可对施工图阶段 BIM 模型的内容和信息进行修改和补充。

在施工图设计阶段，各专业设计师根据装配式建筑的特点、装配率要求以及有关规范条文，确定适合装配式的合理建筑方案、结构方案、机电方案、内装和幕墙方案、绿色建筑方案等。

建筑设计中关于装配式的内容包括：① 与结构工程师确定预制部品部件范围以及建筑布局；② 设定建筑模数，确定模数协调原则；③ 平面布置和立面设计考虑装配式的特点，确立立面拆分原则；④ 进行外围护结构设计时，尽可能实现建筑、结构、保温、装饰一体化设计；⑤ 设计外墙预制构件接缝及防水防火构造；⑥ 根据门窗、装饰、厨卫、设备、电源、通信、避雷、管线、防火等专业和环节的要求，进行建筑构造设计和节点设计，与预制构件设计对接。

结构设计中关于装配式的内容包括：① 与建筑师协商，根据预制率要求确定预制部品部件类型、范围和做法；② 因装配式而附加或变化的作用与作用分析；③ 因装配式所需要进行的结构加强或改变；④ 因装配式所需要进行的构造设计；⑤ 依据等同现浇结构设计原则和规范进行设计；⑥ 进行装配式混凝土结构承载力和变形验算；⑦ 整合各专业对预制构件的要求，确定构件拆分方案和构件节点连接形式；⑧ 完成装配设计说明、连接形式、预制构件制作图等设计。

此外，给水排水、暖通、空调、设备、电气、通信等专业需要根据装配式相关要求，综合协调布置各专业管线、机房、设备等，并将相关信息准确定量地提供给建筑师和结构工程师。

5. 预制构件深化设计阶段流程及 BIM 应用内容

装配式建筑设计中，深化设计是一个关键环节，起到了整合设计、生产、施工信息的作用。由于施工图设计图纸仅仅包含设计阶段的信息，未包含预制构件生产阶段和施工阶段的信息，不能够指导装配式建筑的生产和施工，因此需要对施工图进行深化设计。

预制构件深化设计的主要技术要点包括：① 预制构件的深化设计应满足标准化的要求，宜采用 BIM 技术进行一体化设计，确保预制构件的钢筋与预留洞口、预埋件等相协调，简化预制构件连接节点的施工；② 预制构件的形状、尺寸、重量等应满足制作、运输、安装各环节的要求；③ 预制构件的配筋设计应便于工厂化生产和现场连接；④ 预制构件图中预埋定位内容包括脱模吊装预埋件、装车吊装预埋件、临时支撑预埋件、安装调节预埋件、现浇模板支撑预埋件、部品安装预埋件、防雷预埋件、室内装修预埋件、设备管线预埋件及施工措施预埋件等。

预制构件深化设计阶段流程如图 2-7 所示。

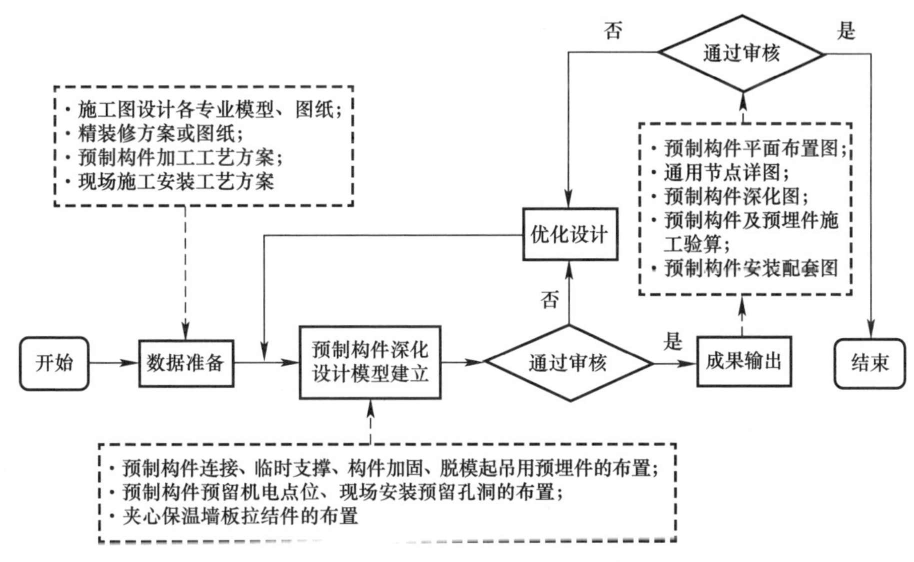

图 2-7　预制构件深化设计阶段流程

深化设计阶段的 BIM 技术应用包括：基于施工图设计阶段的各专业模型、精装修方案、预制构件加工工艺方案及现场施工安装工艺方案，基于各个预制构件的三维实体模型，将建筑的各个要素进一步细化，形成各个预制构件深化设计模型，深化设计模型包括钢筋、预埋件、预埋线盒、构件连接、临时支撑、预留孔洞、线管和设备等全部设计信息；输出包含钢筋、埋件、栓钉、连接板等材料清单的节点详图、预制构件深化设计图纸；进行预制构件及预埋件施工验算和预制构件的碰撞检查；进行施工过程的模拟。PKPM-BIM 协同设计系统对建筑专业、结构专业、装修专业、机电专业以及运输、施工等各方信息进行集合，实现装配式建筑深化设计阶段 BIM 集成应用，自动生成可直接应用于生产的预制构件详图，如图 2-8 所示。深化设计图应包括：① 构件布置图，区分现浇部分和预制部分构件；② 预制构件之间及预制与现浇构件之间的相互定位关系，构件代号，连接材料，预埋件规格、型号和连接方法，对施工安装和后浇混凝土的有关要求等；③ 连接节点详图；④ 预制构件模板图，应包含构件尺寸，预留洞口及预埋件位置和尺寸，预埋件编号、必要的标高等；⑤ 预制构件配筋图，应采用纵剖面和横剖面表示，纵剖面应表示钢筋形式、直径、间距，横剖面需要注明断面尺寸、钢筋规格、位置、数量等；⑥ 采用夹心保温墙板时，应绘制拉结件布置及连接详图。

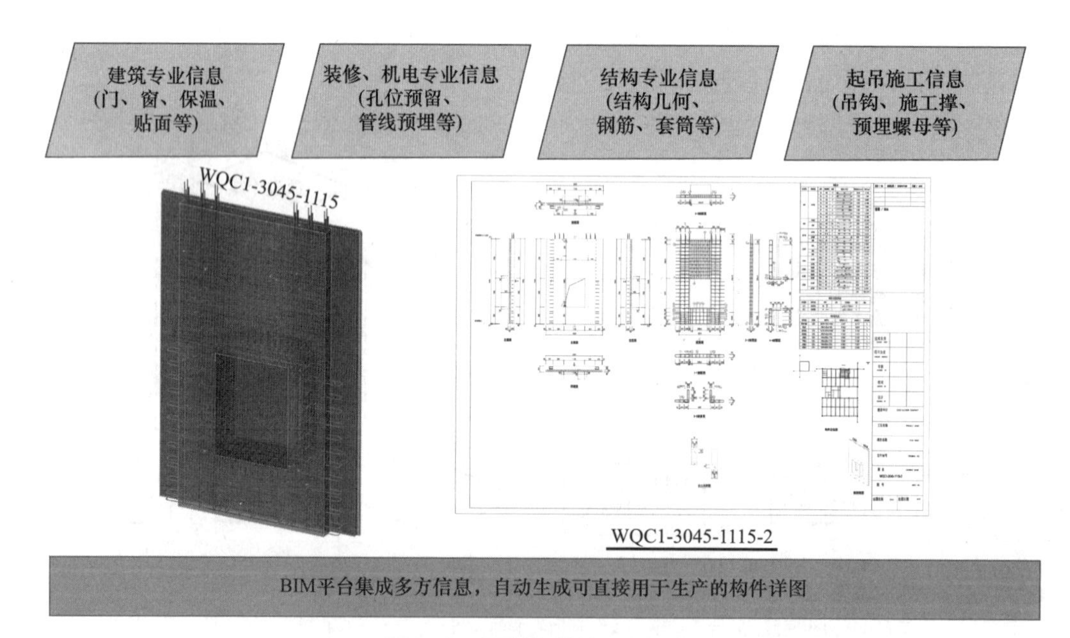

图 2-8　预制构件的深化设计

在深化设计阶段，除了设计单位以外，还会有更多单位的参与，各单位分工如下：① 建设单位：负责协调建设单位、设计单位、构件加工厂、施工总包各方之间的关系；② 设计单位：统筹各专业设计图纸；③ 预制构件厂：负责设计模具、构件运输和堆放方案；④ 施工单位：负责确定安装施工措施和临时加固措施方案，采用 BIM 模型进行预拼装和问题检查，将安装中出现的碰撞问题反馈给结构工程师。深化设计阶段各专业分工如下：① 建筑工程师：完成建筑平面布局后，应协调建设单位、设计单位、构件加工厂、施工总包等各方之间的关系，加强建筑、结构、设备、装修等专业之间的配合；② 结构工程师：根据预制率和装配率确定预制构件的类型、平面和立面范围，确定构件拆分方案、构件节点连接形式，完成装配设计说明、钢筋连接形式、深化构件加工详图，整合安装措施和临时加固措施；③ 机电设备工程师：合理布置各专业管线，合理布置各专业机房及具体设备位置，综合协调竖向管井的管线布置；④ 幕墙工程师：对幕墙进行细化补充设计，优化设计并对局部不安全、不合理的地方进行改正；⑤ 装修工程师：协调空间布局，检测与其他专业的碰撞问题并改正。

2.3.2　装配式建筑中各专业及协同设计的 BIM 技术应用

装配式建筑应进行建筑、结构、机电设备、室内装修一体化设计，应充分考虑装配式建筑的设计流程特点及项目的技术经济条件，利用信息化技术手段实现各专业间的协同配合，保证室内装修设计、建筑结构、机电设备及管线、生产、施工形成有机结合的完整系统，实现装配式建筑的各项技术要求。装配式建筑协同设计应用流程如图 2-9 所示，基于 BIM 软件平台进行装配式建筑全专业协同设计，首先由建筑专业对场地进行初步规划，考虑综合影响因素进行建筑设计并建立基本建筑模型，并以此模型为基础进行结构和机电专业的建模工作；在机电工程部分，分别进行暖通、给水排水及电气专业模型建立以及优化调整；通过 BIM 软件进行专业间的碰撞检查工作；接着将机电模型与建筑及结构模型合模，进行管线的提资和构件的开洞处理；对相关预制构件进行深化设计；将预制构件的深化设计信息再次提交给机电专业，让机电专业对开洞开槽及预埋信息进行复核；检查完成以后，最终合并各专业的模型，实现了全专

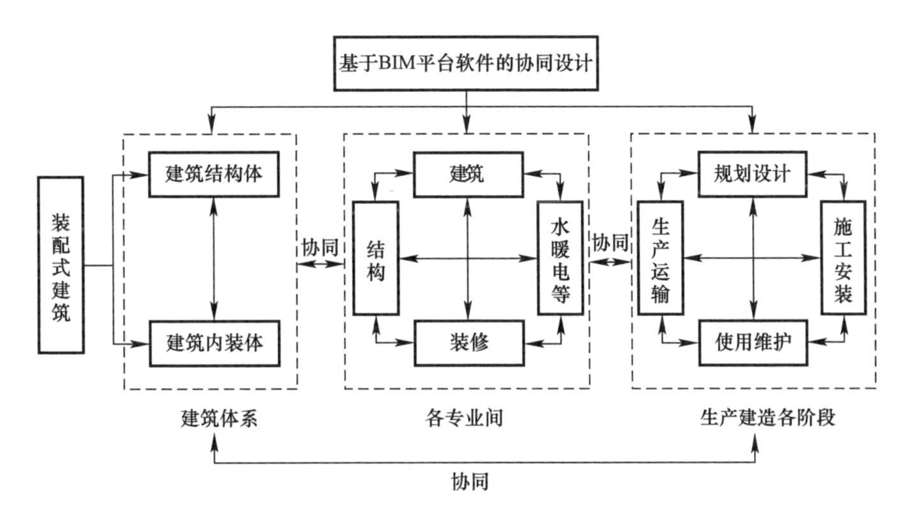

图 2-9　装配式建筑协同设计应用流程

业模型的统一。设计人员可以利用 BIM 技术对装配式建筑结构和预制构件进行精细化设计，减小装配式建筑在施工阶段中容易出现的装配偏差问题。在 BIM 模型的三维视图中，设计人员可以直接观察到待拼装预制构件之间的契合度，并可以利用 BIM 技术的碰撞检测功能，细致分析预制构件结构连接节点的可靠性，排除预制构件之间的装配冲突，从而避免由于设计粗糙而影响预制构件的安装定位，减少设计误差带来的工期延误和材料浪费。上述协同设计得到的 BIM 模型和深化设计预制构件模型可以用于生产、运输以及施工现场的装配施工及运维管理，实现装配式建筑的全生命周期管理。

通过建立的 BIM 模型，实现工程的三维设计，不仅能够根据 3D 模型自动生成各种图形和文档，而且始终与模型逻辑相关。当模型发生变化时，与之关联的图形和文档将自动更新。设计过程中所创建的对象间存在着内在的逻辑关联关系，当某个对象发生变化时，与之关联的对象随之变化。在利用 BIM 技术所构建的设计平台中，装配式建筑设计中的各专业设计人员能够快速地传递各自专业的设计信息，对设计方案进行“同步”修改。借助 BIM 技术与“云端”技术，各专业设计人员可以将包含有各自专业的设计信息的 BIM 模型统一上传至 BIM 设计平台，通过碰撞与自动纠错功能，自动筛选出各专业之间的设计冲突，帮助各专业设计人员及时找出专业设计中存在的问题，便于配套专业设计人员进行设计方案的调整，节省各专业设计人员由于设计方案调整所耗费的时间和精力。

1. 建筑专业设计

（1）规划设计

BIM 技术在装配式建筑规划设计中的实际应用主要体现在规划选址、场地地形分析、气候条件分析、辅助建筑的总平面布局。

场地选址、场地与规划条件分析是研究影响建设项目定位的关键因素。在规划阶段，传统的规划设计方法存在定量分析不够、大量信息数据无法科学处理、主观因素过多等问题，而利用 BIM 技术可以实现建筑场地的规划、地形分析和优化设计，基于地理信息系统（GIS）数据、策划与规划阶段收集的相关调查信息、项目规划建设主管部门对项目建设要求的数据信息、建设单位的建设需求信息等基础数据，可以建立三维可视化场地，借助场地分析软件，分析项目选址的各项因素，如交通的便捷性、公共设施服务半径、开发强度、控制范围等，进行场地选址的科学性和合理性评估，从而为装配式建筑规划阶段设计方案的制订提供有利的条件。此外，使用 BIM 场地地形分析软件，通过三维建模的方式实现对项目场地的全方位展示，可以为装配式建筑设计创造有利条件；通过BIM技术与GIS相结合，对拟建建筑的场地条件和空间信息进行数据建模，分析基地高程、坡度和坡向、流域、纵横断面、填挖方，进行项目场地环境分析（包括气候、日照、采光、通风、出入口位置、车流量、人流量、节能减排分析等）。场地选址的比选需要提供基于三维可视化场地模型的各项分析报告、包含场地相关信息的BIM模型；场地与规划条件分析应提供场地分析报告、体现场地分析结果、不同场地设计方案分析数据比对以及体现场地边界（项目用地红线、正北向等）、地形表面、场地道路、建筑地坪等的场地模型。通过BIM技术与GIS软件相互补充，帮助决策者在规划选址、场地分析阶段评估场地的使用条件和特点，从而做出最理想的场地规划。

对于装配式建筑而言，利用BIM技术可以分析和模拟项目所在场地的地形、气候、植被条件和通风条件等。通过BIM软件工具分析掌握建筑工程所在地的气候条件极为关键，利用BIM软件中的阴影范围功能观察某一时期内的建筑阴影变化规律，并在此基础上对建筑布局是否与日照间距要求相符进行检查；其次，在建筑总平面布局阶段对通风条件进行考察十分重要，因为通风条件会受到建筑布局方式、建筑高度和建筑周边自然通风的影响，利用BIM软件分析不同规划方案的通风情况，可以为设计人员提供数据方面的支持和帮助。

（2）建筑设计

模数化、标准化和模块化设计贯穿装配式混凝土建筑的整个设计、生产、施工安装过程。装配式混凝土建筑一体化设计的基础是模数化、标准化、模块化。模数化需要设计者根据不同使用者的需求定制出与之相适应的模数和协调原则。装配式混凝土建筑的整个标准化设计过程以模块化设计生产为理论依据，首先通过对市场产品与使用者需求的调研，运用BIM技术建立标准化部品部件库，每种部品都附带了编号、名称、型号规格、成本等信息。装配式建筑的预制部品主要包括预制墙板、预制楼板、预制梁柱、预制楼梯、一体化厨卫等，装配式建筑的标准化设计过程通过对部品部件参数的控制，在工厂预制生产基本部品部件，在此基础上，形成多样化的组合。建筑模块化的设计应考虑功能布局的多样性和模块之间的互换性、相容性，并在两种不同模块之间建立联系。在装配式建筑设计阶段，需要考虑建筑功能、使用需求、立面效果以及维护维修等在内的各个环节，整个标准化体系的研究范围涵盖了从部品部件标准化到整个建筑楼栋标准化的各个层面。BIM技术可以实现设计信息的开放与共享，从而实现各专业之间的协同设计。设计人员可以将装配式建筑的设计方案上传到项目的“云端”服务器上，在云端中进行尺寸、样式等信息的整合，并构建装配式建筑各类预制构件（例如门、窗等）的“族”库。随着云端服务器中“族”的不断积累与丰富，设计人员可以将同类型“族”进行对比优化，以形成装配式建筑预制构件的标准形状和模数尺寸。预制构件“族”库的建立有助于装配式建筑通用设计规范和设计标准的设立。利用各类标准化的“族”库，设计人员还可以积累和丰富装配式建筑的设计户型，节约设计和调整的时间，有利于丰富装配式建筑户型规格，更好地满足居住者多样化的需求。

BIM 技术在装配式建筑设计中的应用主要是利用三维模型，对方案设计、初步设计、施工图设计进行参数优化、协同管理、模型优化。简单讲，就是通过 BIM 技术细化、优化装配式建筑设计。因此，在其应用之前，需先做好设计准备工作，根据装配式建筑勘察数据、项目立项等相关数据，先建立一些初步的、粗略的 BIM 方案模型，相当于在 BIM 应用软件中画一幅装配式建筑设计草图，再逐步完成装配式建筑设计。设计师预先设定好模型的参数值、参数关系及参数约束，建立模数化、标准化的预制构配件，然后由系统创建具有关联和连接关系的建筑形体。基于 BIM 的参数化设计系统，可以使用多方案的设计选项参数，进行多方案设计，可以利用一个模型并发研究多个方案，设计师在进行建筑方案的量化、可视化和假设分析、推敲时，只需在模型中关闭或开启某些设计选项功能，即可实现多方案的切换。此外，建筑设计师还可以借助 BIM 技术进行基于经济性的优化设计，基于 BIM 技术的设计软件可提供强大的工程统计功能，工程师可以根据自己的需要，添加或自定义字段，提取所需信息，为实现基于“投资-效益”准则的性能化结构设计提供便捷、高效的工具。BIM 参数化设计方法在建筑设计阶段的应用是有别于传统 AutoCAD 等二维设计方法的一种全新的设计方法，可以使用各种工程参数来创建、驱动三维建筑模型，并可以利用三维建筑模型进行建筑性能的各种分析与模拟。

采用 BIM 技术，可以对装配式建筑总体布局进行优化调整，以满足绿色建筑的要求。利用 BIM 技术可以进行绿色建筑性能模拟分析，基于 BIM 模型，可以对项目的可视度、采光、通风、耗能、碳排放等进行专项分析，根据相关专业性能分析要求，调整 BIM 模型，构建各类性能分析软件所需模型，分别进行各项性能分析，获取单项性能分析报告，综合各类性能分析报告进行评估，通过调整设计方案，确定最优性能的设计方案。

2. 结构专业设计

传统的装配式结构设计方法主要是参照现浇结构进行结构选型、结构布置、结构分析，然后进行构件拆分设计和节点设计，通过对预制构件进行深化设计之后，进入施工现场进行最后的装配工作。传统的装配式结构设计方法设计的预制构件种类较多，限制了预制构件的工业化发展，所以必须积极转变这类传统的从整体结构设计分析再到预制构件拆分的设计思路。通过创新后的装配式结构设计方法应该更加注重预制构件的通用性，减少构件的种类，保证设计出的建筑产品能够满足多样化的需求。可通过 BIM 技术，设计标准、通用的构件，形成相应的预制件库。在设计装配式结构的过程中，可以选择预制件库中已有的预制构件，从而减少设计过程中的构件种类，通过降低设计人工和设计时间成本，减少工程造价。

在传统的建筑项目设计过程中，结构工程师需根据建筑图进行结构设计，一旦出现改动，可能结构上的图纸和各种表格全都需要改动，因此传统的二维图纸设计工作非常不方便。通过 BIM 进行结构设计，既能实时展示设计进度与实体模型，又能在结构设计发生变更时，实现项目的平面图、剖面图、楼梯图与大样详图的同步变更。

对于装配式建筑工程来说，建筑结构的构件是影响整个装配式建筑结构的关键因素。传统的装配式结构设计中，由于设计的预制件尺寸、型号等较多，不能适应标准化和工业化的设计，也就不能实现自动化生产的目标。基于 BIM 的装配式结构设计方法首先应该形成与完善预制构件库，其次构建 BIM 结构模型，再分析与优化 BIM 模型。

（1）形成与完善预制构件库

在以 BIM 技术为基础的装配式结构设计中，设计预制构件库是重点与核心，在设计 BIM 模型时需要将其作为基础，通过预制构件库来保证预制件的标准性和通用性，让预制构件工厂的流水线施工更加方便，从而满足各类建筑的需求。在设计标准、通用的预制件时，需要根据不同的结构类型设置出不同的预制构件，并按照荷载、跨度等不同情况对构件进行分类，构建出预制构件的集合，形成预制构件库后还应完善。在设计的过程中，如果没有找到满足设计要求的预制件，则应该将其重新定义并设计新的构件，调用构件并将新构件入库，保证预制构件库的科学和完善。

（2）构建 BIM 结构模型

BIM 结构模型里的参数不仅包括建筑物的几何信息和物理信息，还包含丰富的结构分析信息，例如构件的拓扑信息、刚度数据、节点信息、材料特性、荷载分布信息、边界约束条件等。通过 BIM 技术构建的建筑结构模型为建筑工程的中期执行阶段提供了重要的参考信息。设计师可利用 BIM 系统，创建结构实体构件，并自动生成结构分析模型，建立结构信息模型。

结构设计人员应该亲临建筑施工现场进行考察并采集相关数据信息，然后运用 BIM 技术建立数据库，将所需各项数据及时上传，BIM 系统就会分析这些数据信息，并且由设计人员进行操控，通过输出及输出接口将 BIM 模型导入软件系统中，结构柱、梁、板、墙等的定位信息上传协同服务器，与建筑专业建模统一，从而构建结构模型。通过 BIM 模型能够快速准确地设计出装配式建筑结构所需部件的大小和尺寸，快速模拟建筑物的结构体系，实现结构分析模型的构建及转换步骤的简化。

通过创建预制构件库，就可以按照相关的设计要求在预制构件库中查询，并建立相应的 BIM 结构分析模型。此外，BIM 系统所带的分析检查功能，还可以保证所创建的结构分析模型正确，设计师可将其导入专门的结构分析软件进行计算分析，并调整构件的材料和尺寸。构建 BIM 模型主要是为了预设计装配式结构，保证其安全，设计完成之后还应该分析和复核，使用各种检查方法不断调整和优化 BIM 模型，保证其使用的可靠性和有效性之后才能投入生产和施工中。

（3）分析与优化 BIM 模型

将创建好的结构初步设计模型通过 BIM 软件中的外部接口，导入结构分析计算软件中进行结构整体性能分析，查看抗震性能分析计算结果，查看配筋以及轴压比等计算结果，进行构件和节点设计、键槽连接验算、装配率统计、预制构件短暂工况验算等。装配式结构抗震性能分析主要包括结构质量分布计算、结构周期振型计算、变形验算、楼层受剪承载力验算、剪重比计算、楼层刚度比验算、抗倾覆和稳定验算。对于装配式建筑，需要根据各地装配率计算规则、规范、详细条文等，系统地分析计算项目的装配率。装配率的计算结果应满足当地的规定及政策要求，如不满足要求，需重新制定建筑结构设计方案并重新计算。

对预设计的装配式建筑的 BIM 结构模型，依据现行装配式结构设计标准规范开展结构分析计算工作，如果结构分析复核不符合相关的规定，则应该在预制构件库中重新挑选出更加合理、科学的构件进行替换，进行合理的结构设计调整，并再次进行结构分析和复核，直到最终的模型满足装配式结构设计标准规范的要求。若分析计算结果符合规范规定，且计算得到的配筋结果与选定的结构构件的配筋信息相匹配，则可在此模型基础上完成后续工作，如在结构模型上完成多专业协同设计（碰撞检测）、施工模拟等。

3. 机电专业设计

基于 BIM 系统的装配式建筑全专业协同设计的机电设计部分主要包括水暖电（给水排水、暖通、电气）设计。给水排水工程设计主要包括给水系统、排水系统、雨水系统、消防用水系统等；暖通工程设计包括空调系统、供暖系统、通风系统、防排烟系统等；电气工程设计包括照明系统、供配电系统、消防应急照明系统、建筑防雷接地系统、弱电系统、火灾报警系统等。

机电设计一般按照暖通—给水排水—电气的顺序建立 BIM 管综模型。管线避让原则为小管道避让大管道，压力管道避让重力管道，施工简单的管道避让施工难度大的管道。例如暖通管线尺寸较大，依据小管道避让大管道原则，后建模尽量避让先建模部分，故先进行不易改动的暖通管道建模，后进行管径小且管线密集的电气建模，具体顺序可根据实际项目调整；在暖通工程风管初步设计时考虑给水排水管道的空间预留；排水管道建模时考虑层高因素并预留该层灯具施工高度；电气工程管道直径较小，设计时出现与暖通、给水排水系统的碰撞则直接对其进行局部调整。机电专业设备管道数量较多，管道布置错综复杂，极易发生碰撞。通过 BIM 软件可以对三个专业的模型合模，进行水暖电管道综合碰撞检查，快速检查碰撞位置与数量，并进行定位和解释，从而对碰撞做出修改。

本章小结

BIM 的灵魂是信息，其结果是模型，重点是协作，工具是软件。随着 BIM 技术的迅猛发展和实践程度的深化，BIM 标准体系越来越完善。随着建筑业信息化进程的加快，BIM 技术在工程应用中越来越广泛。装配式建筑可以依托 BIM 技术的精细化模型完成装配式各专业设计以及专业间的协同设计工作，通过装配式 BIM 模型实现在方案设计、初步设计、施工图设计、深化设计、构件生产、构件运输、现场施工、运营维护等环节中信息的有效传递，有效解决装配式建筑各环节的关键技术问题，实现装配式建筑全流程的精细和高效管理。

思考与练习题

2-1　BIM 技术标准有何用途？

2-2　有哪些常用的 BIM 结构分析软件？

2-3　BIM 技术在装配式建筑工程中的模型精细度和信息深度有哪些要求？

2-4　简述装配式建筑施工图设计阶段的工程信息模型交付物和交付深度。

2-5　简述方案设计阶段的 BIM 应用内容及 BIM 模型内容。

2-6　BIM 技术在装配式建筑各专业及协同设计中主要有哪些应用？

第3章

PKPM-BIM 全专业协同设计应用

本章要点及学习目标

本章要点

（1）PKPM-BIM 全专业协同设计系统特点；

（2）基于 PKPM-BIM 的全专业协同设计流程；

（3）PKPM-BIM 全专业协同设计系统的各专业模块功能。

学习目标

（1）了解 PKPM-BIM 建筑全专业协同设计系统功能；

（2）了解基于 PKPM-BIM 的全专业协同设计的流程和专业模块。

3.1 PKPM-BIM 全专业协同设计系统简介

全专业协同设计是指各方为了完成一个共同的设计目标，参与设计的人员通过协同软件完成相关设计工作，以达到实现预期设计目标的全过程。协同设计时，在项目设计的开始节点，项目组组建一个可以实现信息共享的平台，将项目参与各方的设计内容、成果及文档等资料在平台上进行共享，并对项目组成员授予不同的权限。在平台上，各参与方可以在各自的权限范围内查看和调用平台上共享的设计信息，发现和解决设计冲突问题。采用传统二维设计时，常常无法深入考虑专业间的构件碰撞问题，往往是在施工时才会解决，最终造成信息数据不一致。协同设计的最大优势在于各专业间的协调互动。

传统的全专业协同设计指的是设计项目的各个参与方通过网络、电话等途径对设计的内容进行沟通和交流，或者对设计的过程进行管理和组织。在传统的全专业协同设计中，项目的各个参与方之间的沟通仍然是以二维的 CAD 图形作为沟通的载体，通过网络、电话等手段来实现不同专业、不同部门和不同参与方之间的设计信息共享与传递。最终将各个专业的设计成果以二维 CAD 图纸的形式综合在一起，形成项目最终的设计成果。传统的全专业协同设计以二维图纸为载体，存在信息分散、项目数据控制困难、变更管理混乱的不足之处，造成团队协作效率较低，工作量较大且重复工作量较多，数据交换不充分，达不到项目设计要求。

使用 PKPM-BIM 全专业协同设计系统进行建筑全专业设计时，可以将建筑、装修、结构与机电的协同设计体现在其中，使得建筑设计、结构设计、设备与管线设计同步进行。运用 PKPM-BIM 全专业协同设计系统，各专业设计成员在一个协同平台共同工作，最终协同完成项目的全专业深化设计任务。在三维可视化模型下，可以直观地发现各专业间构件的碰撞问题，以便各专业设计人员在设计初期就能综合考虑其他专业带来的问题并予以解决，相较采用传统 CAD 设计和其他通用 BIM 软件设计，效率大为提高。

3.2　PKPM-BIM 全专业协同设计系统的特点

PKPM-BIM 全专业协同设计系统是基于国产 BIMBase 平台研发的集成应用系统，集成了 PKPM 建筑设计、PKPM 结构设计、PKPM-PS 钢结构设计、PKPM 机电设计、PKPM-PC 装配式建筑、PKPM 绿色建筑设计等多个专业模块（图 3-1），以实现建筑、结构、机电等的全专业协同设计。

图 3-1　PKPM-BIM 全专业协同设计系统设计模块界面

该系统重点解决基于 BIM 技术的方案设计和深化设计问题，内置多种专业典型构件，提供智能化建模、构件编辑、合规性计算分析、全专业碰撞检查、净高分析、管线综合、提资开洞、清单统计与出图交付、设计数据对接其他 BIM 设计软件等功能模块，如图 3-2 所示。系统采用统一的开放数据交换标准，解决了不同专业软件之间的数据交换问题，可实现与各类 BIM 软件的集成应用。

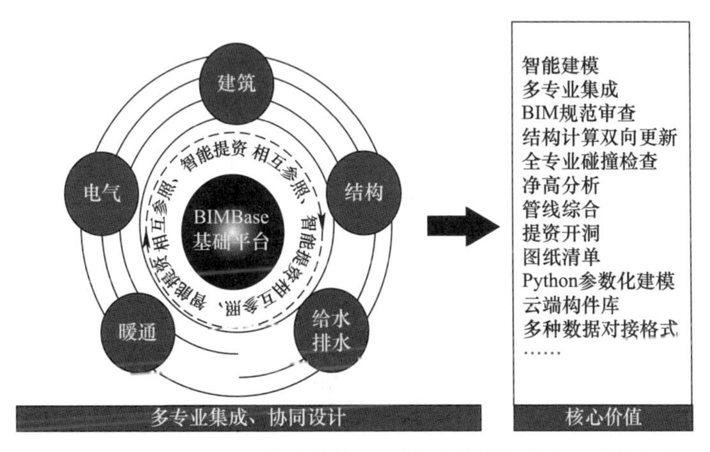

图 3-2　PKPM-BIM 全专业协同设计系统的集成应用系统架构

1. 本土化应用模式

PKPM-BIM 全专业协同设计系统结合中国标准及用户的使用习惯，将传统二维设计与三维建模相结合，按国内项目需求设置构件分类，以“层”的概念形成模型，方便设计师快速建模；同时，提供丰富的自定义设备库，支持自定义编辑等。

2. 多端、多专业协同设计

通过文件级和构件级协同设计模式，为项目的正向设计或翻模场景提供支持；利用视图参照和链接模型功能，实现各专业模型间的相互参照，完成 BIM 应用；利用分楼层、专业及构件实现专业间的碰撞检查、管综调整，允许专业间协同完成机电预留预埋，实现装配式机电一体化设计。

3. 建筑智能化、精细化、一体化设计

PKPM-BIM 全专业协同设计系统针对建筑精准化、一体化、多专业集成的特点，可快速完成建筑全流程设计，包括方案、审查、计算、统计、深化、施工图等各个阶段；将包括墙、梁、柱、楼板、楼梯等建筑构件在内的专业构件融入设计流程中，实现自动融合与裁剪；并提供针对门窗类构件的自由设计工具，方便用户自行扩充；可实现智能审查，智能统计，智能查找碰撞点，智能生成管线洞口，自动生成各类施工图，自动生成构件统计清单，与传统设计和采用其他通用 BIM 软件设计相比效率更高。

4. 适应国家和各地建筑规范设计体系

PKPM-BIM 全专业协同设计系统融合国家标准，建立完善统一的设计体系，结合国家规范与地方标准，内置各类施工图审查条文、规划报建审查规则，实现边设计边审查的功能，大大提高了软件建模合规性。例如在设计过程中可以直接进行套型指标分析、栏杆高度分析、疏散距离计算审查等。

5. 实现了设计、施工、算量数据一体化应用

通过与其他软件的信息传递，实现设计、施工、算量数据自动对接，信息数据无需二次录入，在系统的各个环节中流动和传递，实现设计施工算量一体化，免除了图纸统计清单、清单汇总、清单分配等人工操作环节，减轻工作量，避免人为输入带来的错误。

6. 装配式建筑一体化应用

PKPM-BIM 全专业协同设计系统的 PKPM-PC 装配式模块在协同设计平台下实现了装配式建筑的精细化设计，可承接结构模型及预制部品部件库，直接进行构件拆分与预拼装、预制率统计、构件深化与详图生成、碰撞检查、材料统计等，设计数据直接对接生产加工设备。

3.3　基于 PKPM-BIM 的装配式建筑全专业协同设计流程

PKPM-BIM 全专业协同设计系统根据智能设计应用需求，建立建筑全流程集成应用 BIM 平台，集成建筑各建造阶段应用，实现对建筑全过程信息和资源的集中管理，以及多专业三维可视化协同工作，支撑完整的全流程应用体系。各专业通过 BIM 平台记录信息数据，获取所需信息，通过建立唯一编码体系保证数据记录的唯一性；通过 BIM 平台的协同工作机制，可实现不同专业和上下游之间的信息协调和互通；通过标准化数据格式实现各类应用软件中多源异构数据的相互转换，使各类软件实现集成化应用。基于 PKPM-BIM 的装配式建筑全专业协同设计流程如图 3-3 所示。

1. 方案设计阶段

方案设计阶段（方案阶段）是工程全生命周期建设的初始阶段，设计师从甲方获取到的资料以文案、二维方案为主。该阶段各专业方案调整的沟通频次非常多，利用 BIM 技术的三维可视化、专业间协同等特性可以协助设计师进行方案的快速调整。

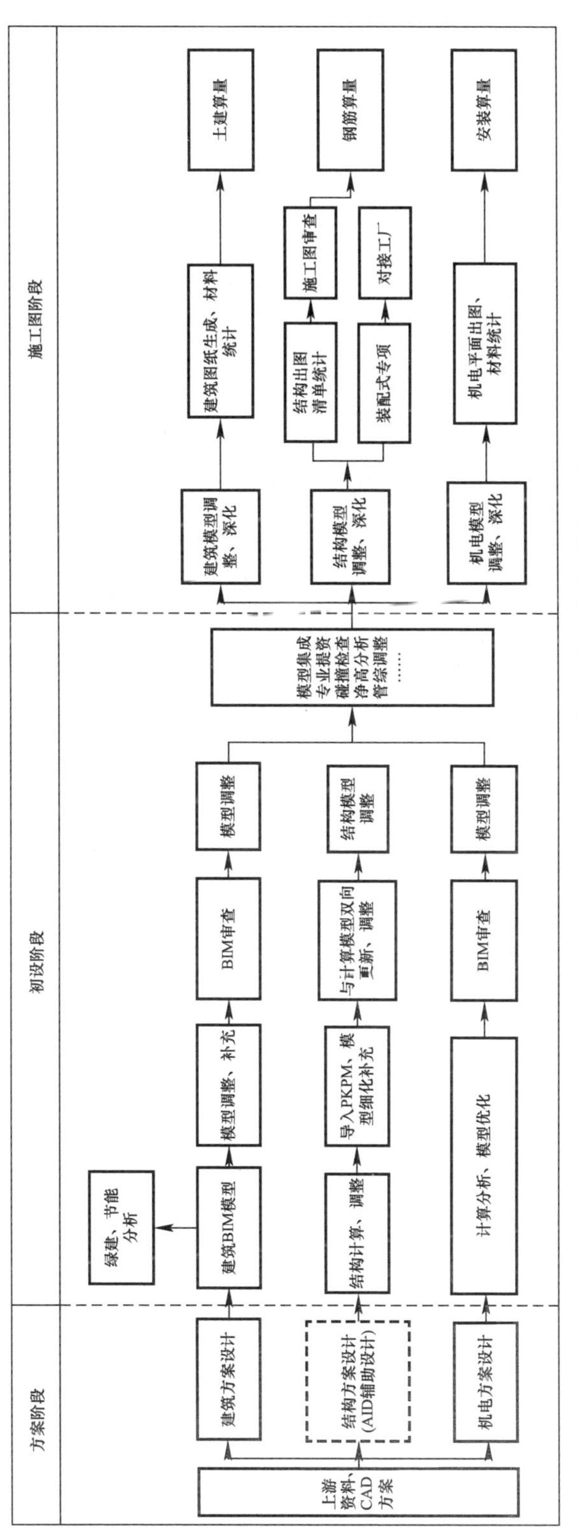

图 3-3　基于 PKPM-BIM 的装配式建筑全专业协同设计流程

PKPM-BIM 各专业模块既可以支持利用专业功能完成 BIM 方案模型的快速创建，也可以将已有的二维图纸导入参照，通过识图建模的方式形成方案模型，专业间通过协同服务平台或者链接合模的方式进行相互参照，快速调整，确定项目方案，如图 3-4 所示。

图 3-4 PKPM-BIM 全专业协同设计系统创建项目方案分析模型

与此同时，BIM 建筑模型可以传递给 BIM 绿建节能系列模块，将建筑环境、空间、材料、功能及设备数据赋值后集成管理，直接进行绿色建筑方案设计、建筑节能计算，同时可实现绿色建筑评价所需的室外风环境与室内自然通风、建筑日照与室内天然采光、室外噪声与室内背景噪声构件隔声、建筑能耗提升与热岛温度模拟等方面的生态技术指标分析与评估，提出降低能耗与合理有效利用自然能源的建筑专业设计整体解决方案。

2. 初步设计（初设）阶段

随着设计阶段的深入，初设阶段的 BIM 模型需要进一步补充深化，利用 PKPM-BIM 快速建模、便捷调整的特点，设计师可以对各专业模型进行细节处理和分析，完成 BIM 模型的精细化设计，自动形成准确的模型细部节点。此外，借助 PKPM 审查平台的优势，在设计方案、调整模型过程中可以随时调用云审平台数据进行规范检查（图 3-5），并实时调整，确保 BIM 模型的合标性和合规性。

结构专业一直以来使用的就是三维设计方法，设计师一般会利用结构设计类软件先完成结构模型建立及初步计算，然后导入 BIM 软件中进一步完善模型细节。PKPM-BIM 结构模块支持各类结构构件补充，以实现结构计算模型与 BIM 结构模型数

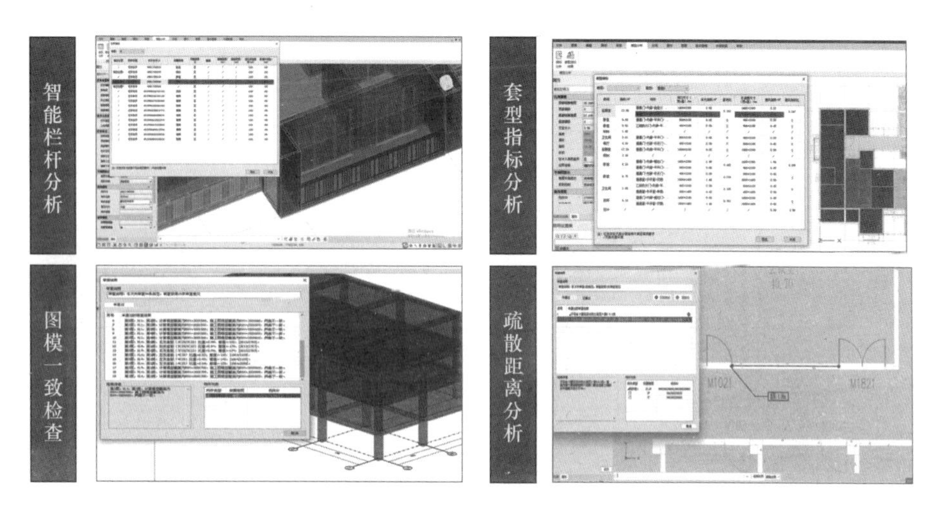

图 3-5　BIM 规范检查

据双向更新。双向更新是指当结构计算模型的构件进行了调整，发生变更的构件可以直接同步到 BIM 结构模型中，反之亦然（图 3-6）。通过 BIM 模型与计算模型增量更新方式的实时调整，确保结构计算结果与 BIM 模型一致，解决了以往 BIM 结构模型与计算模型割裂的问题。

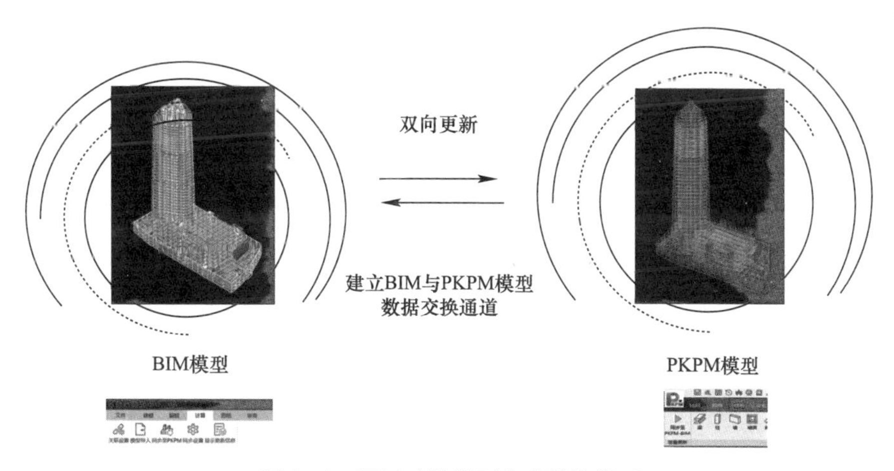

图 3-6　通过建筑模型完成结构模型

在完成初步设计建模的基础上，利用协同平台已有功能进行全专业模型整合，进行碰撞检查、净高分析、管综调整（图 3-7）、提资开洞（图 3-8）等深化设计阶段的 BIM 应用，进一步完善初步设计模型，为下一阶段应用做准备。

3. 施工图设计阶段

在施工图设计阶段，需要对模型进行深化设计从而形成各个预制构件深化设计模型。

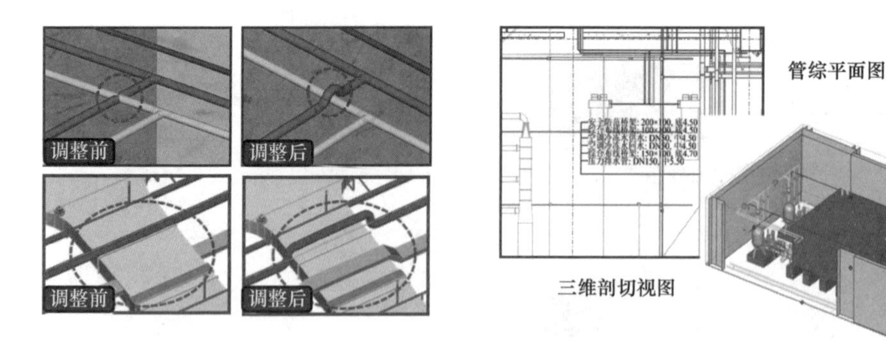

图 3-7　管综调整

提资开洞构件范围　　机电专业生成提资条件　　土建专业生成构件洞口

图 3-8　提资开洞

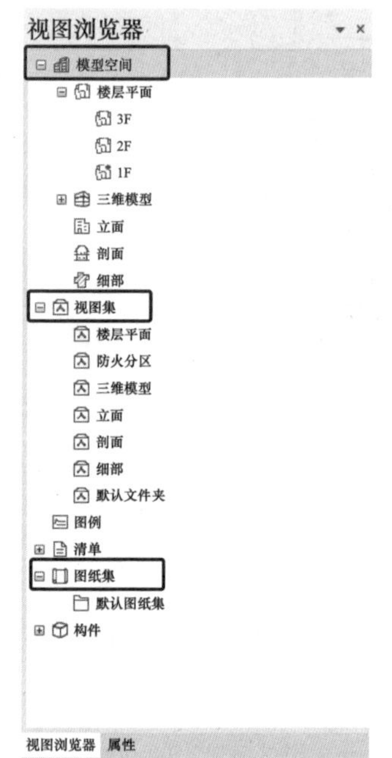

图 3-9　视图浏览器中的模型空间、视图集、图纸集

当 BIM 模型达到一定精度，可以基于模型生成建筑平、立、剖面图，结构施工图，各类管线平面图，系统图，预制构件详图等各专业施工图和深化设计施工图。PKPM-BIM 全专业协同设计系统的各专业模块已经形成了完善的基于模型出图的机制，通过视图浏览器中的模型空间、视图集、图纸集固化出图流程（图 3-9）；利用构件裁剪关系处理、构件类别管理、显示样式设置、构件可见性方案以及视图覆盖方案等设置，可以快速生成符合出图标准的各类图纸；利用 BIM 技术信息集成的特点，可直接统计出各类构件、系统的工程量清单；对模型进行二次深化后，输出土建、安装及钢筋算量，对项目成本预算起到指导作用。PKPM-BIM 全专业协同设计系统将深化设计阶段的 BIM 应用融合到了初步设计阶段和施工图设计阶段。

3.4　PKPM-BIM 全专业协同设计系统各专业模块简介

启动 PKPM-BIM 全专业协同设计系统桌面图标“BIMBase KIT 2024”，可以打开“建筑全专业协同设计系统 PKPM-BIM 2024”界面。PKPM-BIM 全专业协同设计系统的设计模块包括建筑、结构、给水排水、暖通、电气、装配式等专业模块以及绿建节能系列模块。在 PKPM-BIM 全专业协同设计系统中选择“建筑”“结构”“给水排水”“暖通”“电气”专业模块，点击“新建项目”，即在装配式各专业模块环境下新建一个工程项目。

PKPM-BIM 全专业协同设计系统各专业模块及绿色建筑性能分析系列模块的具体功能如下。

1. 建筑专业模块

PKPM-BIM 全专业协同设计系统的建筑专业模块为设计师提供数字化模型的创建工具，支持以完整的建筑模型对接后期的数字化应用。在建模方面，建筑专业模块提供了齐全的构件类型，同时设计师可以快速创建三维模型；此外，针对不同的建模场景，提供模块化设计、识图建模等功能，支持企业数字化转型。

在数字化应用方面，PKPM-BIM 全专业协同设计系统支持以数据对接模型分析，对套型、关键属性指标等支持自动计算，并以机器辅助方案设计；支持设计过程中的 BIM 规范审查，成果交付对接政府平台；支持数字化的成果交付；全专业模型、清单、图纸支持读取模型和信息输出，支持多种数据格式的导出以及轻量化的展示等。

2. 结构专业模块

PKPM-BIM 全专业协同设计系统的结构专业模块功能如图 3-10 所示。该模块可进行常见结构上部模型和基础模型的创建，并支持 PKPM 模型的导入，也可在识别图纸后快速生成模型；提供专业特色编辑与绘制工具，可高效便捷地对模型构件进行调整。同时打通 BIM 模型与结构计算模型的双向更新，可同步双方的模型修改信息，更好地对接后续的结构计算分析。基于 BIM 模型和计算结果，支持自定义配筋，快速生成平法配筋图。将模型与图纸数据导出后，可进行结构施工图审查，对图模不一致、不满足规范强条要求、不满足构造要求和不满足计算的情况进行审查与定位。

3. 机电专业模块

PKPM-BIM 全专业协同设计系统的机电专业模块包括暖通、给水排水、电气三

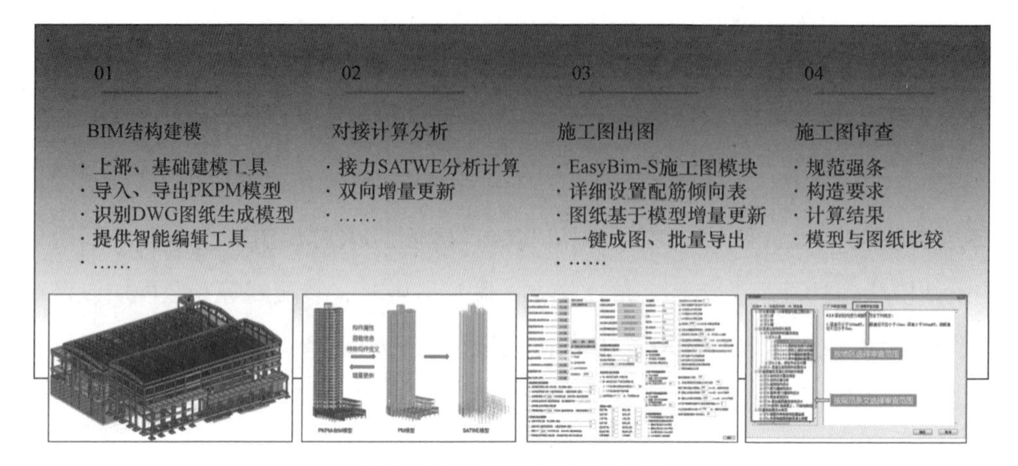

图 3-10　结构专业模块功能

个专业，通过智能连接工具，一键生成各系统三维模型；基于模型可直接在 BIM 平台开展碰撞检查及管线综合，并支持机电管线与建筑、结构专业构件碰撞检查，进行提资开洞，以实现各专业间协同应用（图 3-11）。暖通专业可实现通风系统、防排烟系统、空调水系统、供暖系统、多联机系统三维模型创建；可以智能识别管道与末端设备（如风管与风口、空调水管与风机盘管等）的连接路径，自动完成系统路由连接；支持风机识别管道一键布置并生成对应连接件。给水排水专业可实现给水排水系统、消防喷淋系统、消火栓系统三维模型创建；提供给水排水系统多种连接方式，可以智能完成水管与卫浴设备连接，并自动生成角阀等附件；提供识图翻模功能，可识别 DWG 图纸信息进而一键实现喷淋系统二维到三维的转化。电气专业可以进行照明及应急照

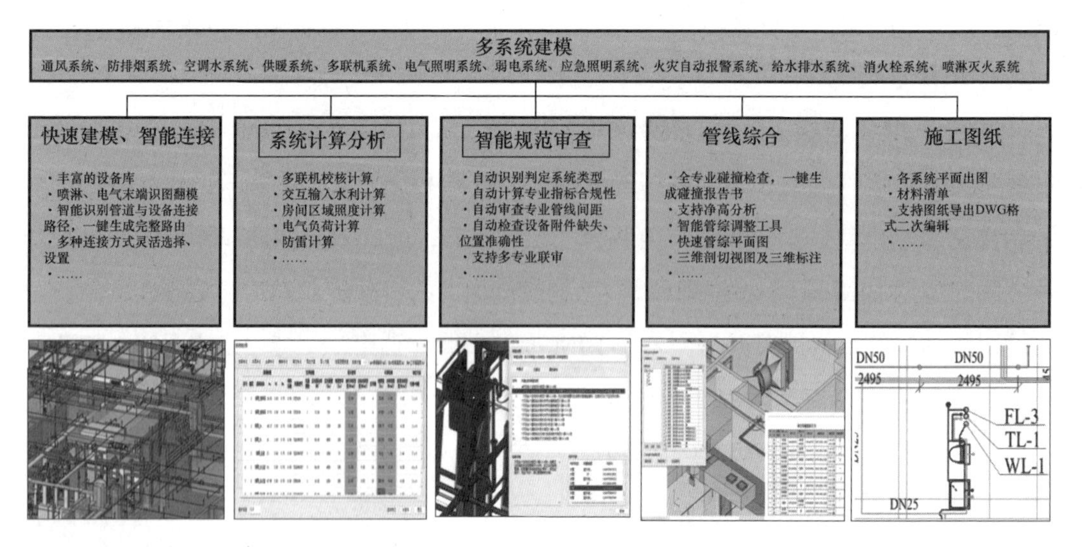

图 3-11　机电专业功能模块功能

明系统、动力系统、火灾自动报警系统三维模型的创建；支持多种电气点位设备布置方式，并支持直接识别DWG图纸信息，一键进行识图翻模，实现二维到三维转化；提供多种设备和配电、桥架等智能连接方式，快速完成强电系统的回路连接。各专业基于模型可进行二维符号化表达，快速生成机电各系统平面图。支持直接在平台选择规范条文开展BIM模型智能规范审查，对不合规构件进行定位，应用丰富模型编辑工具进行优化调整。

4. PKPM-PC装配式模块

PKPM-PC装配式模块可完成国内各种结构形式的装配式建筑的设计，设计师基于结构设计模块建立的结构模型，可进行和装配相关的专项设计，包括装配方案、预制构件拆分、计算、预制率和装配率统计、预制构件深化设计、预制构件加工图和施工图绘制等，可以实现智能拆分、智能统计、智能查找钢筋碰撞点、智能开设备洞和预埋管线、构件智能归并，即时统计预制率和装配率，快速检查全楼钢筋碰撞情况，自动生成各类施工图和构件详图。装配式专项应用流程如图3-12所示。

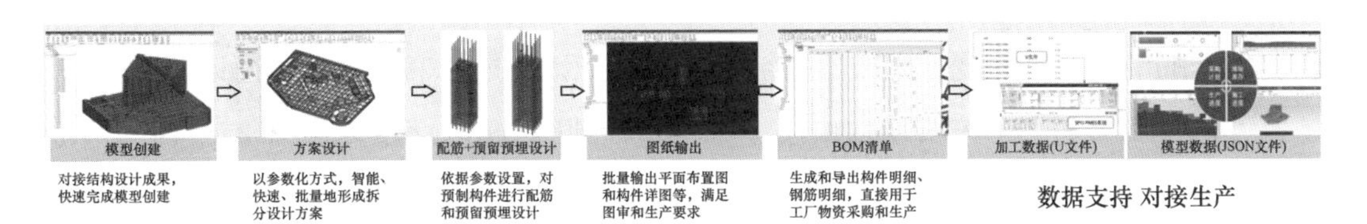

图3-12 装配式专项应用流程

各专业通过协同设计系统获取专业提资条件后（图3-13），根据机电、精装等开洞及预留条件，可以完成装配式预制构件管线预埋开洞设置，从而使得BIM模型在装配式建筑深化设计阶段达到面向生产所需要的精细程度。

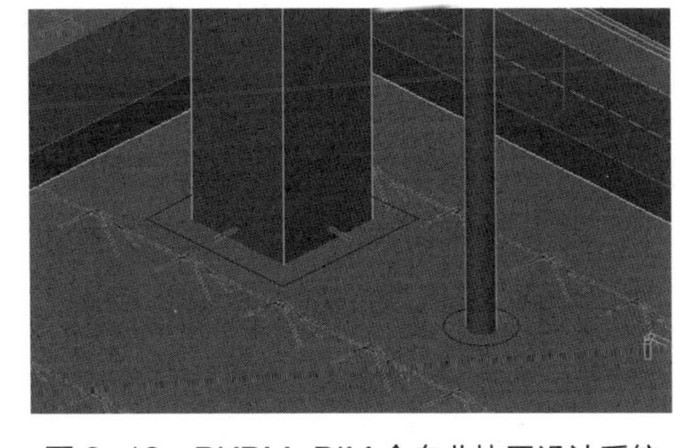

图3-13 PKPM-BIM全专业协同设计系统进行机电开洞提资标记

5. PKPM绿色建筑性能分析系列模块

PKPM绿色建筑性能分析模块包括建筑能耗分析模块PKPM-Energy、建筑碳排放计算分析模块PKPM-CES、建筑采光模拟分析模块PKPM-Daylight、建筑风环境模拟分析模块PKPM-CFD、建筑室内背景噪声分析模块PKPM-SoundIn、建筑室外声环境模拟分析模块PKPM-Sound、建筑热岛温度模拟分析模块 PKPM-HeatIsland 等。PKPM 系列绿色建筑分析模块覆盖建筑全生命周期，后端链接国家级评审中心，并融合 BIM 设计理念，通过建立统一的数据模型，在风环境、光环境、能耗、噪声等不同的模拟模块中进行计算分析。绿色建筑各性能分析模块与国内绿色建筑评价标准结合紧密，生成符合标准的分析报告和绿色建筑专篇，有效帮助设计师进行项目认证、模拟计算、产品选型、设计指导、增量成本分析和项目申报等工作，为设计师提供直观的量化数据与依据，对项目的设计和运行效果进行全方位评价与优化。通过节能、能耗、碳排放、采光、通风、噪声、隔声等方面对装配式建筑进行绿色建筑的模拟分析，进一步对建筑设计进行优化，可以提高建筑物的节能性能、采光、通风、隔声降噪等效果，更好地满足现代绿色建筑设计理念。

（1）建筑能耗分析模块 PKPM-Energy

随着绿色建筑的发展，对建筑节能模拟的需求逐渐增加。PKPM-Energy 紧密结合国家与地方的建筑节能设计规范、绿色建筑评价规范、绿色建筑设计规范，根据设计实际情况建立建筑模型，采用当地标准的围护结构材料、暖通设备等，计算各围护结构热工性能，采用各地气象数据库模拟计算逐时负荷、供暖通风与空调能耗，并分析各指标的节能降低幅度，生成围护结构热工性能计算报告书、建筑负荷计算报告书、建筑能耗计算报告书。该模块提供围护结构负荷缺陷分析，帮助设计师有针对性地提升围护结构热工性能；展示分项能耗计算过程，帮助设计师改进设备选型。

（2）建筑碳排放计算分析模块 PKPM-CES

建筑碳排放计算分析模块 PKPM-CES 可以计算建筑全生命周期的碳排放水平。全生命周期评价是一种用于评估产品、服务或过程在整个生命周期内对环境影响的方法，包括从原材料采集、制造、运输、使用、维护、终止到废弃处理的所有阶段。全生命周期评价是量化评价产品生产消费全过程的资源效率与环境影响的国际标准方法，基于标准化的工作方法和严格的定义量化分析生产、服务等活动对大气、土壤、水体等造成的影响，因其科学严谨、系统化的分析模式，被各行业、各种产品和服务认可，成为环境影响分析的通用标准工具。

（3）建筑采光模拟分析模块 PKPM-Daylight

绿色建筑对建筑的采光性能提出了严格的要求，如国家标准《绿色建筑评价标准（2024 年版）》GB/T 50378—2019 分别对居住建筑、公共建筑主要功能空间的采光系数提出了指标要求，并在绿色建筑评审材料中增加对自然采光模拟计算报告的要求。我国在 2013 年发布了《建筑采光设计标准》GB 50033—2013，针对各种建筑形式提出了天然采光的限值要求。建筑自然采光模拟分析模块PKPM-Daylight支持《建筑采光设计标准》GB/T 50033—2013、《绿色建筑评价标准（2024年版）》GB/T 50378—2019以及各地方绿色建筑评价标准的要求，支持我国建筑采光设计标准中的平均采光系数算法，支持国际通用Radiance逐点采光系数算法，输出专业的采光分析报告，满足采光及绿色建筑标准要求。

（4）建筑风环境模拟分析模块PKPM-CFD

建筑风环境模拟分析模块PKPM-CFD是从微观角度，针对某一区域或房间，利用质量、能量及动量守恒等基本方程对流场模型进行求解，分析空气流动状况。采用CFD对自然通风进行模拟，主要用于自然通风风场布局优化和室内流场分析，通过CFD提供直观详细信息，便于设计者对特定的房间或区域进行通风策略调整，使之更有效地实现自然通风。风环境模拟分析模块能够模拟建筑群周围的风环境、室内自然通风以及区域热环境的专业分析等内容，为用户提供专业快速的设计指导；能够有效提高设计单位在绿色建筑风环境模型计算、报告书生成和整理等方面的工作效率，将设计师从繁重的重复工作中解脱出来，为更好地实现绿色建筑设计提供了时间上的保障，在很大程度上节约项目的设计成本。

（5）建筑室内背景噪声分析模块PKPM-SoundIn

由于现代城市的发展和紧凑性规划的要求，国家越来越重视室内噪声的控制，且要求越来越高。为了有效开展室内噪声控制及治理工作，需要将噪声源对环境的影响进行准确预测，而且也需要估计采取噪声防治措施后所能达到的效果。噪声容许范围的规定也是绿色建筑设计的必选项之一。建筑室内背景噪声分析模块PKPM-SoundIn可对接绿色建筑中针对室内声环境质量设计与评价要求，涉及的建筑构件精细全面、智能化程度高、计算准确，并提供了优化功能，还可自动判定各项指标达标情况，自动生成可追溯计算过程的报告书，包含构造形式、计算参数、类比材料、精细分析统计结果，避免了以往手动编制报告书和人工计算可能导致的误差。

（6）建筑室外声环境模拟分析模块PKPM-Sound

建筑室外声环境模拟分析模块PKPM-Sound可以快速建立建筑、道路、高架桥、林带、声屏障、设备、路堤等精细模型，实现对建筑室外周边噪声的点声源、线声源、面声源和其他复杂声源的环境声传播的动态模拟计算，完成对厂界、居民住宅、学校等功能区的噪声评估和预测，以及项目和道路周边降噪方案优化与声屏障设计，既考虑了区域模型中建筑、道路、绿化带、声屏障、路堤、高架桥等因素对环境噪声的影响，还对噪声模拟结果进行详细精确统计，方便用户对项目噪声准确评估与分析。

（7）建筑热岛温度模拟分析模块 PKPM-HeatIsland

高楼林立、错综复杂的城市道路以及频繁的人类活动都在影响着城市地区的天气与气候，地表原有植物覆盖面被砖石、水泥等坚硬密实、干燥不透水的建筑材料所替代，工业生产、道路交通以及人类生活所排放出的大量热量，使得人们无法忽视城市热岛现象带来的影响。严重的城市热岛效应不但影响了人们的正常生活和工作，还成为制约人们生活质量进一步提高和城市进步发展的因素。建筑热岛温度模拟分析模块 PKPM-HeatIsland，能够快速准确模拟建筑群周围区域的热环境，为用户提供专业快速的设计指导。建设项目在设计阶段进行的节能评估中，通过对项目建筑物热环境模拟分析的方法，根据模拟结果，有效分析小区住宅设计过程中建筑密度、建筑材料、建筑布局、绿地率以及水体景观设施等因素对住区周围热环境的影响，为改善城市住区热环境舒适度，降低热岛效应，提供有力技术支持。

本章小结

PKPM-BIM 全专业协同设计系统按照装配式建筑全产业链集成应用模式研发，在协同平台下实现预制部品部件库的建立、构件拆分与预拼装、全专业协同设计、构件深化与详图生成、碰撞检查、材料统计等，设计数据直接对接到生产加工设备系统，提供了采用 BIM 技术的各专业设计软件和外部软件接口，各专业共享模型数据，集中管理数据，保证了数据的一致性和关联性，在实现各专业设计内容的同时，能够实现全专业的协同设计。

思考与练习题

3-1　PKPM-BIM 全专业协同设计系统专业模块有哪些？

3-2　简述基于 PKPM-BIM 全专业协同设计系统完成建筑全专业协同设计的流程。

3-3　简述 PKPM-BIM 装配式建筑协同设计各专业模块的功能。

第4章

装配式高层住宅全专业设计案例

本章要点及学习目标

本章要点

（1）装配式混凝土结构建筑全专业协同设计流程；

（2）装配式混凝土结构各专业设计方法和内容。

学习目标

（1）掌握装配式混凝土结构全专业设计流程及各专业设计内容；

（2）掌握装配式混凝土结构各专业协同设计软件的应用。

4.1 工程概况及设计流程

4.1.1 工程概况

本项目基于 PKPM-BIM 对南京市某人才公寓进行全专业协同设计，项目基地情况如图 4-1 所示。该建筑设计工作年限为 50 年，建筑工程等级为二级；地上建筑耐火等级二级，地下建筑耐火等级一级；屋面防水等级为一级，地下室防水等级为二级；抗震设防烈度为 7 度。考虑到设计规范的约束条件、空间灵活多变的使用需求及良好的采光通风等因素，高层住宅楼采用装配整体式剪力墙结构。

4.1.2 全专业及其协同设计流程

该项目采用 PKPM-BIM 全专业协同设计系统进行各专业设计及其协同设计，项目流程参照图 3-3 进行规划。

该设计采用 PKPM-BIM 全专业协同设计系统的“建筑”“结构”“机电”专业模块分别进行建筑专业、结构专业和机电各专业的设计；采用“PKPM-PC”装配式模块进行和装配式相关的专项设计，并采用其内含的“管线综合”功能模块和“提

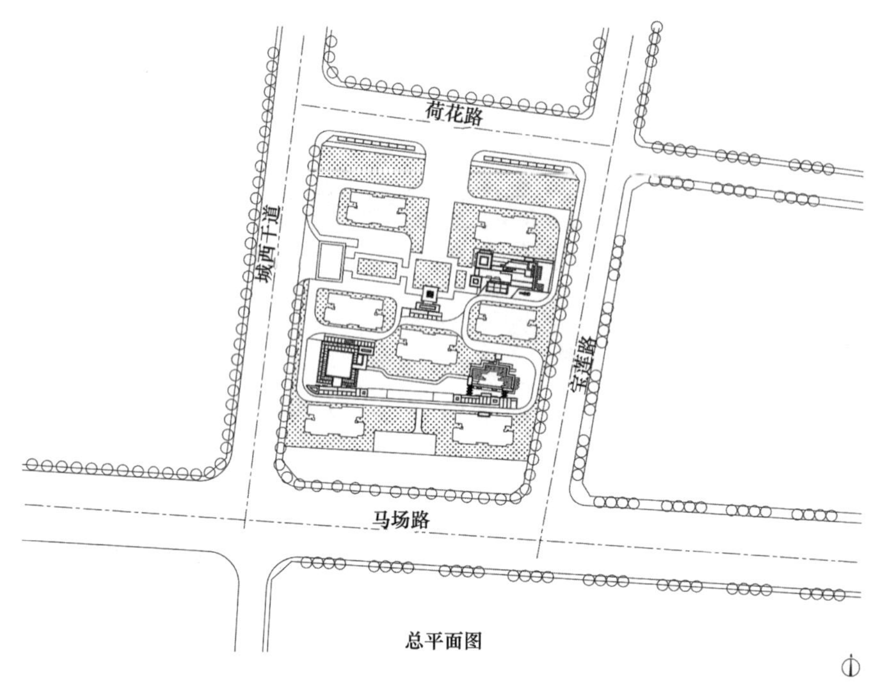

图 4-1　项目基地概况

资”功能模块进行协同设计。该设计采用 PKPM 系列绿色建筑分析模块的建筑能耗分析模块 PKPM-Energy、建筑碳排放计算分析模块 PKPM-CES、建筑采光模拟分析模块 PKPM-Daylight、建筑风环境模拟分析模块 PKPM-CFD、建筑室外声环境模拟分析模块 PKPM-Sound 和建筑室内背景噪声计算分析模块 PKPM-SoundIn 进行建筑节能和能耗计算分析、建筑碳排放计算分析、建筑采光分析、建筑构件隔声分析和室内背景噪声分析。协同设计内容包括碰撞检查、净高分析、自动开洞、模型优化等管线综合设计和构件深化设计。PKPM-BIM 全专业协同设计系统的各专业设计模块同时内含了“协同设计”功能模块，在结构设计模块或机电设计模块中的“协同设计”菜单下点击“发布建筑参照模型”，选择要发布的专业，便可以进行建筑参照模型的发布；在结构、机电专业提资后，选择“更新 PKPM-BIM 模型”，便可以在“建筑”设计模块中查看到结构、机电专业提交过来的模型；“结构”专业设计模块可以导入建筑专业的结构构件，如梁、墙、板、柱等，进而可以进行算量统计和出图；在结构/机电专业设计模块提资后，可以在变更查询列表中“按楼层范围”“按构件类别”“按专业”等条件筛选要查询的构件，减少不必要变更内容的显示。PKPM-BIM 全专业协同设计系统的设计模块中各专业分工明确，创建的建筑模型更加精确。

本教材第 4 章讲述项目设计中各专业的设计内容，即建筑设计、绿色建筑分析、结构设计、给水排水设计、暖通设计和电气设计，以上内容为方案阶段和初步设计阶段各专业的设计；第 5 章讲述该项目施工阶段的协同设计内容。

4.2 建筑设计

4.2.1 设计依据

本项目通过 PKPM-BIM 全专业协同设计系统的“建筑”设计模块对建筑项目进行三维建模，从而提供与实际工程相吻合的完整的信息数据库，并与结构、机电专业进行协同设计：与结构专业相互参照，保证模型信息的准确统一；与机电专业进行定位密切配合，满足模型基本精度要求，并完成模型轻量化共享与输出，符合“信息化、工业化、绿色化”的设计目标。装配式建筑设计针对建筑功能和场地特点，结合装配式“少规格、多组合”埋念，进行总平面设计和建筑平面、立面、剖面等设计。建筑总平面设计应符合城市总体规划要求，在满足国家规范和建设标准的同时，应提高装配式楼栋的标准化率，尽量减少平面户型种类。在满足各种使用功能的基础上，宜采用套型模块标准化设计，确定套型模块后，可拼接不同的套型模块，设计灵活性强，标准化程度高，有助于减少预制部品部件的模具数量，降低预制部品部件的生产与施工难度和成本。建筑设计方案中房间规格尽量统一，便于预制构件统一生产。

PKPM-BIM 全专业协同设计系统提供了国家现行设计规范及满足不同设计需求的规范、规程和标准，可以适用于不同地区的装配式建筑设计。本工程采用 PKPM-BIM 全专业协同设计系统进行了建筑设计，考虑了工程所建地区的省、市、县有关工程设计标准和建设规定，所涉及的规范和标准主要包括《民用建筑设计统一标准》GB 50352—2019、《住宅设计规范》GB 50096—2011、《住宅建筑规范》GB 50368—2005 等国家设计规范以及江苏省地方标准《住宅设计标准》DB 32/3920—2020、江苏省地方标准《绿色建筑设计标准》DB 32/3962—2020 等地方设计标准。

4.2.2 总平面设计

本项目从全局出发，考虑了外部环境与建筑内部的各种因素，使建筑物内在功能与外界条件彼此协调。为使城市道路空间界面明确、活跃城市街景空间，在小区外侧沿主干道设置商业店铺以形成小型商业区，在对小区起围护作用的同时，也满足居民的日常需求，使住户生活更加便利。商业店铺顶部采用绿色屋顶设计，在屋顶覆土种植植物，蓄滞雨水，增加建筑节能效应。各住宅组团之间由绿地隔开，绿地根据配置的花草树木相互区别、各具特色，提高了居住环境质量。结合绿化布置景观小品、健身步道及休闲设施，力求为小区住户提供舒适和谐且极具参与性的小区景观环境，将小区设计为绿地相连、道路便捷、既统一又有变化的整体。项目采用 PKPM-BIM 全专业协同设计系统的“建筑”设计模块，建立了场地 BIM 模型（见第 4.2.4 节），完成总平面设计。通过该设计系统导出 IFC/FBX 通用格式到专业软件（如 Lumion）中进行绿植、喷泉等素材的补充并进行渲染，完成总平面设计，如图 4-2 所示。

图 4-2　总平面设计

4.2.3　建筑单体设计

以小区内的某幢单体公寓住宅楼为例进行介绍。该幢公寓住宅楼设计地上层数为 19 层（含顶层设备层），地下层数为 1 层。建筑总面积 17660.43m^2，建筑高度 58.2m。本项目通过 PKPM-BIM 全专业协同设计系统的“建筑”设计模块完成单体建筑的 BIM 模型，并可以导出建筑平立面二维图纸，具体操作流程见第 4.2.4 节和第 4.2.5 节。

本项目采用装配式模块化设计理念，以户型单元为模块进行设计，共设计了 A、B、C 三种户型，如图 4-3 所示，并以“模数协调”为原则对建筑进行了通用化、模数化、标准化设计，符合装配式建筑“少规格、多组合”的理念。卧室、书房、厨房、卫生间、起居室、餐厅以及阳台为一个整体模块。标准化的设计，为后期预制加工带来了很大的便利，同时也能加快施工进度，符合工业化的设计理念，达到了“信息化、工业化、绿色化”的设计目标。

1. 平面设计

本设计建筑以中轴对称分为两栋，即为两个单元，中间设有变形缝。考虑到全明设计和通风采光良好的要求，每个单元采用带连廊的两梯四户设计，共三种户型，户型面

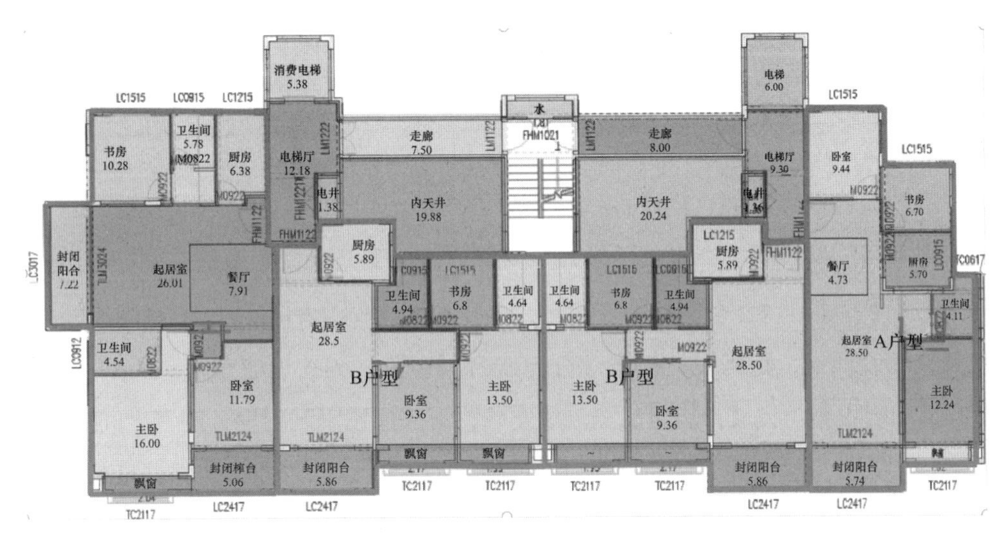

图 4-3　建筑模块区域划分（以单元为例）

积和住宅进深合理，使得每个住户都能够享受最舒适的生活体验。住宅楼平面整体呈一字形，每个单元中的两部电梯设置在两侧，双跑楼梯设置在中间，用连廊将双跑楼梯与电梯厅相连，使得两端住户互不干扰，给住户提供了安静和谐的生活环境。电梯、双跑楼梯等的设计，均满足相关消防安全规范所规定的人流疏散要求。建筑内天井和连廊的设计最大限度地打开了中间户的北面，使得建筑南北通透，大大提升中间户的采光和通风效果，改善住户的居住体验。同时，连廊可以作为消防疏散通道，当发生火灾等事故时，住户可以第一时间通过连廊从一侧转移到另一侧或者通过步梯紧急避险，建筑消防安全性较高，有效保障住户的安全。

在无障碍设计方面，建筑的无障碍设计范围包括出入口、公共走道、无障碍电梯等。住宅楼一层单元入口处均设置有 1：20 无障碍坡道，室内无障碍通道宽度不小于 1.2m，并配有无障碍电梯，其轿厢深度和宽度满足规范要求，方便残疾人以及活动不方便者进出，体现了以人为本的设计理念。

在户型设计方面，着重考虑各种使用空间的适宜尺度和现代住宅功能空间的完整配置，使每户的总面积控制在合理要求范围内，共设计了 A、B、C 三种不同面积的户型，以满足不同人群的需求。其中 A 户型面积为 90m^2，B 户型面积为 95m^2，C 户型面积为 115m^2，B、C 户型两室两厅两卫，A 户型两室两厅一卫。每个户型的功能分区明确，设置有餐厅、主卧、次卧、起居室、卫生间、书房、厨房等生活空间。起居室大且具有良好视野；卧室基本朝南，采光好，冬季能最大程度利用直射太阳光，夏季能有效利用穿堂风，增加居住舒适度；厨卫设计采用整合设计办法，综合考虑满足使用功能要求；观景阳台将自然带入到建筑，使住户的视线可以自由穿梭。所有户型均有良好的采光、日照以及自然通风条件，处处体现以人为本的设计理念，最大化满足住户的使用需要。

在室内流线设计方面，内部流线可划分为家务流线、家人流线和访客流线，设计的基本原则是三条线不能交叉或尽量减少交叉，流线交叉会使有限的空间被零散分割，浪费住宅面积，极大地限制家具的布置。以 B 户型为例介绍本项目的室内流线设计。在家务流线设计上，厨房设计根据烹饪流线合理布置；洗衣机放置在封闭阳台，使洗衣、晾晒和熨衣集中完成，满足洗涤流线要求；餐厅位置紧贴厨房，两者之间的线路独立使用。在家人流线方面，B 户型主卧、次卧独立存在，私密性比较好，且分布紧密，易于沟通。访客流线主要指由入口进入客厅区域的行动路线，B 户型的设计使客人一进门便可直接进入起居室，方便快捷，且与家人流线、家务流线互不干扰，使在客人拜访的时候不会影响家人休息或工作。在家庭内部做到动静分离、寝居分离、干湿分离。室内布置紧凑，走道简洁，提高了面积的使用率和舒适程度。B 户型居室流线如图 4-4 所示。

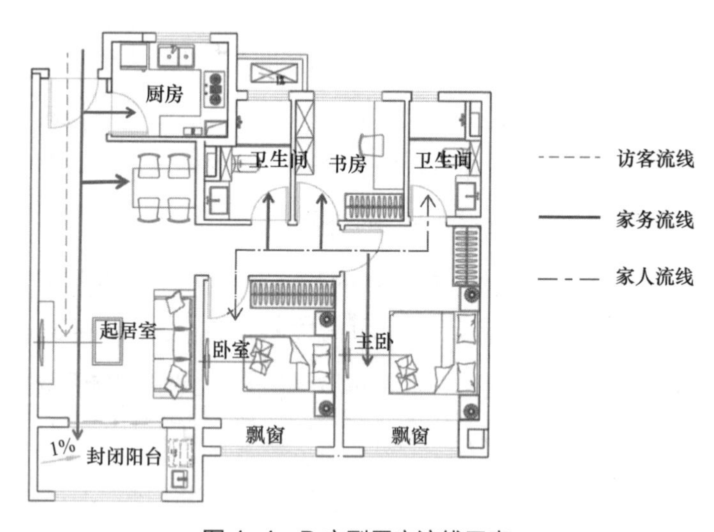

图 4-4　B 户型居室流线示意

在地下室设计中，地下室作为非机动车库，设置有非机动车停放区域和充电区域，以满足住户日常生活使用。根据消防及机电要求，地下室应合理布设排烟机房、送风机房、补风机房、配电间等功能区，并设置净宽大于 1.5m 的疏散通道、不小于 2m 的隔离带、火灾时自动关闭的防火门以及用作分隔的不燃烧体隔墙等。地下室安全出口的个数及疏散距离、疏散宽度满足防火规范的要求。地下一层流线如图 4-5 所示。

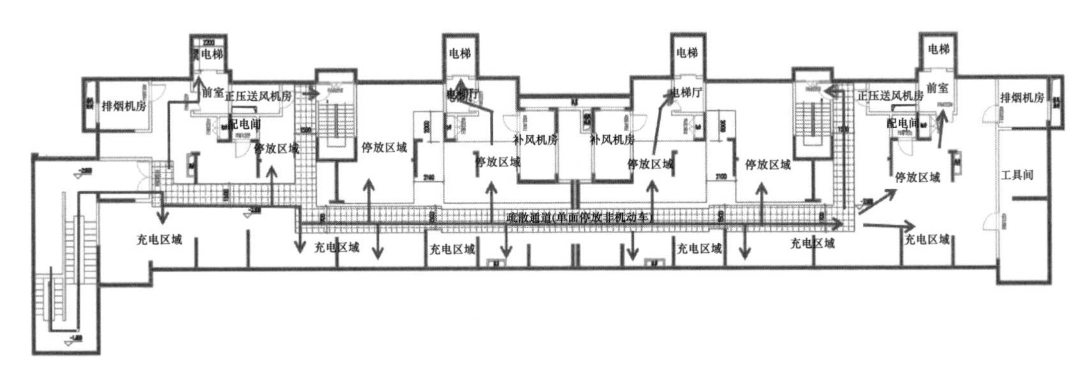

图 4-5　地下一层流线示意

2. 立面设计

该项目的建筑设计风格为现代典雅风格，是现代主义与古典主义的融合，符合当代的居住审美。外立面设计效果如图 4-6 所示。通过不同材料和颜色的拼接与结合，使得建筑富有层次感，稳重而不张扬，也充分体现了装配式建筑“少规格、多组合”的设计理念。立面线条干净利落，给人简约、明朗的观感，化繁为简，让现代艺术和古典审美交融，呈现出精致优雅、内敛经典的不凡气质。在装饰材料方面，集厚重大气、整洁美观、坚固耐用等诸多优势于一体，具有保温隔热等功能，经久耐用，兼具设计美感和质感。

图 4-6　外立面设计效果

3. 室内装修

室内装修采用现代风格，设计合理、美观，在满足住户生活需求的同时，使得氛围更加温馨，符合住户的心理预期。现代简约风格的起居室客厅符合当代人的步调和喜好，采用简单的挂画为客厅整体的低调特征增添了一点色彩，使得设计简单而不失韵味，以“少即是多”为原则，体现出起居室的俊朗大气。利用 PKPM-BIM 全专业协同设计系统“建筑”设计模块中的通用建模和素材库进行了室内装修的建模，通过该设计系统导出 IFC/FBX 通用格式到专业软件（如 Lumion）中并进行渲染，完成装修设计。起居室、卧室、书房、卫生间室内装修如图 4-7 所示。

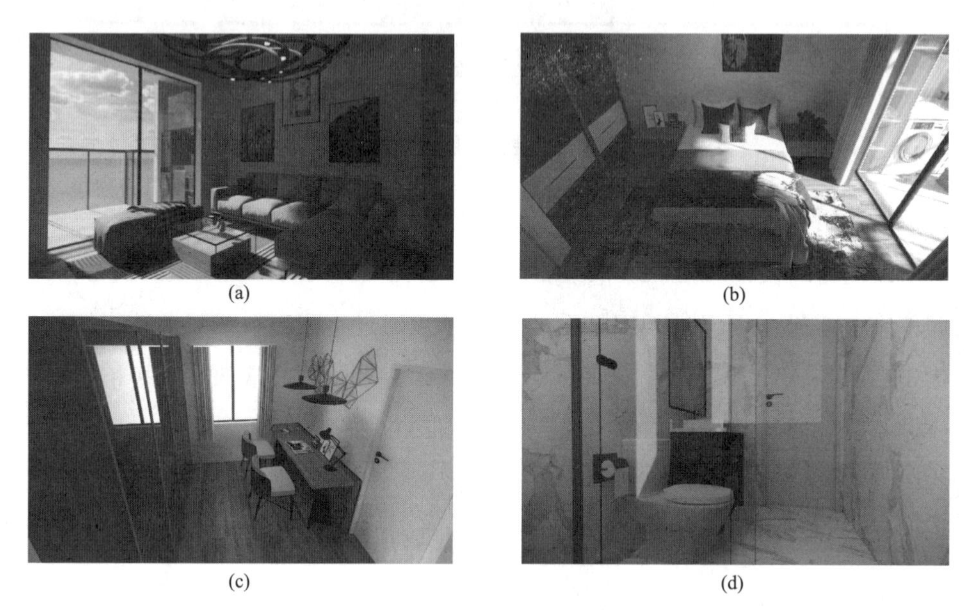

图 4-7　室内装修效果

（a）起居室；（b）卧室；（c）书房；（d）卫生间

4.2.4　建筑 BIM 模型的构建

BIM 的核心是通过建立建筑工程三维模型，利用数字化技术，为模型提供完整的、与实际情况一致的建筑工程信息库。该信息库不仅包含描述建筑物构件的几何信息、专业属性及状态信息，还包含了非构件对象（如空间、运动行为）的状态信息。本节对建筑 BIM 模型建立和二维图纸发布操作过程进行简要介绍。

该项目建筑设计采用 PKPM-BIM 全专业协同设计系统完成，建立了场地 BIM 模型、建筑 BIM 模型和装修 BIM 模型，从而完成该项目的总平面设计、平面设计、立面设计及装修设计。

首先，选择 PKPM-BIM 全专业协同设计系统的建筑设计模块，在建模工具栏中选择场地建模，采用“布置高程点”“选择参照数据”等方式进行场地构建，在对应的属性面板内可对场地的链接楼层和厚度、材质进行修改；然后利用“面域”“植物”等工具补充总图模型中的道路、景观等构件，如图 4-8 所示。

图 4-8　总图绘制

选择建筑设计模块中的场地控制线功能，选择相应的绘制方式，拾取视图中的二维线条创建用地控制线，包括参照底图和用户在模型中创建的二维线条。通过用地控制线的属性栏，可以对用地控制线颜色、线型和线宽进行修改，软件会根据用地控制线自动计算长度和面积，如图 4-9 所示。

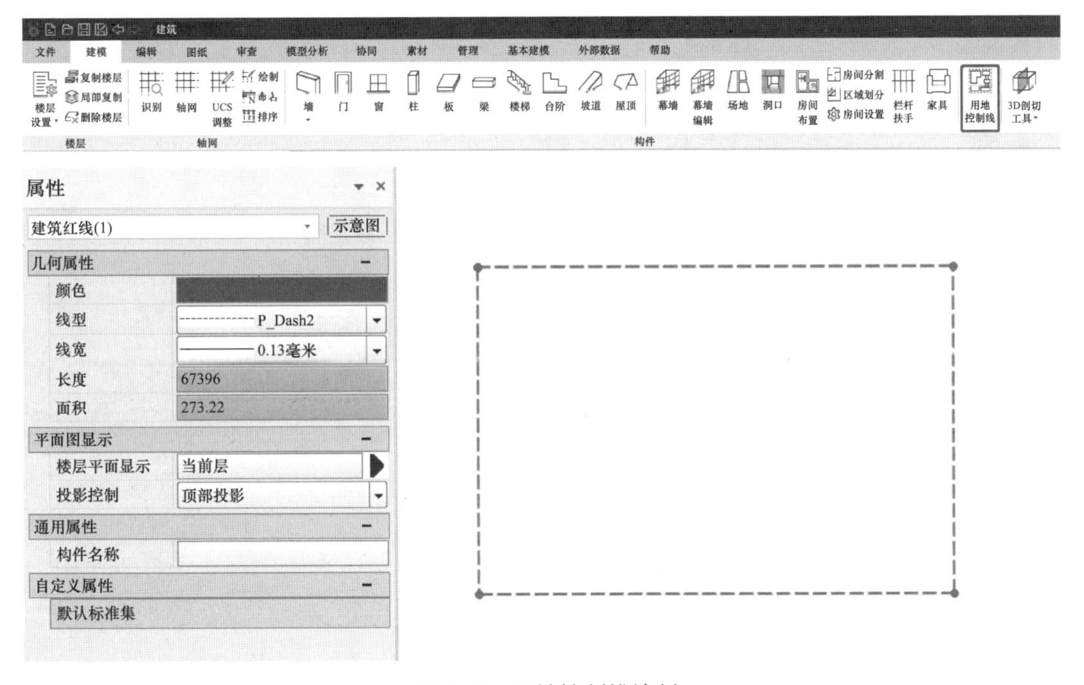

图 4-9　用地控制线绘制

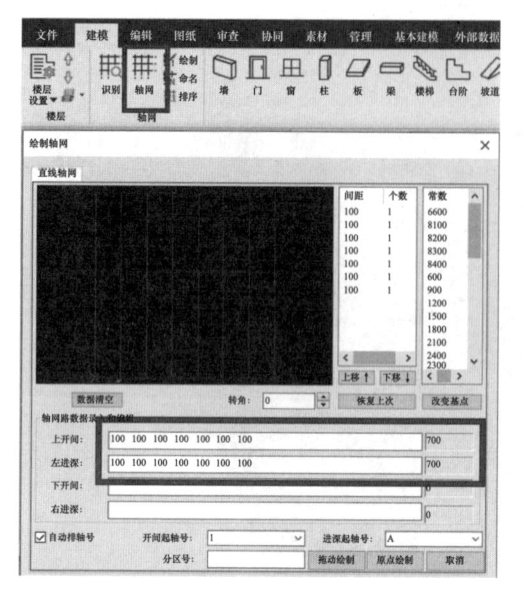

图 4-10 轴网绘制

在建筑设计模块的建模工具栏中选择轴网，如图 4-10 所示，在轴网数据录入和编辑中输入数据来控制轴网间距。设置完成后点击拖动绘制或原点绘制，把轴网放置在需要的位置上。

在建筑设计模块的建模工具栏中点击墙、板、梁、柱等信息，在几何属性栏中修改相关的尺寸、楼层位置等信息，选择布置方式，从而布置各构件，如图 4-11 所示。

点击建模工具栏中的楼梯选项，选择要创建的楼梯类型、布置方式和核心定位点，从而创建楼梯模型。在属性面板中可以设置楼梯的链接楼层以及梯段宽度、平台尺寸等参数，如图 4-12 所示。

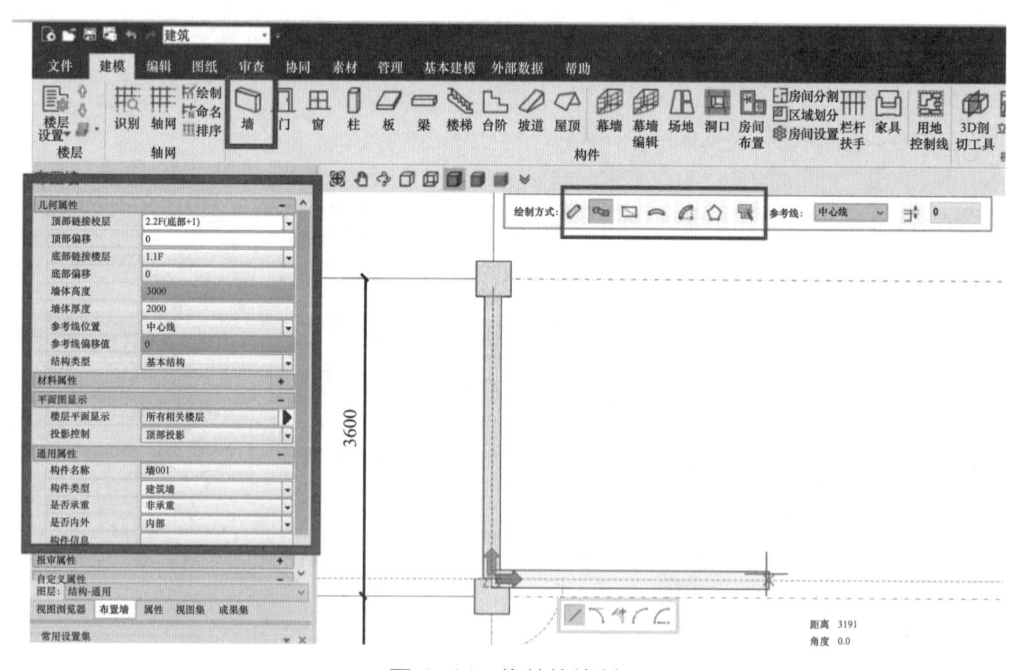

图 4-11 构件的绘制

点击建模工具栏中的门或窗，在几何属性栏中编辑门或窗的信息，在样式库中选择门或窗的样式以及合适的布置方式，包括自由布置、中点布置、垛宽定距和轴线等分等，如图 4-13 所示为门的布置操作界面。

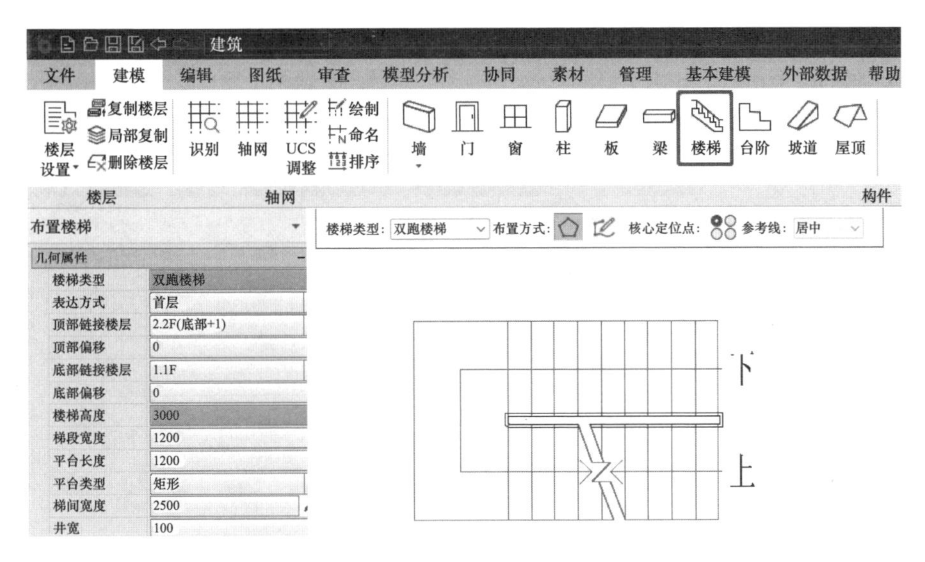

图 4-12　楼梯的绘制

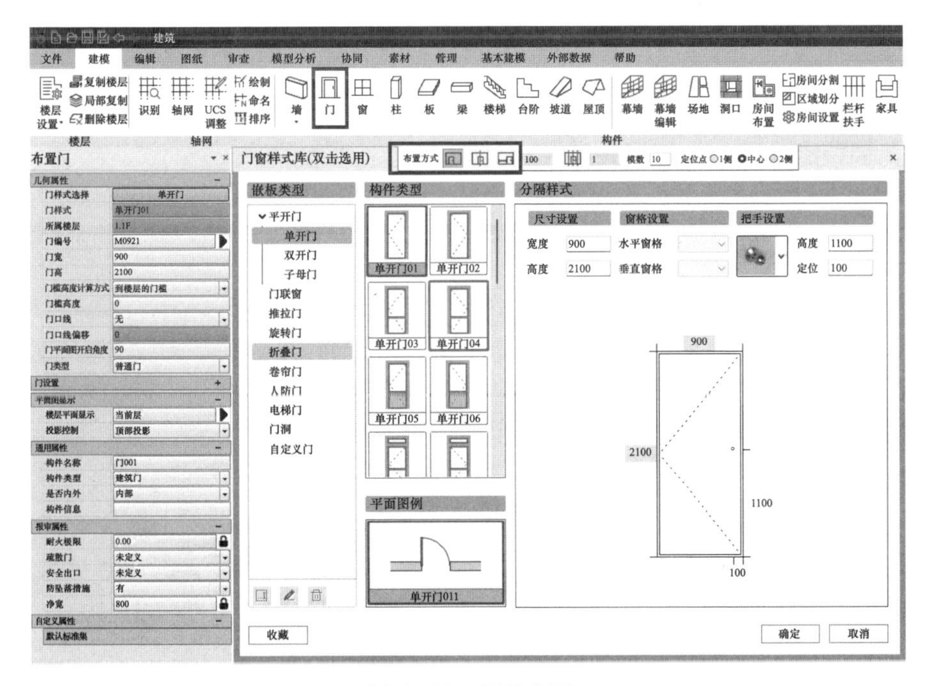

图 4-13　门的布置

点击建模工具栏中的房间布置，可进行建筑平面图中的房间布置。点击房间设置，可以更改在房间布置步骤中布置区域的显示设置，如颜色、名字、显示面积等。

在建模工具栏中选择家具，可进入 PKPM-BIM 内置家具设施素材库，如图 4-14 所示，挑选需要的家具和厨卫设施素材并进行布置，建筑设计时需要对厨房设施、卫生间洁具等进行精确布置，为后期与机电专业模型的合模做好准备工作。

图 4-14　家具及厨卫设施布置

点击建筑设计模块管理工具栏中的复合材料管理器，弹出复合材料构件编辑窗口，如图 4-15 所示，可以根据需要新建材料层，并应用到相应的建筑构件中，从而进一步实现建筑和装修效果。

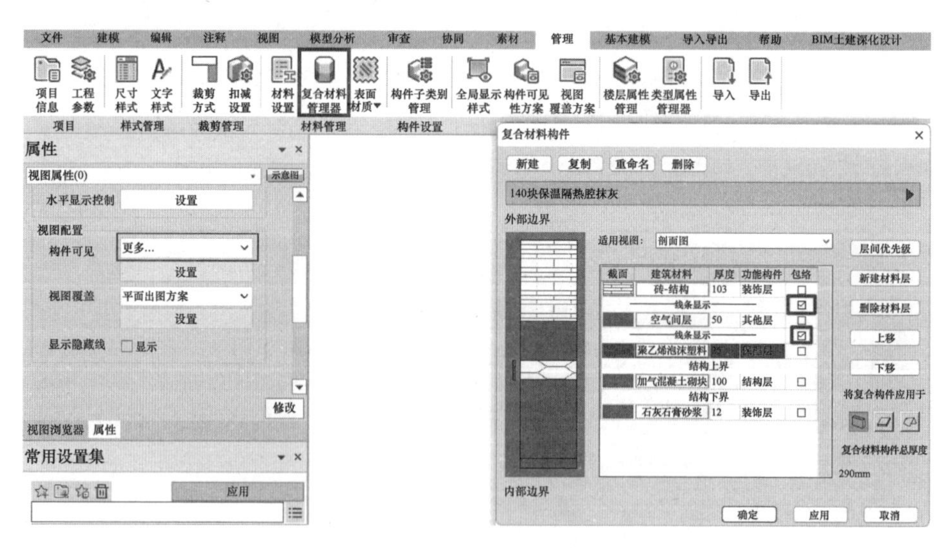

图 4-15　复合材料编辑

本项目中建筑设计 BIM 模型主要内容及模型操作见表 4-1。该住宅楼某标准层三维模型和全楼三维模型如图 4-16 和图 4-17 所示。

以上内容简单介绍了建筑 BIM 模型构建的操作流程，具体操作步骤细节请参考 PKPM-BIM 全专业协同设计系统“帮助”功能模块的“用户手册”。

建筑设计专业施工图绘制阶段 BIM 模型深度及操作　　表 4-1

专业	BIM 模型深度		
	模型内容	基本信息	BIM 模型操作
建筑	1. 主要建筑构造部件深化尺寸和定位信息：非承重墙、门窗（幕墙）、楼梯、电梯、阳台、雨篷、台阶等。 2. 其他建筑构造部件的基本尺寸和位置：夹层、天窗、地沟、坡道等。 3. 主要建筑设备和固定家具的基本尺寸和位置：卫生器具等。 4. 大型设备吊装孔及施工预留孔洞等的基本尺寸和位置。 5. 主要建筑装饰构件的大概尺寸（近似形状）和位置：栏杆、扶手、功能性构件等。 6. 细化建筑经济技术指标的基础数据	1. 场地：地理区位、水文地质、气候条件等。 2. 主要技术经济指标：建筑总面积、占地面积、建筑层数、建筑高度、建筑等级、容积率等。 3. 建筑类别与等级：防火类别、防火等级、人防类别等级、防水防潮等级等。 4. 主要建筑构件材料信息。 5. 建筑功能和工艺等特殊要求：声学、建筑防护等。 6. 主要建筑构件技术参数和性能（防火、防护、保温等）。 7. 主要建筑构件材质等。 8. 特殊建筑造型和必要的建筑构造信息	1. 选择建筑模块，建模栏中选择轴网选项，根据施工图完成轴网布置，并进行相应楼层与层高的设定。 2. 在完成场地设置后，进入相应楼层平面，在选项栏中选择底图参照，导入相应施工图并将其与轴网对齐，确保模型与图纸的一致性。 3. 根据底图，完成剪力墙、梁、板、填充墙、门窗等建筑主要构件的位置布置，各构件的材料、尺寸等参数可根据需求进行相应设置。 4. 完成栏杆、扶手、散水等建模，完善模型细节。 5. 选择房间布置选项，将不同的房间与区域设置为不同的功能区块。家具等建筑设备可以从模型库中导入并放置。 6. 完成标准层平面后，进行楼层复制，建成全楼模型。 7. 根据模型进行有关计算和门窗数据统计等相应信息的输出
全专业	净高分析	通过软件计算，输出所选楼层的净高分析图	选择任意模块下协同设计栏，进行净高设置后点击净高平面，输入相关信息，输出该楼层净高分析图，对未满足要求的构件进行修改
	管线综合	调整管线避免碰撞，检查层间碰撞、同层碰撞并输出报告书	机电专业各模块均有管线综合栏，先进行碰撞检查后查看结果，根据所提示的碰撞管线使用过桥弯或局部调整命令，再次检查后查看是否修改合格

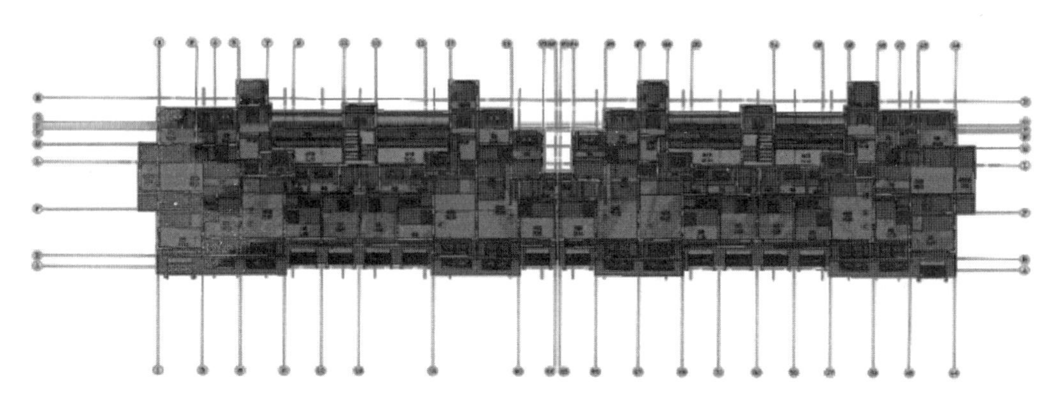

图 4-16　标准层三维模型

图 4-17　全楼三维模型

4.2.5　构建清单及建筑二维图纸发布

点击图纸工具栏中的图纸清单，双击清单列表可打开默认的清单，如图 4-18 所示，软件默认生成的清单包括建筑面积统计清单、门窗统计清单、房间统计清单和墙、门窗构件统计清单等。

在建筑设计模块的图纸工具栏中点击“生成图纸”，在左侧工具栏中设置图纸信息，选择出图的视图类型，并选择创建；生成二维图纸后，点击“导出图纸”，弹出导出图纸窗口，选择前一步已生成的图纸进行导出，如图 4-19 所示。该高层住宅楼导出的平面图、立面图和剖面图示例如图 4-20 所示。

由 PKPM-BIM 全专业协同设计系统提供的建筑设计模块不仅可以建立建筑工程 BIM 模型，还可以发布轻量化模型（BIMx 超级模型），进而可以在移动设备（如 Pad、手机端）上查看三维模型，提供了一个工程信息交换和共享的平台。

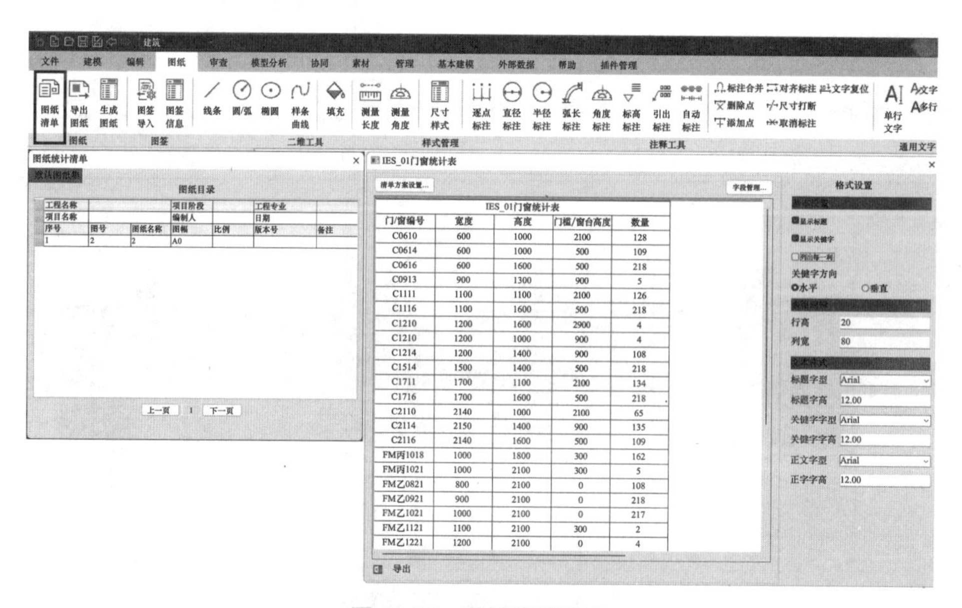

图 4-18　图纸清单界面

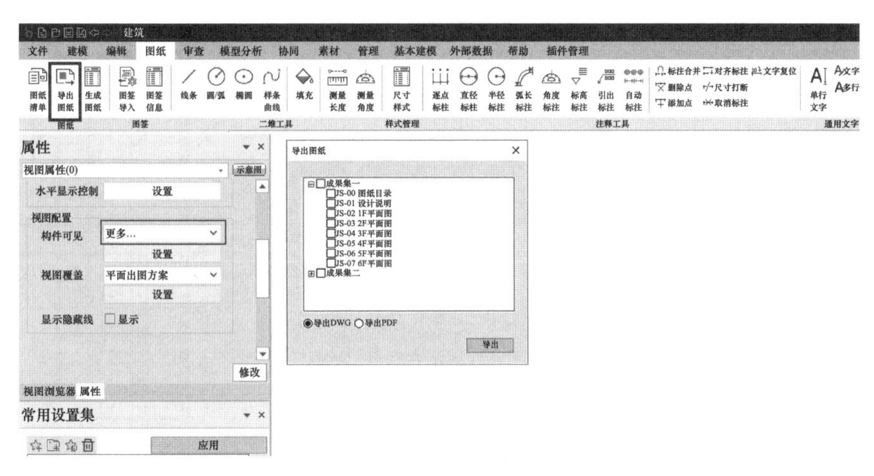

图 4-19　导出图纸界面

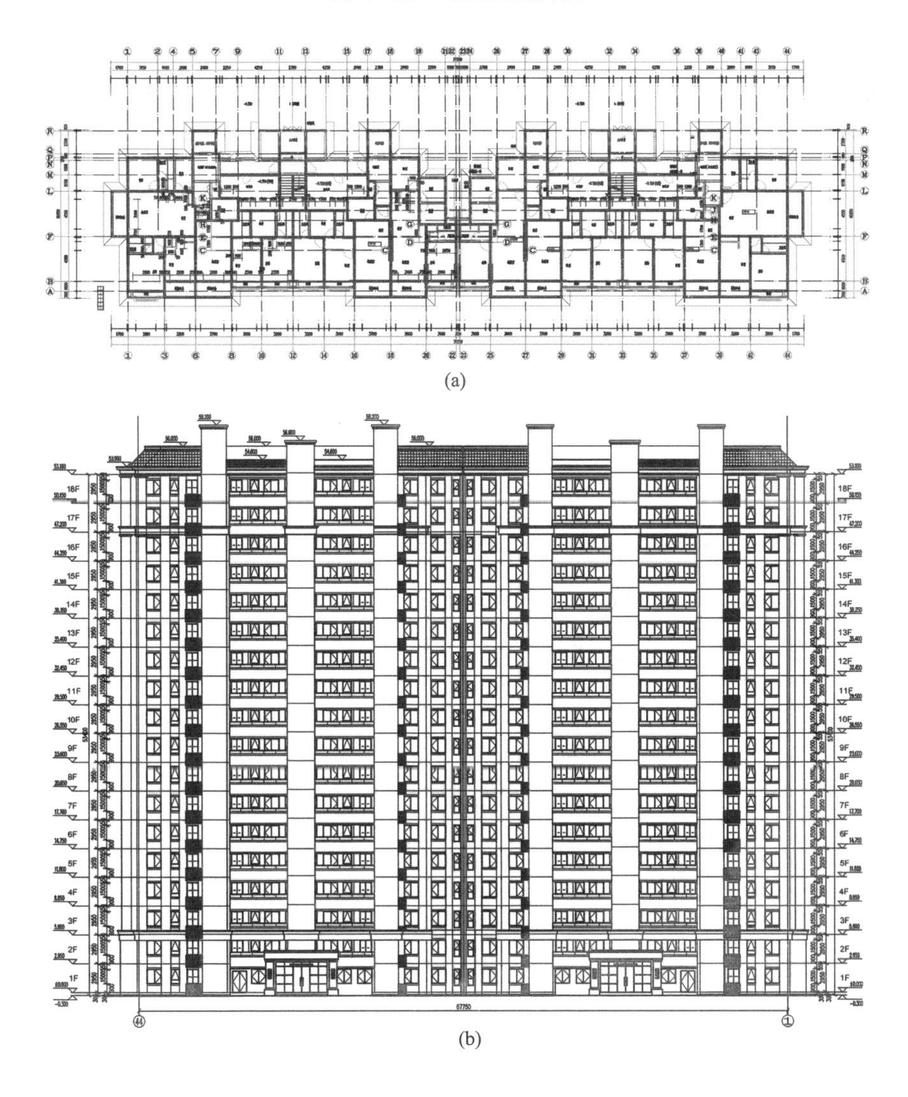

(a)

(b)

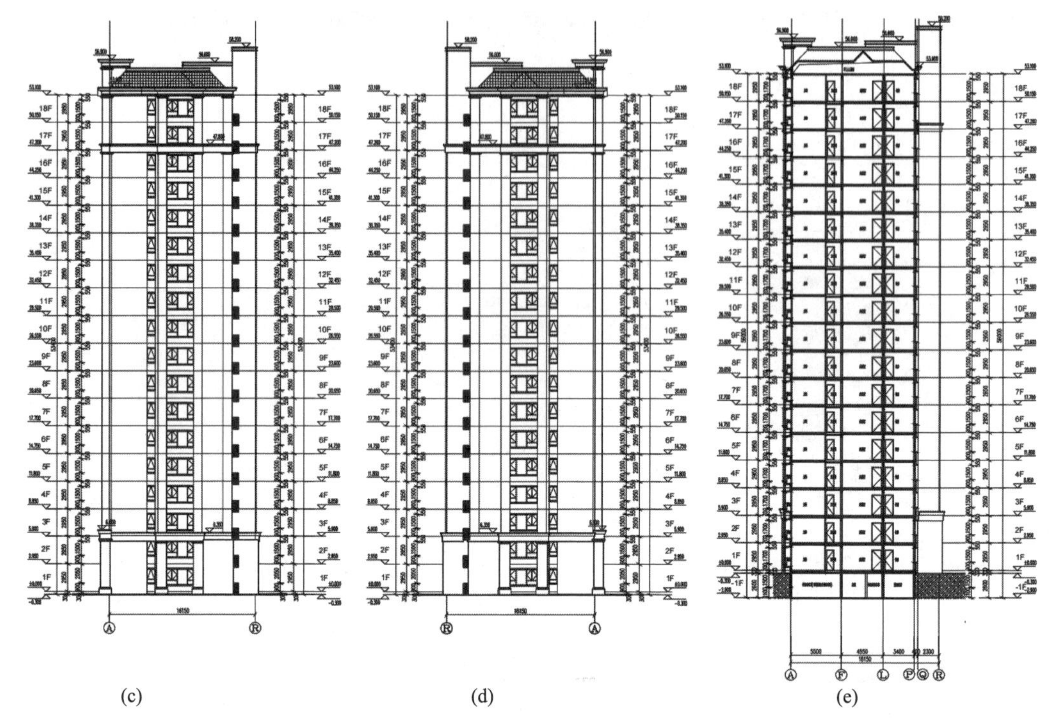

(c)　(d)　(e)

图 4-20　PKPM-BIM 导出的建筑平面图、立面图和剖面图

（a）一层平面图；（b）北立面图；（c）东立面图；（d）西立面图；（e）剖面图

4.3　绿色建筑分析

本项目的绿色建筑分析采用 PKPM 绿色建筑系列软件 GBP 进行分析计算。PKPM 绿色建筑系列软件集成了建筑能耗（PKPM-Energy）、碳排放（PKPM-CES）、天然采光（PKPM-Daylight）、建筑风环境（PKPM-CFD）以及建筑声环境（PKPM-Sound）等多个绿色建筑分析模块，在工作界面上方的菜单栏中可以选择不同的分析模块进行对应的分析工作，如图 4-21 所示。

PKPM 绿色建筑分析软件单体建模菜单栏中，包含提取导入、单体建筑、单体基准、构件及房间设置等基础模块。在对项目进行绿色建筑分析时，可通过提取导入模块中的“三维导入”功能将已有的 PKPM-BIM 三维模型文件直接导入到 PKPM 绿色建筑分析软件中，见图 4-22。同时，可在单体建模模块下对模型进行添加、修改构件等操作；导入模型后，进行参数设置、专业设置、材料编辑以及计算方法选择等操作后，可以一键完成模拟计算分析并生成计算分析报告。

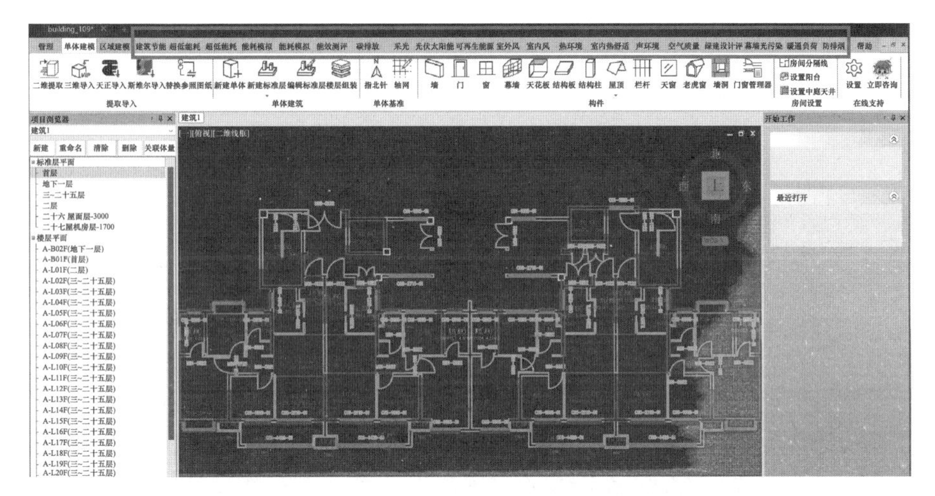

图 4-21　PKPM 绿色建筑分析软件分析模块工作界面

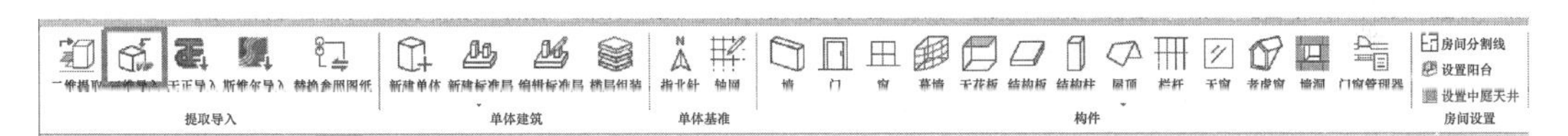

图 4-22　PKPM 绿色建筑分析软件模型导入

4.3.1　建筑节能计算分析

1. 设计依据

分析采用 PKPM-BIM 系列绿色建筑分析软件的建筑能耗分析模块 PKPM-Energy。本项目采用 PKPM-Energy 对建筑进行能耗计算，包括建筑设计指标计算、建筑热工性能计算、规定性指标判定、调整建筑材料等工作，实现了建筑节能的理念。

建筑节能设计标准依据包括：《建筑节能与可再生能源利用通用规范》GB 55015—2021、《民用建筑热工设计规范》GB 50176—2016、《建筑外门窗气密、水密、抗风压性能检测方法》GB/T 7106—2019、《建筑幕墙、门窗通用技术条件》GB/T 31433—2015、《建筑能效标识技术标准》JGJ/T 288—2012。

2. 操作流程

在 PKPM 绿色建筑分析软件上方菜单栏中点击进入建筑节能模块。建筑节能模块主界面如图 4-23 所示，分为主菜单、图形区、项目管理器、操作面板和命令栏等区域，其中建筑节能主菜单包括“参数设置”“专业设置”“材料编辑”“节能计算”“结果分析”“报告书”等选项组。PKPM 建筑节能模块的主要操作流程为：导入模型→专业参数设定→模拟计算→生成报告。

导入 BIM 模型后，在建筑节能模块主菜单进行标准参数设定，包括建筑节能设计标准选择、建筑信息、建筑面积统计方法、热工计算参数和热工计算方法等。本项目为居建（居住建筑）建筑类型，参数设置界面如图 4-24 所示，依照左侧菜单栏依次进行设置。

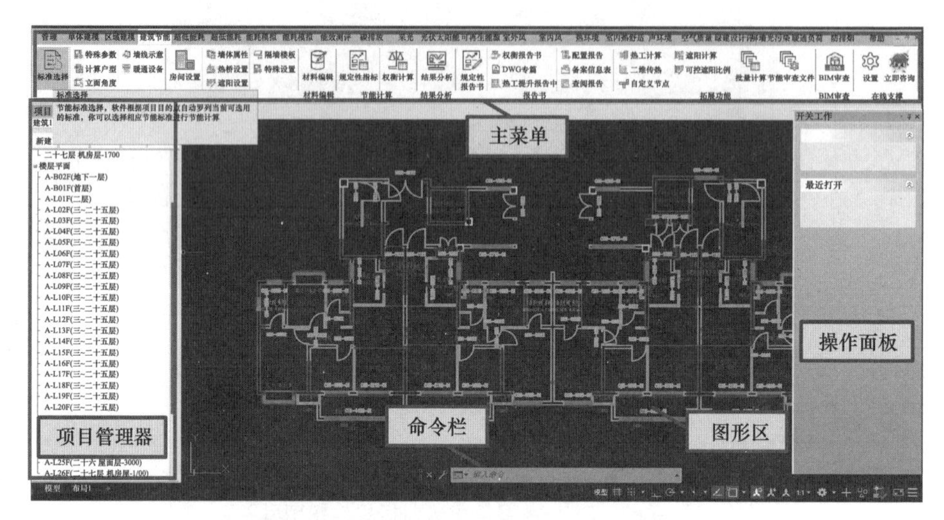

图 4-23　建筑节能设计分析模块主界面

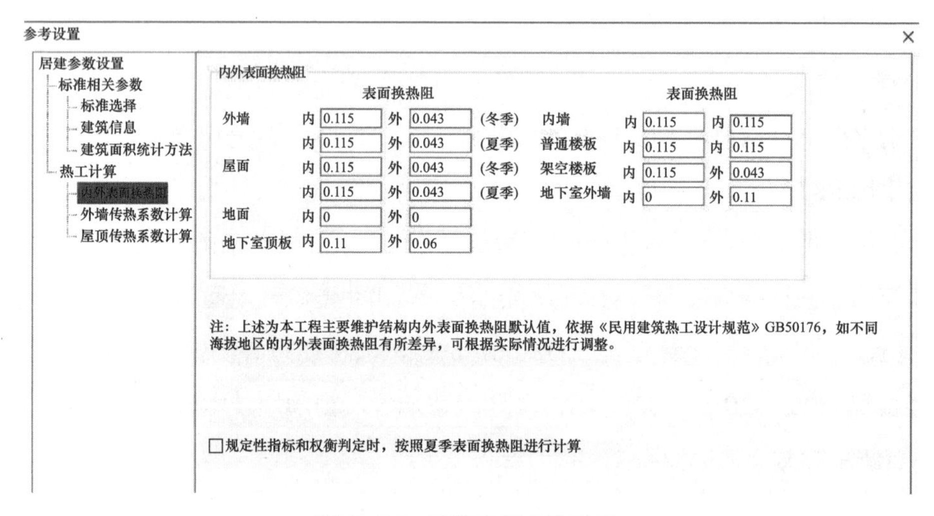

图 4-24　建筑节能参数设置

建筑节能专业设置包括房间设置、墙体属性设置、热桥设置、遮阳设置等；材料编辑包括屋面、墙体、门窗、楼地面、建筑附属构件等建造材料的选择。建筑节能系统在模型数据文件生成后会给所有的建筑构件添加默认的节能材料，在此基础上可依据项目实际的节能设计方案自行调整材料参数进行设计，材料编辑界面如图 4-25 所示。

图 4-25　材料编辑界面

完成参数、专业及材料设置后，进入节能计算步骤。首先进行节能规定性计算，对建筑围护结构进行规定性指标判定。然后进行权衡计算，对建筑进行能耗权衡对比计算。点击结果分析选项，可查看智能计算结果，显示各项指标判定情况，包括结果概述、数值分析、缺陷分析等，如图 4-26 所示。完成结果分析步骤后可点击生成规定性报告书和权衡报告书等内容。

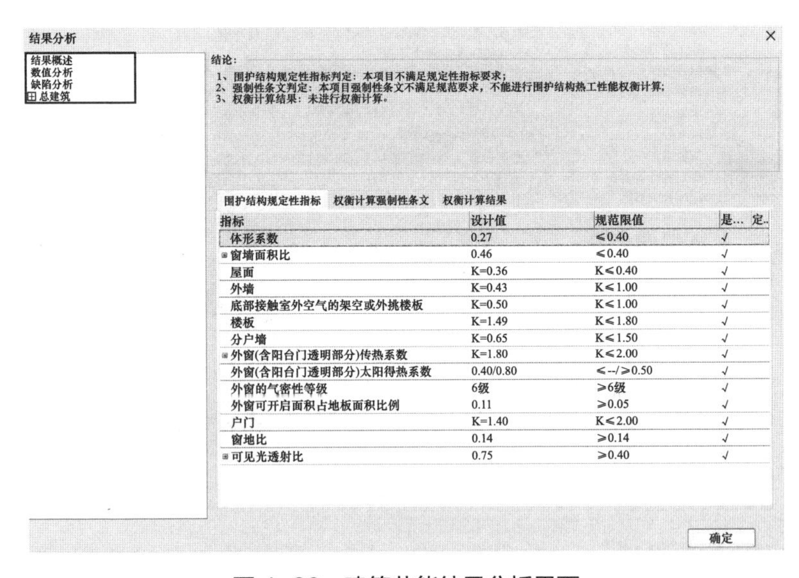

指标	设计值	规范限值	是... 定..
体形系数	0.27	≤0.40	√
窗墙面积比	0.46	≤0.40	√
屋面	K=0.36	K≤0.40	√
外墙	K=0.43	K≤1.00	√
底部接触室外空气的架空或外挑楼板	K=0.50	K≤1.00	√
楼板	K=1.49	K≤1.80	√
分户墙	K=0.65	K≤1.50	√
外窗(含阳台门透明部分)传热系数	K=1.80	K≤2.00	√
外窗(含阳台门透明部分)太阳得热系数	0.40/0.80	≤--/≥0.50	√
外窗的气密性等级	6级	≥6级	√
外窗可开启面积占地板面积比例	0.11	≥0.05	√
户门	K=1.40	K≤2.00	√
窗地比	0.14	≥0.14	√
可见光透射比	0.75	≥0.40	√

图 4-26　建筑节能结果分析界面

如果屋顶、外墙、架空或外挑楼板、隔墙、外窗的气密性、户门等不满足《建筑节能与可再生能源利用通用规范》GB 55015—2021 中的要求，可以通过 PKPM-Energy

建筑能耗设计分析模块调整围护结构的材料参数性能（以外墙为例，见图 4-27）和热桥形式（图 4-28），对其围护结构的构造进行优化调整，使其满足规定性指标要求。

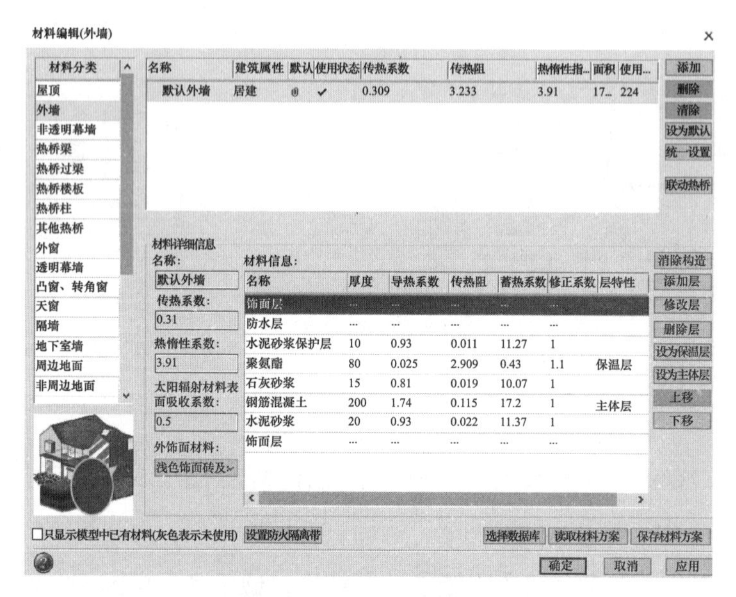

图 4-27　调整材料参数性能

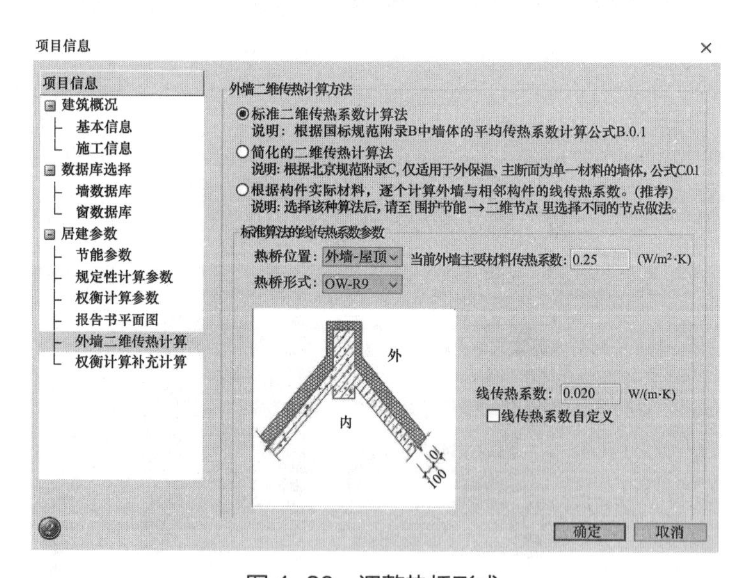

图 4-28　调整热桥形式

3. 围护结构构造设计

本设计方案中，围护结构构造如下：

（1）屋面（自上而下）：第 1 层：细石混凝土（40.0mm）；第 2 层：水泥砂浆（20.0mm）；第 3 层：挤塑聚苯乙烯泡沫板（80.0mm）；第 4 层：水泥砂浆（20.0mm）；

第 5 层：轻集料混凝土清捣（30.0mm）；第 6 层：钢筋混凝土（120.0mm）。

（2）外墙（自外至内）：第 1 层：水泥砂浆（5.0mm）；第 2 层：玻纤网；第 3 层：聚苯乙烯泡沫塑料（80.0mm）；第 4 层：胶粘剂；第 5 层：加气混凝土砌块 B06（200.0mm）；第 6 层：水泥砂浆（10.0mm）。

（3）剪力墙（由外至内）：第 1 层：水泥砂浆（5.0mm）；第 2 层：玻纤网；第 3 层：聚苯乙烯泡沫塑料（80.0mm）；第 4 层：胶粘剂；第 5 层：钢筋混凝土（200.0mm）；第 6 层水泥砂浆（10.0mm）。

（4）分隔供暖与非供暖空间的隔墙（由外至内）：第 1 层：饰面层+水泥砂浆（10.0mm）；第 2 层：挤塑聚苯乙烯泡沫板（10.0mm）；第 3 层：钢筋混凝土（160.0mm）；第 4 层：挤塑聚苯乙烯泡沫板（10.0mm）；第 5 层：水泥砂浆+饰面层（10.0mm）。

（5）底部接触室外空气的架空或外挑楼板：第 1 层：水泥砂浆（20.0mm）；第 2 层：碎石、卵石混凝土（ρ=2300kg/m^3）（40.0mm）；第 3 层：挤塑聚苯乙烯泡沫板（XPS）（ρ=250kg/m^3）（030 级）（60.0mm）；第 4 层：钢筋混凝土（100.0mm）。

（6）楼板：第 1 层：水泥砂浆（20.0mm）；第 2 层：挤塑聚苯乙烯泡沫板（XPS）（ρ=250kg/m^3）（030 级）（30.0mm）；第 3 层：水泥砂浆（20.0mm）；第 4 层：钢筋混凝土（120.0mm）。

（7）外窗类型：60 系列铝木复合内外平开窗（铝、织物卷帘一体化）（6 高透 Low-E+12Ar+6）；传热系数 1.90W/（m^2·K）；夏季太阳得热系数 0.17；冬季太阳得热系数 0.54；夏季遮阳系数 0.20；冬季遮阳系数 0.62；气密性为 6 级，可见光透射比 0.72。

（8）户门类型：木（塑料）框单层实体门，传热系数 1.4W/（m^2·K）。

4. 建筑设计指标判定

（1）体形系数

该建筑的建筑体积 51802.16m^3，建筑外表面积 14051.62m^2，体形系数为 0.27，满足《建筑节能与可再生能源利用通用规范》GB 55015—2021 中第 3.1.2 条夏热冬冷 A 区居住建筑的体形系数不大于 0.4 的要求。如果不满足，需要对影响建筑外表面积的建筑体形指标进行调整。

（2）窗墙面积比

该建筑各个方向的窗墙面积比均满足《建筑节能与可再生能源利用通用规范》GB

55015—2021 中第 3.1.4 条夏热冬冷地区居住建筑的窗墙面积比要求。

如果窗墙面积比不满足标准要求，可以回到设计阶段，对不满足窗墙面积比的墙面适当增加开窗面积，使其满足标准要求。

5. 围护结构的热工性能分析判定

通过 PKPM-Energy 计算了围护结构包括屋顶、外墙板、剪力墙、分户墙、梁、楼板、户门、外窗等的热工性能，分析结果满足《建筑节能与可再生能源利用通用规范》GB 55015—2021 中第 3.1.8 条夏热冬冷 A 区居住建筑热工性能的要求。

此外，通过 PKPM-Energy 还计算了外窗的综合太阳得热系数，通过分析可以得到外窗可开启面积占房间地面面积最不利比值，结果满足《建筑节能与可再生能源利用通用规范》GB 55015—2021 中第 3.1.14 条夏热冬冷地区居住建筑外窗的通风开口面积不应小于房间地面面积 5% 的要求；计算分析得到该建筑窗的气密性满足《建筑节能与可再生能源利用通用规范》GB 55015—2021 中第 3.1.16 条外窗及开敞式阳台门的空气渗透量要求，气密性等级均为 6 级，满足窗的气密性等级要求；计算得到外窗可见光透射比为 0.72，满足《建筑节能与可再生能源利用通用规范》GB 55015—2021 中第 3.1.17 条居住建筑外窗玻璃的可见光透射比不应小于 0.4 的规范要求；外窗面积占房间地板面积比例满足《建筑节能与可再生能源利用通用规范》GB 55015—2021 中第 3.1.18 条居住建筑的主要使用房间（卧室、书房、起居室等）的房间窗地面积比不应小于 1/7 的规范要求。

6. 建筑节能规定性指标和强制性指标结论

经过以上各项节能指标分析，可以获得各规定性分项指标的数据（计算结果略），根据建筑节能各项规定性指标校核结果和节能指标强制性指标判定情况，可认为本项目各项节能指标满足《建筑节能与可再生能源利用通用规范》GB 55015—2021 中规定性指标和强制性指标条文的要求。

4.3.2 建筑能耗计算分析

1. 设计依据

建筑能耗计算分析是建筑节能计算分析的基础，它量化了建筑在正常运行条件下的能源消耗情况。而建筑节能计算分析则是在建筑能耗计算分析的基础上，评估通过采用节能技术和措施后，建筑能耗的潜在降低量。两者结合，为绿色建筑设计提供决策支持，助力提高能源效率和减少环境影响。

采用 PKPM-BIM 系列绿色建筑分析软件的建筑能耗计算分析模块 PKPM-Energy 可以对建筑进行能耗计算，包括建筑累计负荷、全年空调和供暖耗电量以及照明能耗、电梯能耗、生活热水能耗等分析工作。

本设计的空调系统形式主要为分体式系统，热源系统为市政热力。热源采用锅炉，锅炉效率设置为 78%；冷源选用冷水机组，冷水机组的性能系数参照标准《建筑能效标识技术标准》JGJ/T 288—2012 中表 B.0.4 选取，参照建筑采用的输送系统与实际建筑相同，并且末端类型与实际设计方案相同。

2. 操作步骤

点击绿色建筑分析软件菜单栏中的能耗模拟选项进入建筑能耗计算分析模块。如图 4-29 所示，建筑能耗计算分析模块主菜单主要包括标准参数、专业设置、材料编辑、空调及冷热源设置、能耗计算、结果分析及报告书等选项。PKPM 建筑能耗计算分析模块的主要操作流程为：打开模型→专业参数设定→模拟计算→生成报告。

图 4-29　建筑能耗设计分析模块主菜单

建筑能耗设计分析模块中的标准参数、专业设置及材料编辑设置方法与建筑节能模块相同。完成以上设置后，还需要进行暖通空调的系统设置。点击“空调系统”选项，根据软件提示流程并结合项目的实际工况依次进行系统划分和系统设置，在系统设置时，可选择“简单设置”或“专业设置”，如图 4-30 所示。其中，简单设置只需设置空调系统的空气处理设备的单位风机功率，可以用于简单的能耗计算或绿建评价中的负荷计算；专业设置中空调系统的空气处理设备可以自定义参数，用于能耗降低负荷的计算、能耗标准测算、课题研究等与能耗模拟相关的计算。

设置完暖通空调参数后，根据实际项目需求依次进行负荷计算、能耗计算及结果分析等步骤，点击报告书选项组中的“能耗报告”，自动生成建筑能耗报告书，报告书包含项目的基本信息、评价规范、软件界面的设置参数、计算过程及结论。

3. 建筑累计负荷

根据《建筑节能与可再生能源利用通用规范》GB 55015—2021 中附录 C 的要求，并参照该标准规定，通过 PKPM-BIM 系列绿色建筑分析软件能耗计算模块进行自动计算，得到该建筑物的全年供冷和供暖耗电量。

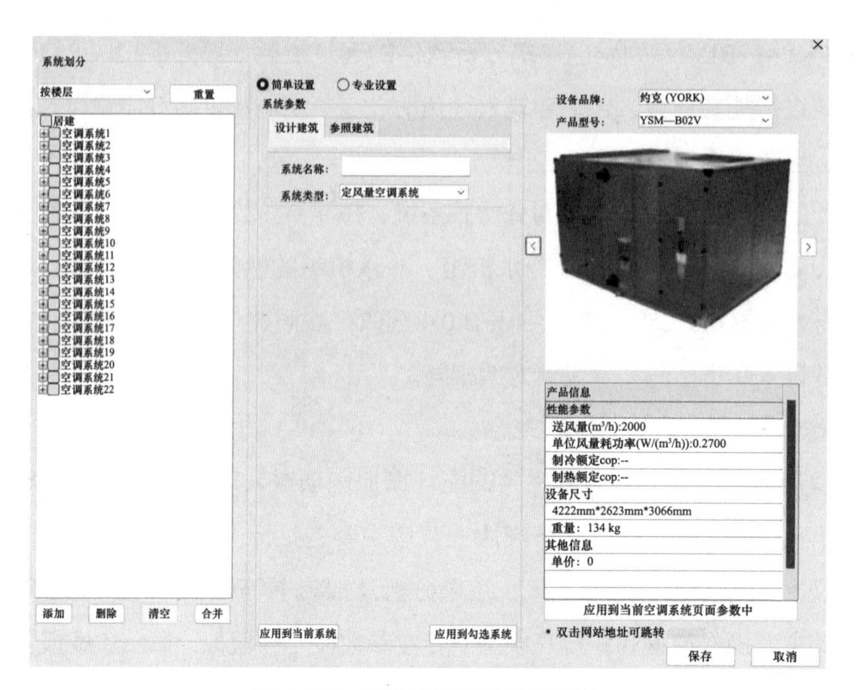

图 4-30　建筑能耗设计分析模块

通过分析，可以得到该项目设计建筑的全年能耗小于参照建筑的全年能耗，因此该项目已达到《建筑节能与可再生能源利用通用规范》GB 55015—2021 的设计要求。

此外，结合项目实际运行情况，还进行了照明能耗、电梯能耗及生活热水能耗分析，计算结果略。

4.3.3　建筑碳排放计算分析

1. 设计依据

采用 PKPM-BIM 系列绿色建筑分析软件的建筑碳排放计算分析模块 PKPM-CES，进行了建筑项目各类能耗数据统计、可再生能源利用专项分析等工作，对建筑全生命周期进行碳排放计算分析，实现建筑碳排放强度的降低。

建筑碳排放计算分析的标准依据包括:《建筑碳排放计算标准》GB/T 51366—2019、《绿色建筑评价标准》GB/T 50378—2019、《建筑节能与可再生能源利用通用规范》GB 55015—2021、《建筑能效标识技术标准》JGJ/T 288—2012、《民用建筑绿色性能计算标准》JGJ/T 449—2018、《民用建筑热工设计规范》GB 50176—2016、《环境管理 生命周期评价 原则与框架》GB/T 24040—2008、《环境管理 生命周期评价 要求与指南》GB/T 24044—2008、《电梯技术条件》GB/T 10058—2023 及当地其他节能设计有关标准。

2. 分析数据来源

建筑材料用量获取途径包括：（1）工程预算清单、决算清单；（2）根据施工图或设计方案，计算出钢筋、混凝土等主要建材用量，并统计建筑信息模型中的其他建材种类及用量。

以建筑材料运输相关测算原则为优先，按照实际的供货地点、运输距离、运输工具统计建材运输碳排放。

建筑材料生产碳排放因子来源为相关规范以及经检测过的相关厂商材料。

施工碳排放数据根据施工组织台账、施工组织方案、施工机械清单等，详细计算建造阶段分部分项工程、措施项目的能源分项能耗，乘以能源碳排放因子计算得出建造阶段碳排放量。

建筑运行数据根据建筑节能、绿色建筑评价标准相关要求，对建筑中供暖、空调、照明等能耗进行模拟或者运行监测，得到建筑能耗数据；围护结构构造做法和热工参数同第 4.3.1 节。设计建筑根据实际建筑选用的围护结构参数进行赋值，参照建筑或基准建筑的围护结构参数根据参照的节能标准中的围护结构限值进行赋值。

房间包括起居室、卧室、卫生间、厨房、餐厅、走廊、楼梯间、自行车库、汽车库等，房间设计参数见表 4-2。本项目的供暖空调全年负荷是建筑围护结构产生的负荷，即建筑各个房间全年都维持在一个恒定空调温度下，建筑外墙、外窗、内墙、屋顶等围护结构由于室内外温差和太阳辐射作用产生的负荷。

设计建筑室内计算参数汇总表　　表 4-2

房间用途	空调热区	累积面积 / m^2	室内温度 / ℃		相对湿度 / %		人员密度 /（m^2 / 人）	照明功率密度 /（W/m^2）	设备散热量 /（W/m^2）	新风量 /（m^3/hp）
			夏季	冬季	夏季	冬季				
卧室	是	4246.26	26.00	18.00	55.00	50.00	25.00	5.00	3.80	30.00
起居室	是	1965.74	26.00	18.00	55.00	50.00	25.00	5.00	3.80	30.00
主卧卫生间	是	98.00	26.00	18.00	55.00	50.00	25.00	5.00	3.80	30.00
其他	否	12270.91	—	—	—	—	—	—	—	—
合计空调房间面积 / m^2		6310.00			合计非空调房间面积 / m^2			12270.91		

3. 操作步骤

点击 PKPM-BIM 系列绿色建筑分析软件菜单栏中的碳排放选项进入建筑碳排放计算分析模块。如图 4-31 所示，建筑碳排放计算分析模块主菜单主要包括标准参数、建筑专业设计、材料编辑、一键计算、综合运行能耗及可再生资源、碳专业分析、计算及结论等选项组。建筑碳排放计算分析模块的主要操作流程为：打开模型→专业参数设定→运行能耗计算→碳专业设计→综合计算→生成报告。

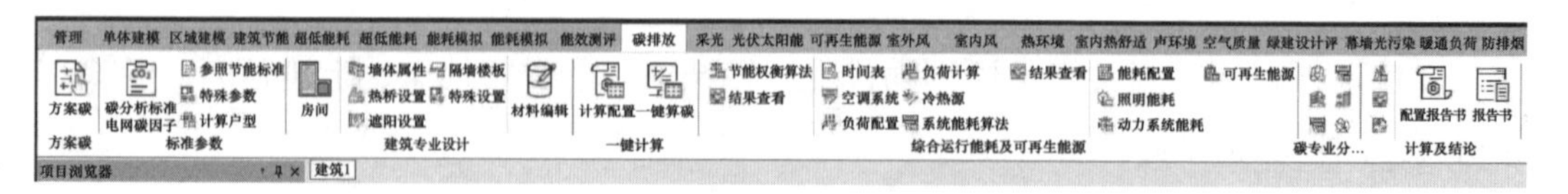

图 4-31　建筑碳排放设计分析模块主菜单

当碳排放模块使用节能模型时，可直接打开工程进行操作。用户只需对标准参数、碳排放专业设计、碳排放计算、报告书等菜单进行操作。点击标准参数选项组中的“碳分析标准电网碳因子”，可依次进行标准选择、计算内核与电网碳因子的设置，如图 4-32 所示。

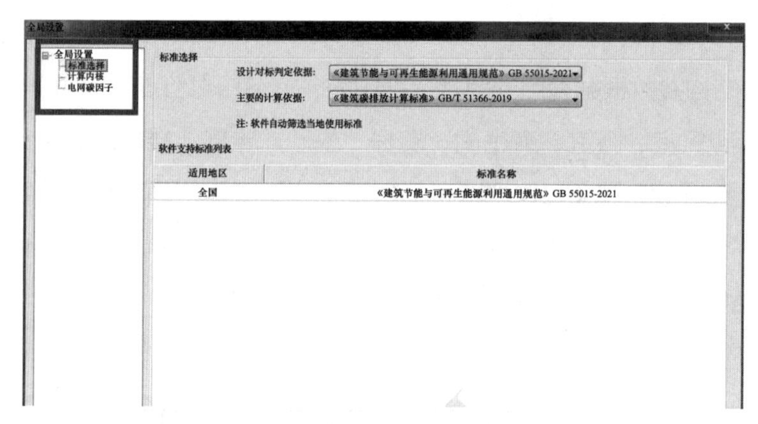

图 4-32　建筑碳排放设计分析模块全局设置

其他标准参数和建筑专业设计的功能及操作与建筑节能模块一致，设置完成后点击“一键算碳”，软件根据内置算法快速进行建筑碳排放计算。综合运行能耗及可再生能源计算功能用于计算运行阶段建筑能耗，在此选项组中可选择进行空调系统能耗、照明能耗、动力系统能耗等内容的计算及分析。

PKPM 建筑碳排放设计分析软件支持建筑全生命周期内各阶段碳排放分析，包括建材（生产、运输及回收）、建造、运行、拆除、绿化碳汇的碳排放计算与统计。在碳专业分析选项组中，选择相应的选项，如“建材生产及运输”，可依据系统提示进行碳专业设计，如图 4-33 所示。

点击“碳排放计算”，系统在计算完成后自动进行结果分析，包括运行阶段专项对

图 4-33　建材生产及运输碳排放分析

标判定及全生命周期碳排放分析。软件可自动生成符合标准要求、审查要求、可溯源的《建筑全生命周期碳排放计算分析报告书》《建筑运行阶段碳排放计算分析报告书》《碳排放计算专篇》及相关计算附录。

4. 建筑全生命周期各阶段碳排放计算

利用 PKPM-CES 分别进行了建筑全生命周期的建材生产阶段、运输阶段、建造阶段、运行使用阶段、拆除阶段、回收阶段的碳排放的计算。建筑的设计寿命按《建筑碳排放计算标准》GB/T 51366—2019 中第 4.1.2 条确定。碳排放计算中采用的建筑设计寿命应与设计文件一致，当设计文件不能提供时，应按 50 年计算。本项目建筑设计使用寿命按 50 年进行计算。根据维护记录或维护计划计算建筑在使用过程中维修、更换活动产生的碳排放。

5. 建筑运行阶段碳排放达标分析

设计建筑和参照建筑运行阶段的碳排放对比如图 4-34 所示。

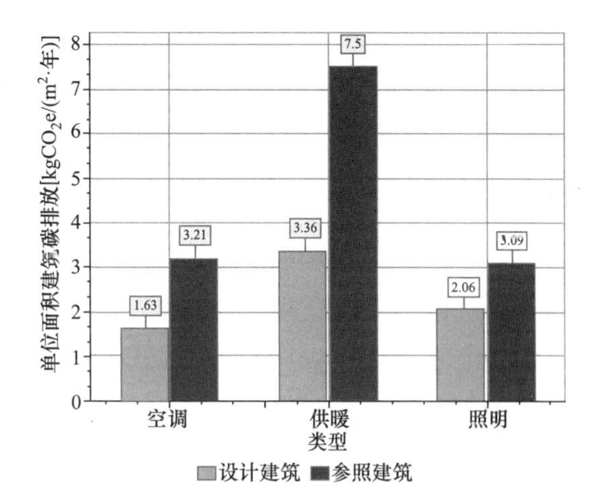

图 4-34　设计建筑与参照建筑运行阶段碳排放对比

根据 PKPM 绿色建筑碳排放模块计算得出，本项目碳排放强度在 2016 年执行的节能设计标准的基础上降低了 48.93%，达到了《建筑节能与可再生能源利用通用规范》GB 55015—2021 第

2.0.3 条“新建的居住和公共建筑碳排放强度应分别在 2016 年执行的节能设计标准的基础上平均降低 40%”的要求。综上所述，本项目的碳排放强度满足规范要求。

4.3.4 建筑采光分析

1. 设计依据

采用 PKPM-BIM 系列绿色建筑分析软件的建筑天然采光模拟分析模块 PKPM-Daylight 对建筑进行采光分析，进行建筑参数设置、采光照度达标小时数计算、不舒适眩光指数计算等工作，分析判断室内主要功能空间的采光效果是否达到《绿色建筑评价标准》GB/T 50378—2019[①] 和《建筑采光设计标准》GB 50033—2013 的要求。PKPM-Daylight 可以自动生成可溯源的天然采光模拟计算报告书，帮助用户快速完成室内光环境设计评价工作。对于设计阶段，计算参数按照现行行业标准《民用建筑绿色性能计算标准》JGJ/T 449—2018 执行（地面反射比 0.3，墙面反射比 0.6，外表面反射比 0.5，顶棚反射比 0.75）；对于运行阶段可按照建筑实际参数进行计算，以获得准确的采光效果计算结果。

天然采光评价标准依据包括《绿色建筑评价标准》GB/T 50378—2019、《建筑采光设计标准》GB 50033—2013、《采光测量方法》GB/T 5699—2017、《民用建筑绿色性能计算标准》JGJ/T 449—2018。

目前常用的采光评价的方法有平均采光系数（C_{av}）公式法、采光系数（DF）静态模拟法、动态模拟法，其中平均采光系数（C_{av}）公式法是在典型条件下的快速算法。采光系数（DF）是室内目标点上的照度与全阴天下室外水平照度的比值，表征全年中最不利的天气条件下的采光情况。《建筑采光设计标准》GB 50033—2013 给出了采光系数具体的计算公式。以上的评价方法具有计算简单、使用方便等优点；但这种评价方法的缺点也很明显，如未考虑建筑朝向、太阳光直射、天空状况、季节与时间等因素。近年来国际上发展起来一些新的天然采光评价指标，包括 Daylight Autonomy（DA）、Useful Daylight Illuminances（UDI）等。2019 年修订的《绿色建筑评价标准》GB/T 50378—2019 提出了一种动态分析方法，即动态采光评价法，本项目即采用这种方法进行采光分析设计。动态采光评价法指的是主要功能房间采用全年中建筑空间各位置满足采光照度要求的时长来进行采光效果评价，计算时应采用标准年的光气候数据。

---

① 该案例项目建于 2022 年，故采用当时的国家标准《绿色建筑评价标准》GB/T 50378—2019 作为设计评价依据，本教材下同。最新版为《绿色建筑评价标准（2024 年版）》GB/T 50378—2019。

2. 评价指标

《绿色建筑评价标准》GB/T 50378—2019 中对建筑室内光环境与视野的具体要求为：充分利用天然光，评价总分值为 12 分，并按下列规则分别评分并累计：（1）住宅建筑室内主要功能空间至少 60% 面积比例区域，其采光照度值不低于 300lx 的小时数平均不少于 8h/d，得 9 分。（2）公共建筑按下列规则分别评分并累计：1）内区采光系数满足采光要求的面积比例达到 60%，得 3 分；2）地下空间平均采光系数不小于 0.5% 的面积与地下室首层面积的比例达到 10% 以上，得 3 分；3）室内主要功能空间至少 60% 面积比例区域的采光照度值不低于采光要求的小时数平均不少于 4h/d，得 3 分。（3）主要功能房间有眩光控制措施，得 3 分。

《建筑采光设计标准》GB 50033—2013 规定主要功能房间的不舒适眩光指数（*DGI*）不高于表 4-3 规定的数值。

窗的不舒适眩光指数（*DGI*）　　表 4-3

采光等级	眩光指数值 *DGI*
Ⅰ	20
Ⅱ	23
Ⅲ	25
Ⅳ	27
Ⅴ	28

3. 操作步骤

点击绿色建筑分析软件菜单栏中的“采光”选项进入室内天然采光模拟分析模块。如图 4-35 所示，在已有节能模型的情况下，可直接打开工程进行操作，用户只需要对标准选择、专业设计、采光设计、眩光设计、模拟计算、结果分析、报告输出等菜单进行操作，完成建筑采光分析。室内天然采光模拟分析模块的主要操作流程为：打开模型→光学专业设计→采光计算→眩光计算→生成报告。

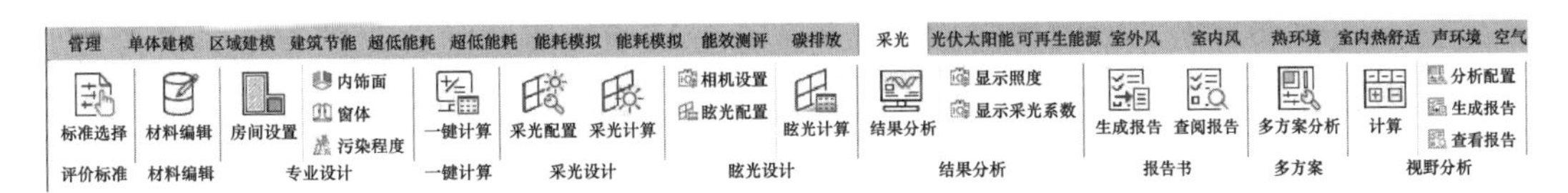

图 4-35　室内天然采光模拟分析模块主菜单

在进行采光模拟时，首先根据项目所在地理位置选择相关的设计和评价标准。光学专业设计包含房间设置、内饰面、窗体和污染程度的设置，根据工程实际情况选择即可；对门窗、玻璃幕墙等污染程度设置，软件默认其污染折减系数为 0.75，也可对其进行单独设置。

采光配置中，可选择公式法或模拟法以满足不同项目的计算要求，并根据设计要求选择对应的统计方法，如图 4-36 所示。在采光配置完成后，进入采光计算，界面会显示计算进度及计算结果。眩光设计与采光设计相同，在完成相应设置和眩光配置后点击眩光计算即可。

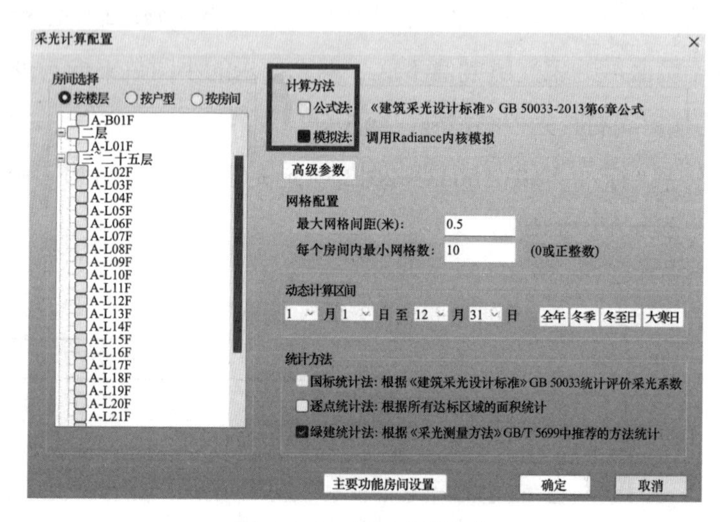

图 4-36　采光计算配置

眩光计算结束后，进入结果分析界面。在结果分析对话框中，可查看所计算楼层、房间的照度达标小时数、采光系数、窗地面积比等详细计算结果。软件输出专业的采光分析报告，内容包含采光参数及计算过程，根据选择的标准要求输出不同的报告书。

4. 建筑室内采光分析

（1）采光系数

对于采光系数的计算，本软件采用逐时、逐点照度模拟计算法。即对民用建筑模型每个房间距地面 0.75m（工业建筑取 1m，公用场所取地面）高度处的水平面按一定精度划分为多个网格，设置室内材质、外部遮挡建筑物等影响采光的基本条件参数，通过调用 Radiance 计算内核，利用蒙特卡罗算法优化的反向光线追踪算法和自然光系数的方法，对每一个网格以 1h 为步长进行照度计算。算出的照度值 E_n 与室外照度 E_w 的比值百分比即为该点的采光系数计算值。

（2）功能空间照度达标小时数分析

进行采光分析时，完成三维建模并根据项目位置填写项目信息，打开建筑天然采光模拟分析模块 PKPM-Daylight，完成房间类型的设置，如起居室、卧室、厨房、卫生间、餐厅等，其中卧室与起居室为功能性房间，是采光模拟分析的对象。

对指定房间完成内饰面以及窗体的材料与参数设定。门窗污染程度选择为清洁。材料的材质、颜色、表面状况决定光的吸收、反射与投射性能，对建筑采光影响较大，模拟分析时须根据实际材料性状对参数进行选值。本项目参照《绿色建筑评价标准》GB/T 50378—2019、《民用建筑绿色性能计算标准》JGJ/T 449—2018、《建筑采光设计标准》GB 50033—2013 的表 5.0.4 和附录 D、《全国民用建筑工程设计技术措施节能专篇 - 建筑》中表 6.3.1，对各种不同材料构造的光学性能参数提供的参考指导值进行计算分析，得到本项目材料光学性能参数。

在采光配置中完成采光模拟条件的设置，选择逐时动态计算方法。本项目计算模拟网格如图 4-37 所示（以标准层 18 层为例）。模拟空间网格间距为 0.50m；本设计划分网格数为 4032 个；地面材质反射系数为 0.3；光线反射次数为 4；模拟范围为全楼；动态计算区间为全年。

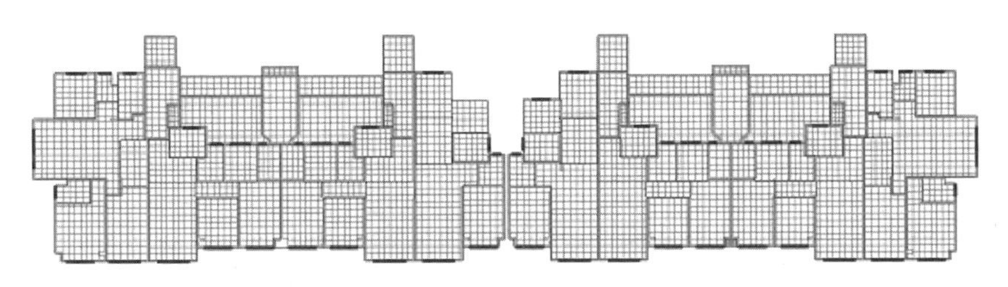

图 4-37　采光分析计算模拟网格（以 A-L18F 为例）

以标准层 18 层 A-L18F 为例，经过 PKPM-Daylight 分析得到照度达标小时数如图 4-38 所示。A-L18F 逐日达标小时数如图 4-39 所示。

根据 PKPM 绿色建筑软件采光模块计算分析结果，本项目满足《绿色建筑评价标准》GB/T 50378—2019 中第 5.2.8 条关于照度达标的面积比例达到 60% 的要求。

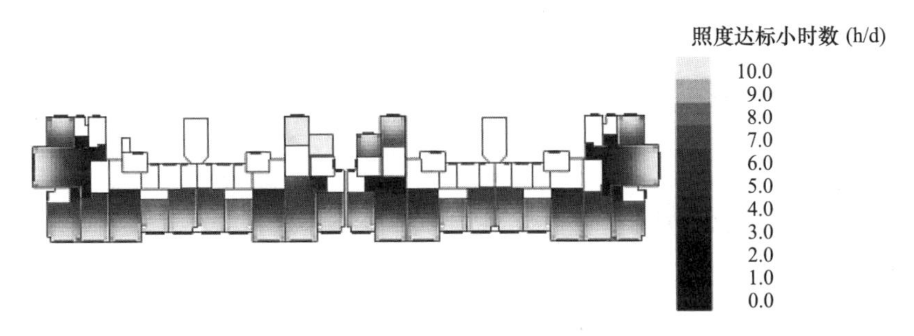

图 4-38　A-L18F 照度达标小时数分布

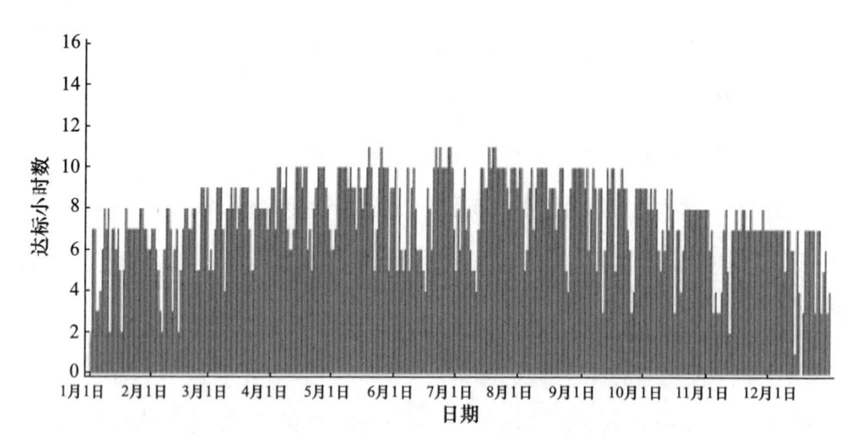

图 4-39　A-L18F 逐日达标小时数

（3）不舒适眩光指数计算

在不舒适眩光指数计算中，通常选用最不利条件即最顶层主要功能房间进行计算。因此，本项目选用 18 层作为计算对象。根据规范要求，本项目控制眩光措施包括：① 主要功能房间的作业区可避免直射阳光；② 工作人员的视觉背景不是窗口；③ 窗结构的内表面采用浅色饰面；④ 窗周围的内墙面采用浅色饰面。

（4）采光分析评价结论

本项目采光分析评价分值见表 4-4。

采光分析评价分值及结论　　表 4-4

标准	标准要求	本项目实际情况	结论
《绿色建筑评价标准》GB/T 50378—2019	住宅建筑室内主要功能空间至少 60% 面积比例区域，其采光照度值不低于 300lx 的小时数平均不少于 8h/d，得 9 分	住宅建筑室内主要功能空间 86.8% 面积比例区域，其采光照度值不低于 300lx 的小时数平均不少于 8h/d，得 9 分	12 分
	主要功能房间有眩光控制措施，得 3 分	主要功能房间有眩光控制措施，得 3 分	
	主要功能房间的不舒适眩光指数（*DGI*）不高于规定的数值	主要功能房间眩光指数满足要求	满足

综上所述，本项目采光评价共计 12 分，满足《绿色建筑评价标准》GB/T 50378—2019 的要求。

4.3.5　建筑风环境分析

1. 设计依据

本项目基于 PKPM-BIM 系列绿色建筑分析软件的绿色建筑风环境模拟分析模块

PKPM-CFD，对建筑进行室外风和室内风模拟计算分析。建筑物通风过程的数值模拟研究主要有节点法、数学模型法和计算流体力学法。计算流体力学（CFD）针对某一区域或房间（计算领域），建立质量、能量及动量守恒等基本微分方程，根据周边环境，设定合理的边界条件，然后利用划分的网格，对微分方程进行离散，将微分方程离散为代数方程，通过迭代求解，得到空气流动状况。采用 CFD 对自然通风模拟，主要用于自然通风风场布局优化和室内自然通风优化分析。

建筑风环境评价依据包括《绿色建筑评价标准》GB/T 50378—2019、《民用建筑设计统一标准》GB 50352—2019、《民用建筑绿色性能计算标准》JGJ/T 449—2018。

2. 操作步骤

点击绿色建筑分析软件菜单栏中的“室外风”和“室内风”选项可分别进入室外风环境及室内风环境模拟分析模块。如图 4-40 所示，在已有 PKPM 节能模型的情况下，可直接打开工程进行室内风环境分析操作；室外风环境的模拟分析需要建立项目主建筑周边的室外模型，对标准选择、专业设计、工况设计、计算分析配置、网格划分、模拟分析、结果分析、报告输出等菜单进行操作。室外风及室内风模拟分析模块的主要操作流程为：打开模型→工况设计→划分网格→模拟计算→生成报告。

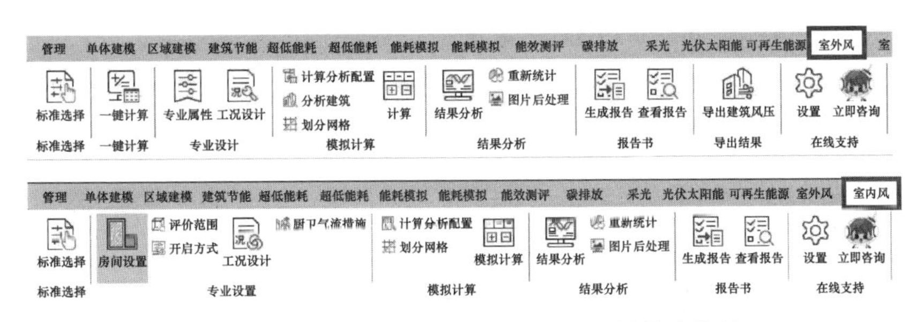

图 4-40　室外及室内风环境模拟分析模块主菜单

在进行风环境模拟时，与采光模拟分析相同，首先可根据项目地理位置选择对应标准进行设置。在风环境模拟模块工况设计部分，软件默认按当地模拟要求与气象参数取值。提供夏季、过渡季及冬季的主导风向、风速大小、频率等参数，为模拟人行区域风速风压提供参数依据，如图 4-41 所示。

工况设计完成后即可进行模拟计算步骤。依据项目工况完成如评分规则、标准指标及限值、精度等计算分析配置。对于较为规则的建筑群体可选择自动划分网格，也可根据项目要求进一步对区域网格进行设置，如自动加密、选择贴体等。

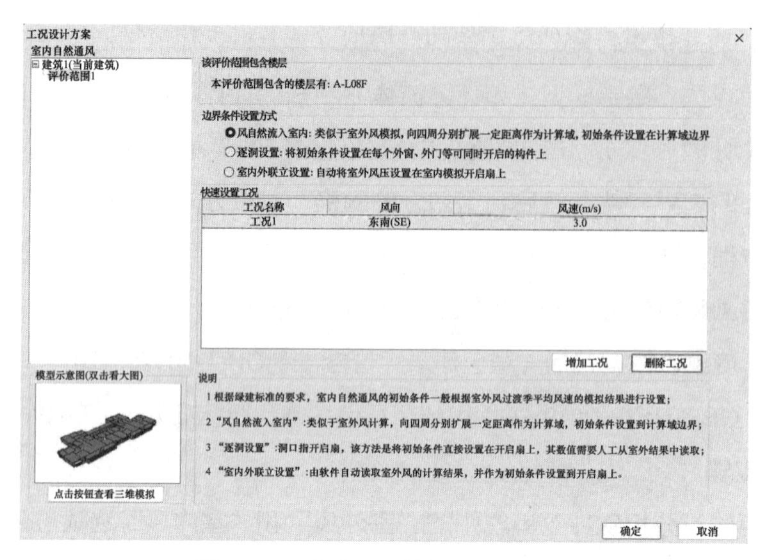

图 4-41　室内风环境模拟工况设计

网格划分完成后，点击模拟计算即可同时计算出各个工况的模拟结果。可选择风速云图、矢量图、风压图等方式进行结果展示，并自动输出计算报告书。

3. 室外风环境模拟分析

（1）室外风环境指标要求

建筑室外风环境分析采用 PKPM-CFD 进行建模和风环境计算，分析判断建筑风环境的风速、风速放大系数、风压等各项指标是否达到要求。

《绿色建筑评价标准》GB/T 50378—2019 对室外风环境指标要求见表 4-5。

计算分析配置表　　表 4-5

判断参数	冬季	夏季、过渡季	达标面积比限值
人行区最大风速 /(m/s)	<5	无要求	≥95%（*）
人行区风速放大系数	<2	无要求	—
户外休息区、儿童活动区最大风速 /(m/s)	<2	无要求	≥95%（*）
无风区风速 /(m/s)	无要求	>0.1（*）	≥95%（*）
涡旋	无要求	不产生涡旋	>95%（*）
窗口内外表面压差	无要求	>0.5	>50%
建筑迎背风面平均风压压差的最大值 / Pa	≤5	无要求	—

注：带（*）限值为用户设置的指标，可在计算分析配置中修改，其他限值为标准要求的限值。

（2）各工况室外风环境分析判定

利用 PKPM-CFD 对建筑群计算域进行设置并进行网格划分，对冬季工况（东北风向、平均风速 3.50m/s）下整个计算区域的风速、风速放大系数、建筑风压和夏季工况（东南风向、平均风速 3.0m/s）和过渡季工况（东南风向、平均风速 3.0m/s）下的涡旋及外窗可开启部分风压压差进行分析，判断是否满足室外风环境指标要求。

分析得到冬季工况下整个计算域 1.5m 平面高度处风速如图 4-42 所示，并对人行活动区域最大风速和人行区风速放大系数进行分析，结果表明人行区最大风速和风速放大系数满足指标要求。对冬季工况的迎风面风压（图 4-43）和背风面风压进行分析，得到建筑迎背风面平均风压压差满足标准指标要求。

室外风环境模拟

图 4-42　冬季工况整个计算域 1.5m 平面高度处风速

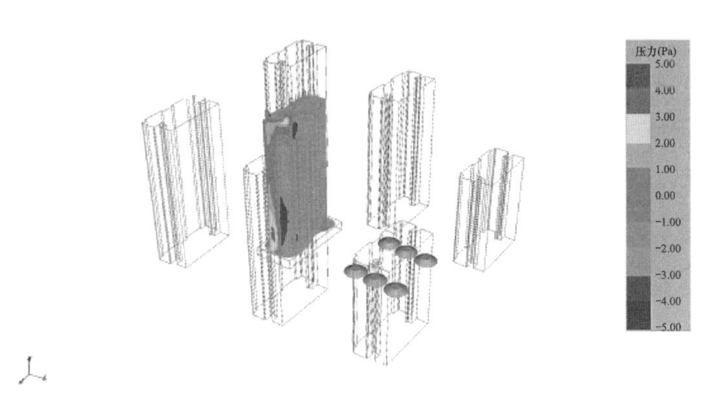

图 4-43　冬季工况迎风面风压

对夏季工况（东南风向、平均风速 3.0m/s）的涡旋及外窗可开启部分风压压差进行分析，得到人行区未产生无风的面积比、室外 1.5m 平面高度处风速（图 4-44）、夏季工况涡旋、窗口内外表面风压压差（图 4-45）、夏季工况外窗可开启部分风压压差。

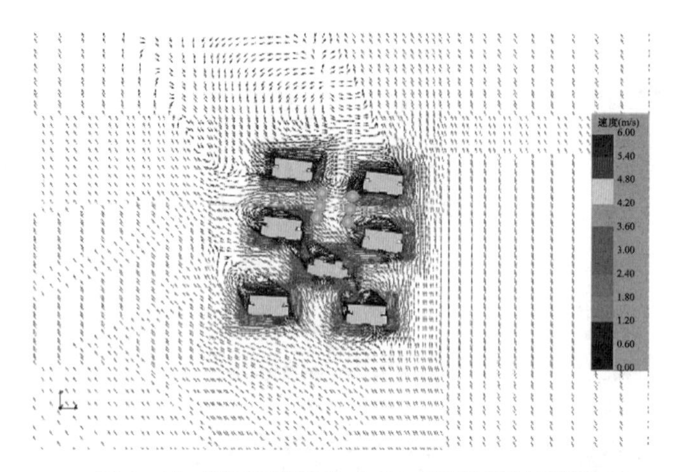

图 4-44　夏季工况室外 1.5m 平面高度处风速

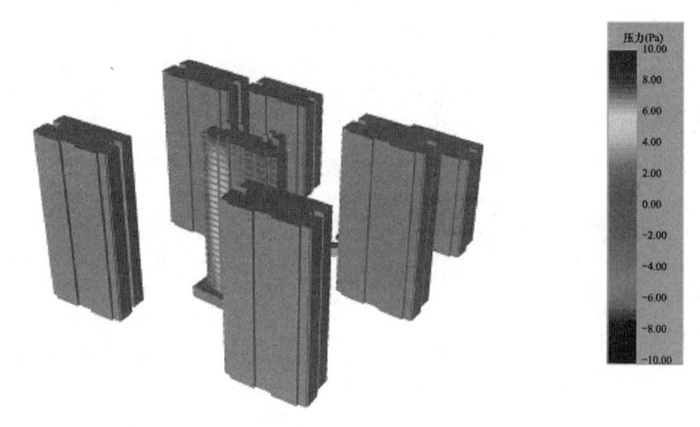

图 4-45　夏季工况窗口内外表面风压压差

最后，对过渡季工况（东南风向、平均风速 3.0m/s）的涡旋及外窗可开启部分风压压差进行了分析，分析过程同夏季工况，分析结果显示各指标均满足要求。

通过模拟分析，各工况均达标，针对《绿色建筑评价标准》GB/T 50378—2019 第 8.2.8 条的评判要求，本项目得分为 10 分。

4. 室内风环境模拟分析

（1）指标要求

室内风环境评价依据为《绿色建筑评价标准》GB/T 50378—2019 中第 5.1.2 条：应采取措施避免厨房、餐厅、打印复印室、卫生间、地下车库等区域的空气和污染物串通到其他空间；应防止厨房、卫生间的排气倒灌。《绿色建筑评价标准》GB/T 50378—2019 中第 5.2.10 条：优化建筑空间和平面布局，改善自然通风效果，评价总分值为 8 分，按以下规则评分：对于住宅建筑，通风开口面积与房间地板面积的比例在夏热冬暖地区达到 12%，在夏热冬冷地区达到 8%，在其他地区达到 5%，得 5 分；每再增加

2%，再得 1 分，最高得 8 分。

自然通风的效果不仅和开口面积与地板面积之比有关，事实上还与通风开口之间的相对位置密切相关。在设计过程中，应考虑通风开口的位置，尽量使之有利于形成“穿堂风”。

（2）建筑室内风分析及结果

以普通层 1 层评价范围为例。

1）初始条件

初始条件见表 4-6。

初始条件　　表 4-6

工况名称	风速 /（m/s）	风向
夏季风	3.00	东南（SE）

2）计算模型范围及网格尺寸设置

对计算域进行自动网格划分，选择最小网格尺寸为 100mm × 100mm × 100mm，最大网格尺寸为 800mm × 800mm × 800mm。

3）室内风速分布情况

夏季风下室内 1.5m 高度平面风速如图 4-46 所示，反映了室内气流分布情况。对各个房间的室内风速分布进行判断，结果显示达标。

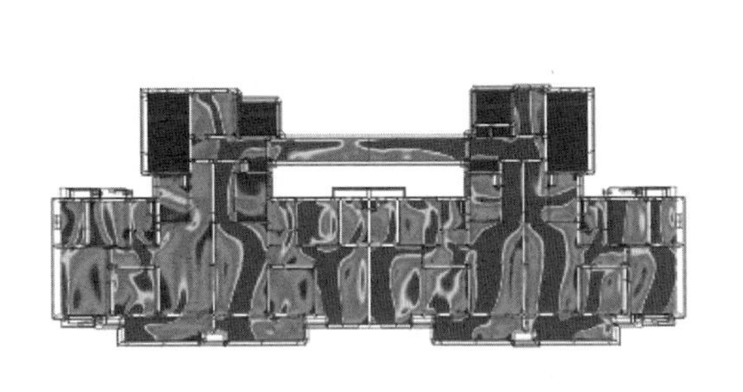

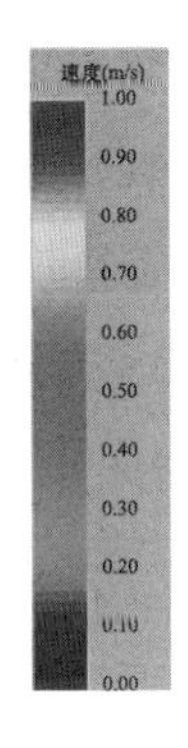

图 4-46　夏季风下室内 1.5m 高度风速

4）室内空气龄分布情况

空气龄的定义为空气质点从进风口到室内某位置所经历的时间，是可以真正反映出室内空气新鲜度的重要指标。夏季风下 1.5m 高度平面空气龄如图 4-47 所示，对各房间室内空气龄分布进行分析判断，结果显示达标。

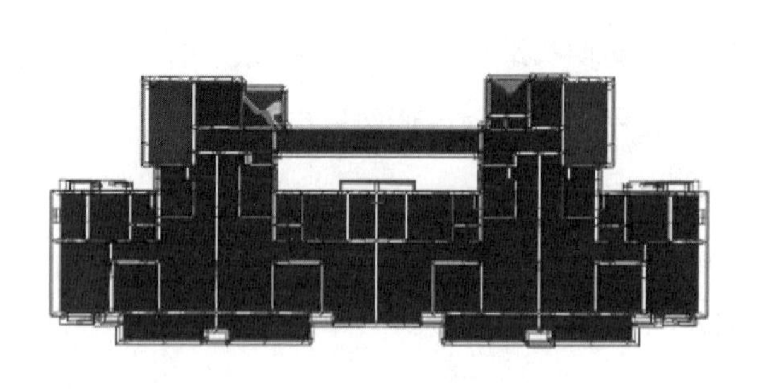

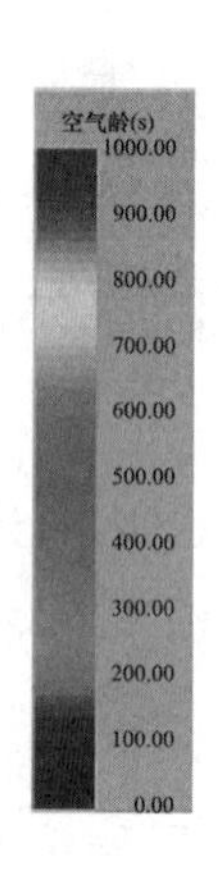

图 4-47　夏季风下 1.5m 高度室内空气龄

5）污染源空间的室内气流组织

污染源空间的室内气流组织情况见表 4-7，结果显示均达标。

污染源空间的室内气流组织情况汇总表　　表 4-7

房间类型	采取的避免污染物串通的措施	污染物未流向其他空间	是否达标
卫生间	a. 设置合理的隔断，可关闭的门； b. 设置机械排风措施，保证负压	是	达标
厨房	a. 将厨房设置于建筑单元（或户型）自然通风的负压侧； b. 设置机械排风措施，保证负压； c. 设置合理的隔断，可关闭的门	是	达标
餐厅	设置合理的隔断，可关闭的门	是	达标

6）指标分析结果

进行各房间的通风开口与地板面积比例计算（计算结果略），结果显示均满足标准限值大于或等于 8.00% 的要求。

根据《绿色建筑评价标准》GB/T 50378—2019 规定，本项目满足第 5.1.2 条控制项要求，并且满足第 5.2.10 条评分项，得 8 分。详细评分情况见表 4-8。

结论统计表　　表 4-8

标准条文	标准要求	本项目实际情况	是否满足	得分
第 5.1.2 条	应采取措施避免厨房、餐厅、打印复印室、卫生间、地下车库等区域的空气和污染物串通到其他空间；应防止厨房、卫生间的排气倒灌	本项目所有产生污染源的房间类型均无污染物流向其他空间或采取了避免污染物串通到其他空间的措施，满足标准要求	是	—
第 5.2.10 条	优化布局，提高自然通风效果，评价总分值为 8 分	本项目主要功能房间的通风开口与地板面积比例为 23.94%	是	8 分

4.3.6　建筑构件隔声分析

1. 设计依据

采用 PKPM-BIM 系列绿色建筑分析模块中的建筑声环境分析模块 PKPM-Sound 进行建筑构件隔声分析，对构件的空气声隔声性能以及楼板的撞击声隔声性能进行计算分析，证明了该建筑主要功能房间的隔声性能良好。

建筑构件隔声评价依据包括《绿色建筑评价标准》GB/T 50378—2019、《民用建筑隔声设计规范》GB 50118—2010、《建筑隔声与吸声构造》08J931。

2. 指标要求

建筑室内构件隔声性能的评价标准主要为《绿色建筑评价标准》GB/T 50378—2019，具体条文如下。

（1）第 3.2.8 条针对住宅建筑需要满足以下基本技术要求：对于二星级绿色建筑，室外与卧室之间的外墙、卧室与邻户卧室之间的分户墙（楼板）的空气声隔声性能以及卧室楼板的撞击声隔声性能达到低限标准和高要求标准限值的平均值；对于三星级绿色建筑，室外与卧室之间的外墙、卧室与邻户卧室之间的分户墙（楼板）的空气声隔声性能以及卧室楼板的撞击声隔声性能达到高要求标准限值。

（2）第 5.1.4 条第 2 款：主要功能房间的外墙、隔墙、楼板和门窗的隔声性能应满足现行国家标准《民用建筑隔声设计规范》GB 50118 中的低限要求。

（3）主要功能房间的隔声性能良好，评价总分值为 10 分，按第 5.2.7 条规则分别评分并累计。

1）构件及相邻房间之间的空气声隔声性能达到现行国家标准《民用建筑隔声设计规范》GB 50118 中的低限标准限值和高要求标准限值的平均值，得 3 分；达到高要求标准限值，得 5 分；

2）楼板的撞击声隔声性能达到现行国家标准《民用建筑隔声设计规范》GB 50118 中的低限标准限值和高要求标准限值的平均值，得 3 分；达到高要求标准限值，得 5 分。

本建筑参考的建筑类型为住宅建筑，根据《民用建筑隔声设计规范》GB 50118—2010，针对第 5.1.4 条控制项及第 5.2.7 条评分项，在预评价阶段，评价主要建筑构件的空气声隔声性能和撞击声隔声性能，其限值见表 4-9 和表 4-10。

主要建筑构件空气声隔声低限值标准　　　　表 4-9

构件 / 房间名称	空气声隔声单值评价量 + 频谱修正量 / dB	
外墙	计权隔声量 + 交通噪声频谱修正量	≥45
外窗		≥30（交通干线两侧卧室、起居室）/ ≥25（其他）
户（套）门	计权隔声量 + 粉红噪声频谱修正量	≥25
分户墙、分户楼板		>45
户内卧室墙		≥35

楼板撞击声隔声限值标准　　　　表 4-10

楼板部位	撞击声隔声低限限值 / dB	撞击声隔声平均限值 / dB	撞击声隔声高限限值 / dB
卧室、起居室的分户楼板	≤75	≤70	≤65

根据《绿色建筑评价标准》GB/T 50378—2019 第 3.2.8 条基本技术要求及《绿色建筑评价标准技术细则》(2019) 的规定，对于住宅建筑需要考察室外与卧室之间的外墙、卧室与邻户卧室的分户墙（楼板）的隔声量，在预评价阶段，通过窗墙隔声性能，按组合墙隔声量的理论进行预测。具体限值见表 4-11。

住宅建筑窗墙组合隔声限值标准　　　　表 4-11

构件 / 房间名称	空气声隔声单值评价量 + 频谱修正量 / dB		
		二星级限值	三星级限值
卧室与邻户卧室之间	计权标准化声压级差 + 粉红噪声频谱修正量	≥47.5	≥50
室外与卧室之间	计权标准化声压级差 + 交通噪声频谱修正量	≥35	≥40

3. 操作步骤

点击绿色建筑分析软件菜单栏中的“声环境”选项进入声环境模拟分析模块。如图 4-48 所示，声环境模拟分析模块集成了室外声、构件隔声和背景噪声三大模块，本项目对其中的构件隔声和背景噪声进行模拟分析示例。建筑构件隔声模块主要包括构件隔声设置和构件隔声模拟选项组。声环境模拟构件隔声分析模块的主要操作流程为：打开模型→分析配置→空气声隔声计算→撞击声隔声计算→生成报告。

图 4-48　声环境模拟分析模块主菜单

在已有节能模型的情况下，可直接打开工程进行操作。标准选择设置方法同建筑节能模块。点击构件隔声选项组中的构件隔声配置，软件可读取节能模块和室内风模块中的房间进行智能匹配。隔声设计包括空气声隔声和撞击声隔声，软件自动读取项目不同构件的材料并对构件进行分类，如图 4-49 所示，可在空气声隔声及撞击声隔声设置中对隔声分析计算方法及参数进行修改。

图 4-49　空气声隔声设计界面

计算完成后，软件自动生成构件隔声结果分析，分别输出围护结构构件的空气声隔声和撞击声隔声达标情况。点击构件隔声报告选项，自动生成室内构件隔声模拟分析报告书。

4. 建筑构件隔声性能分析及结果

（1）隔声量分析

采用 PKPM-Sound 对外墙（剪力墙、填充墙）空气声计权隔声量和内墙（剪力墙、填充墙）空气声计权隔声量、门空气声计权隔声量和窗空气声计权隔声量分别进行计算分析。以外墙为例进行介绍。

外填充墙构造为：水泥砂浆（5.0mm）+ 玻纤网（—）+ 聚苯乙烯泡沫塑料（80.0mm）+ 胶粘剂（—）+ 加气混凝土砌块 B06（200.0mm）+ 水泥砂浆（10.0mm）。

根据用户自定义，按照类比法考察该构造的空气声计权隔声量。采用和该墙体结构相近的墙体隔声量数据，作为默认填充墙的空气声计权隔声量。根据图集《建筑隔声与吸声构造》08J931，所选类比的材料构造为：200mm 厚裸钢筋混凝土，其空气声计权隔声量 R_w 为 57.00dB。根据《建筑隔声与吸声构造》08J931，得到该构造的交通噪声频谱修正量 C_{tr} 值为 -5.00dB。因此，默认外填充墙的空气声计权隔声量+交通噪声频谱修正量 R_w+C_{tr} 为 52.00dB。

外剪力墙构造为：水泥砂浆（5.0mm）+ 玻纤网（—）+ 聚苯乙烯泡沫塑料（80.0mm）+ 胶粘剂（—）+ 钢筋混凝土（200.0mm）+ 水泥砂浆（10.0mm）。

根据用户自定义，按照经验公式法考察该构造的空气声计权隔声量。计算外剪力墙的空气声计权隔声量 R_w 为 53.65dB。根据《建筑隔声与吸声构造》08J931 的数据得到该构造的交通噪声频谱修正量 C_{tr} 值为 0.00dB。因此，外剪力墙的空气声计权隔声量+交通噪声频谱修正量 R_w+C_{tr} 为 53.65dB。

根据空气声计权隔声量+交通噪声频谱修正量评价外墙空气声隔声性能，外填充墙为 52.00dB，外剪力墙为 53.65dB，高限要求其值大于或等于 50.00dB，故均满足高限要求。

（2）楼板撞击声隔声分析

按照类比法考察该构造的计权标准化撞击声压级。采用和软件系统默认的普通楼板结构相近的楼板计权标准化撞击声压级数据，作为默认层间楼板的计权标准化撞击声压级。

所选类比的材料构造为：聚酯纤维复合卷材建筑地面保温隔声系统，其具体组成为细石混凝土+聚酯纤维复合卷材+水泥砂浆+钢筋混凝土楼板，其计权标准化撞击声压级为 65.00dB。因此，默认层间楼板的计权标准化撞击声压级约为 65.00dB。

楼板撞击声隔声性能的高限要求为计权标准化撞击声压级大于或等于 65.00dB，故楼板撞击声隔声分析结果达标。

（3）指标分析结论

对本设计隔墙、普通楼板、架空楼板、普通门、外窗的空气声隔声性能以及普通楼板、架空楼板的撞击声隔声性能进行计算分析，根据《绿色建筑评价标准》GB/T 50378—2019，达标情况如下：

所有构件的空气声隔声性能均满足《民用建筑隔声设计规范》GB 50118—2010 中的高限限值的要求，达到了《绿色建筑评价标准》GB/T 50378—2019 中第 5.1.4 条第 2 款的要求；也达到了第 5.2.7 条第 1 款的要求，得 5 分。

所有构件的撞击声隔声性能均满足《民用建筑隔声设计规范》GB 50118—2010 中的高限限值的要求，达到了《绿色建筑评价标准》GB/T 50378—2019 中第 5.1.4 条第

2 款的要求；也达到了第 5.2.7 条第 2 款的要求，得 5 分。

综上所述，本项目达到了《绿色建筑评价标准》GB/T 50378—2019 中第 5.1.4 条第 2 款的要求；也达到了第 5.2.7 条的要求，总得分为 10 分。

4.3.7　建筑室内背景噪声分析

1. 设计依据

基于 PKPM-BIM 系列绿色建筑分析模块中的建筑声环境分析模块 PKPM-Sound 对建筑进行室内背景噪声计算分析，进行了噪声源设置、单个构件的分频隔声、组合墙的分频隔声量、组合墙隔声单值评价量、窗墙缝隙对隔声的影响、多噪声源影响值等工作，建筑室内噪声级应满足相关标准的低限要求。

建筑室内背景噪声评价依据包括《绿色建筑评价标准》GB/T 50378—2019、《民用建筑隔声设计规范》GB 50118—2010、《建筑隔声与吸声构造》08J931。

2. 指标要求

针对建筑室内背景噪声性能的评价标准主要为《绿色建筑评价标准》GB/T 50378—2019。

采取措施优化主要功能房间的室内声环境，评价总分值为 8 分，按《绿色建筑评价标准》GB/T 50378—2019 第 5.2.6 条规则评分并累计。

① 噪声级达到现行国家标准《民用建筑隔声设计规范》GB 50118 中的低限标准限值和高要求标准限值的平均值，得 4 分；

② 达到高要求标准限值，得 8 分。

《民用建筑隔声设计规范》GB 50118—2010 对住宅、教育、医疗、旅馆、办公、商业、体育、观演、博物馆、展览、航空港和其他的主要功能房间，给出了不同的噪声级限值要求。对本项目的房间类型与规范中的房间类型进行匹配，典型考察房间及其允许噪声级见表 4-12。

典型考察房间及其允许噪声级（A 声级）　　表 4-12

楼层	参考建筑类型	参考房间类型	允许噪声级 / dB	
			低限要求	高限要求
A-L01F	住宅	卧室	昼≤45 / 夜≤37	昼≤40 / 夜≤30
A-L01F	住宅	客厅	昼≤45 / 夜≤45	昼≤40 / 夜≤40

3. 操作步骤

在绿色建筑分析软件声环境模拟分析模块中的背景噪声子模块进行操作，如图 4-50 所示。声环境模拟背景噪声分析模块的主要操作流程为：打开模型→典型考察房间→设置邻近声源→计算→生成报告。

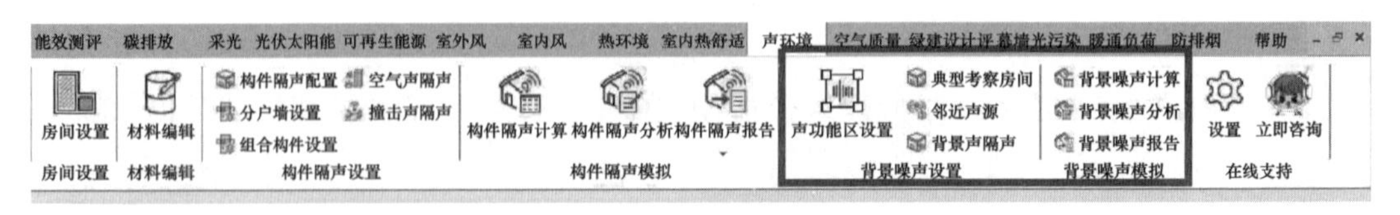

图 4-50　背景噪声模拟设置菜单

背景噪声—典型考察房间

房间类型 / 典型考察房间 / 邻近声源

室内噪声源	
声源类型	生活噪声
昼间(6h-22h) dB	35
夜间(22h-6h) dB	30
参考房间匹配	
参考建筑类型	自动设置
参考房间类型	自动设置
高限限值dB(A)	--
低限限值dB(A)	--

图 4-51　典型考察房间设置

完成建筑构件隔声模拟分析后可直接对该工程文件进行背景噪声模拟。点击典型考察房间进行分析范围的选定，如图 4-51 所示，可对声源类型及房间匹配进行自定义设置。完成声源及典型房间设置后即可进行背景噪声计算，绿色建筑分析软件背景噪声模块可对选定的考察房间进行背景噪声自动计算并生成结果分析，输出典型考察房间的昼夜噪声值和总体判断结论，同时判断达标情况并给出优化方向。

4. 建筑室内背景噪声分析及结果

（1）典型考察房间

本项目考察的房间为卧室和客厅，对各房间背景噪声进行计算分析。以最不利房间（一层 A-L01F 的客厅 RM02041，图 4-52）的背景噪声分析过程为例进行噪声分析展示。

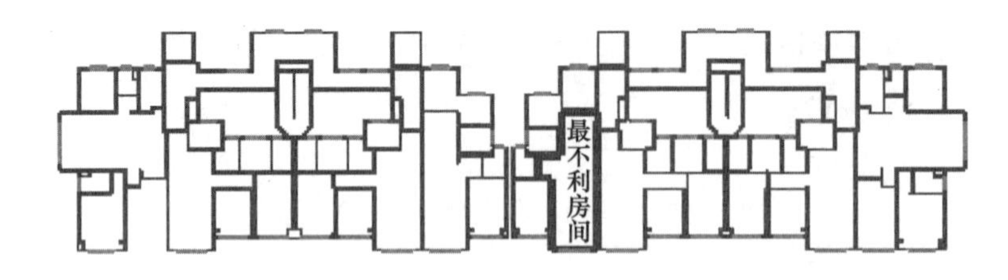

A-L01F: 房间RM02041

图 4-52　房间类型为起居室（客厅）的最不利考察房间

（2）噪声源设置

计算室内背景噪声时须设置噪声源，噪声源可分为邻近噪声源与室内噪声源。室内噪声源及邻近噪声源根据用户自定义。房间类型为起居室（客厅）的最不利考察房间的噪声源如图 4-53 所示。

（3）计算与结论

完成最不利考察房间及声源设置后，声环境模拟分析模块首先对本项目的外填充墙、外剪力墙、内墙填充墙、内墙剪力墙、外窗、内门、层间楼板等构件使用类比法考察其在不同频率下的空气声隔声量，接着计算典型考查房间，即起居室的组合墙分频隔声量。根据计算出的组合墙隔声量数据，通过倍频程的计算原理，用计权隔声量法确定组合墙的计权隔声量，将此值作为空气声计权隔声量，最终计算出各房间的室内背景噪声。

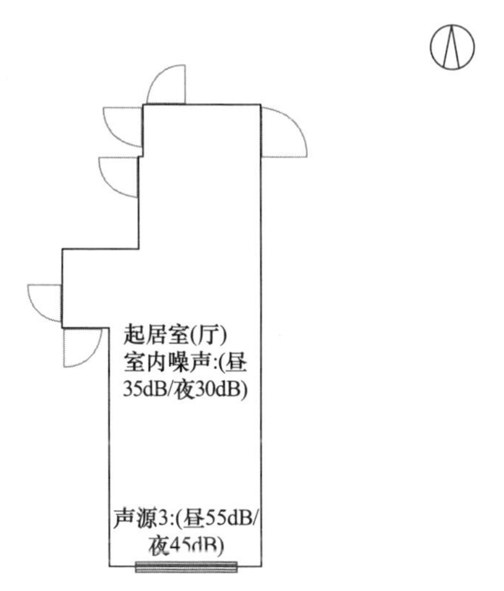

图 4-53　最不利考察房间的噪声源设置

注：根据《声环境质量标准》GB 3096—2008 的规定，昼间时段为 6:00 至 22:00，夜间时间为 22:00 至次日 6:00。

使用声环境模拟分析模块对建筑进行室内背景噪声计算分析，通过模拟计算最不利房间起居室和卧室的室内背景噪声，结果表明考察房间的昼间、夜间室内背景噪声均达到相关规范的高限要求，见表 4-13。

建筑室内背景噪声分析结论表　　表 4-13

<table>
<tr><th>评价标准</th><th colspan="2">条文标准要求</th><th>本项目实际情况</th><th>结论</th></tr>
<tr><td rowspan="3">《绿色建筑评价标准》GB/T 50378—2019</td><td colspan="2">第 5.1.4 条第一款：主要功能房间的室内噪声级应满足现行国家标准《民用建筑隔声设计规范》GB 50118 中的低限要求</td><td>本项目达到《绿色建筑评价标准》GB/T 50378—2019 第 5.1.4 条第一款控制项要求</td><td>满足</td></tr>
<tr><td rowspan="2">第 5.2.6 条采取措施优化主要功能房间的室内声环境，评价总分值为 8 分</td><td>噪声级达到现行国家标准《民用建筑隔声设计规范》GB 50118 中的低限标准限值和高要求标准限值的平均值，得 4 分</td><td rowspan="2">主要功能房间室内背景噪声均满足现行国家标准《民用建筑隔声设计规范》GB 50118 中高要求标准限值，达到第 5.2.6 条评分项要求</td><td rowspan="2">8 分</td></tr>
<tr><td>达到高要求标准限值，得 8 分</td></tr>
</table>

通过对本项目进行室内背景噪声计算分析，根据《绿色建筑评价标准》GB/T 50378—2019，该建筑所有参与计算的主要功能房间的室内背景噪声均满足《民用建筑隔声设计规范》GB 50118—2010 中的高要求标准限值，达到了《绿色建筑评价标准》GB/T 50378—2019 中控制项和评分项的要求，得 8 分。

4.4　结构设计

该装配式混凝土剪力墙结构的结构设计分析采用了 PKPM-BIM 全专业协同操作系统的结构设计模块。采用 PKPM-Energy 对建筑进行能耗计算，进行了结构模型建立、装配式结构拆分设计、结构分析计算、抗剪键验算、装配率统计、装配式构件短暂工况验算以及结构施工图清单和材料统计等工作。

4.4.1　设计资料和设计依据

1. 工程概况

南京市浦口区某人才公寓总建筑面积为 17660.43m^2，建筑高度为 53.1m，建筑包含地下一层、地上主体结构十八层和顶层设备层，室内外高差 300mm。

该工程为装配整体式剪力墙结构，地下一层和屋顶设备层现浇，其余楼层预制。设计工作年限为 50 年。结构重要性系数为 1.1，地上建筑耐火等级为二级，地下建筑耐火等级为一级。工程抗震设防烈度为 7 度（0.15g），设计地震分组为第一组，场地类别为Ⅱ类，特征周期值为 0.35s，抗震设防类别为丙类，结构抗震等级为二级。基本风压为 0.4kN/m^2。

2. 场地地质资料

本工程具体土层分布及地质各参数指标如下所示。

① 人工填土：稍湿，松散—稍密，土质成分为粉土及黏土。

② 黏性土：稍湿—湿，稍密，上部为粉土，下部地段夹黏土薄层，含云母氧化铁。

③ 淤泥质土：深灰色，呈流塑状态，饱和。主要由黏、粉粒及中细砂组成，含有机质及腐殖质，偶见朽木、植物根系等，具腥臭味。

④ 粉土：稍湿，稍密—中密，含云母氧化铁，局部地段夹黏土薄层。

⑤ 细砂：灰白、浅黄色，呈中密—密实状态，饱和。主要由石英砂组成，局部含个别砾卵石，层中普遍含有较多黏粉粒，多呈薄层状黏土分布。

⑥ 圆砾：稍湿—湿，密实，圆砾含量 50%～70%，亚圆形为主，磨圆度较好，母岩成分主要为砂岩。

各土层的物理力学指标见表 4-14。

地表各土层物理力学指标　　表 4-14

层号	土层名称	层底埋深 / m	厚度 / m	天然重度 /（kN / m^2）	内摩擦角 / °	压缩模量 / MPa	承载力特征值 / kPa
①	人工填土	1.1	1.1	17.5	—	—	—
②	黏性土	2.4	1.3	18.4	8.3	5.4	125.0
③	淤泥质土	11.4	9.0	17.8	3.5	3.8	95.0
④	粉土	12.0	1.0	19.1	11.0	9.0	200.0
⑤	细砂	19.4	7.0	19.3	28.5	14.0	210.0
⑥	圆砾	24.4	5.0	—	—	28.0	350.0

3. 设计依据

本工程采用 PKPM-BIM 全专业协同操作系统完成结构设计，包括结构建模、构件拆分、主体结构抗震分析、短暂工况验算、装配率统计等，遵循的国家规范、规程、标准主要包括《建筑工程抗震设防分类标准》GB 50223—2008、《建筑结构荷载规范》GB 50009—2012、《混凝土结构设计规范（2015 年版）》GB 50010—2010①、《建筑抗震设计规范（2016 年版）》GB 50011—2010②、《装配式混凝土结构技术规程》JGJ 1—2014 等。

4. 主要材料选用

本设计剪力墙采用 C40 级混凝土，梁、板、楼梯和隔墙采用 C30 级混凝土。纵筋采用 HRB400 级钢筋，箍筋采用 HRB335 级钢筋①。

4.4.2　结构 BIM 模型和结构平面布置图

1. 结构 BIM 模型的构建

该装配式剪力墙结构共 20 层，其中负一层地下室为第一标准层，地上一层为第二标准层，地上二至三层为第三标准层，地上四至十八层为第四标准层，屋顶设备层为第五标准层。

运行启动 PKPM-BIM 全专业协同操作系统，启动环境选择“结构”设计模块，点击“打开项目”功能模块。点击“协同设计”中的“建筑模型变更查询”，可以显示变更查询列表，并且变更的构件会高亮显示出来。假如看不到建筑模型，可以先点击“建筑转结构”模块的“显示建筑模型”，查看建筑模型中的构件属性。点击“承重构

①② 该案例项目建于 2022 年，故采用当时的国家标准《混凝土结构设计规范（2015 年版）》GB 50010—2010 和《建筑抗震设计规范（2016 年版）》GB 50011—2010，本教材下同。

件”，更改建筑模型图中选中位置的构件承重属性为“非承重”；点击“建筑转结构”，勾选“承重墙、柱、梁、洞”，修改“检查限值设置”，点击“检查”，选取参与转换的构件检查结果优于“提示”级别；调整结构模型的楼层信息和构件信息，修改建筑模型信息完成后点击“下一步”，点击“完成”；弹出“建筑转结构”结果对话框，查看信息后，点击“确定”；点击“结构模型显示”，则可以查看转换后的结构模型。

该高层装配式建筑的全楼结构 BIM 模型如图 4-54 所示。

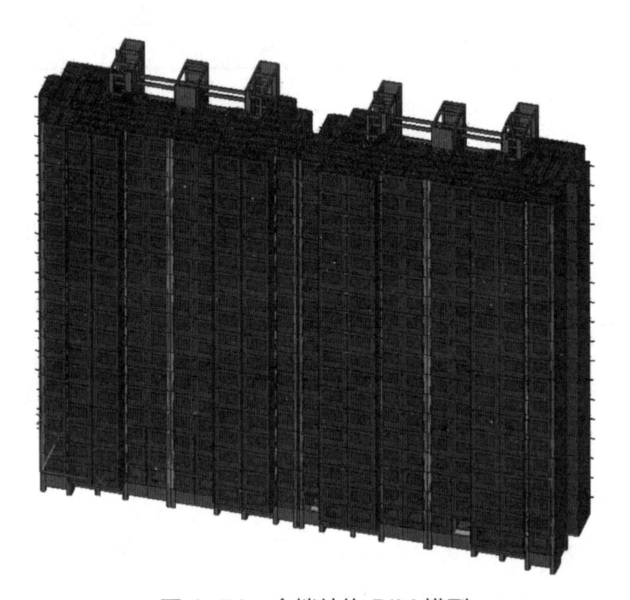

图 4-54　全楼结构 BIM 模型

2. 结构平面布置图导出

PKPM-BIM 全专业协同设计系统的“结构”设计模块也可导出各层结构平面布置图。

4.4.3　结构荷载统计与布置

采用 PKPM-BIM 全专业协同设计系统的“结构”设计模块进行荷载统计及荷载布置，可以自动计算承重构件的自重，只需要布置非承重构件自重传给结构的荷载，同时布置各构件承担的活荷载。

各楼层的荷载布置简图可由 PKPM-BIM 建筑转结构荷载计算功能导出，在 PKPM 软件上进行荷载布置后导出查看。在 PKPM 协同设计系统“结构”设计模块中选择“结构建模”，点击“导出 PM”，勾选需要导出的构件，跳转到 PKPM 界面，如图 4-55 所示。如果未正常跳转，检查模型中的梁柱节点是否统一。

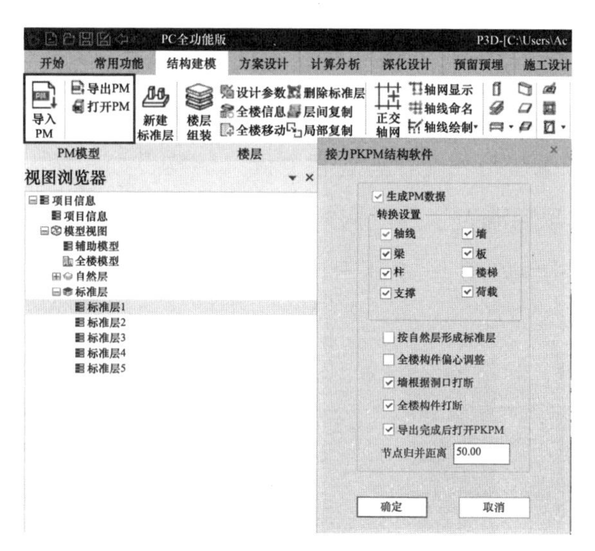

图 4-55　导出 PM 结构模型

点击“确定”后，在弹出的界面点击“存盘退出”，在后面弹出的界面点击“确定”，进入 SATWE 界面。在 SATWE 中点击“荷载”，根据模型的荷载统计与计算，选择梁、板、柱、墙等的荷载形式，并输入相应的恒载和活载，选择相应的荷载类型，点击相应的构件，完成荷载的定义与布置，如图 4-56 所示。

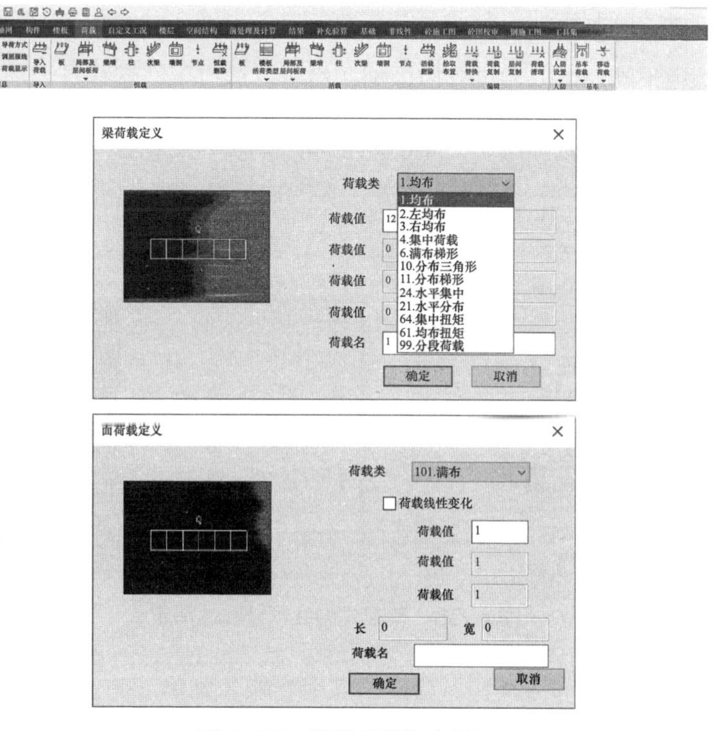

图 4-56　荷载定义与布置

4.4.4　构件拆分方案设计

构件拆分原则首先保证装配式建筑的安全性，其次符合标准化，模数化等特点，同时方便施工，再考虑建筑功能、建筑平立面、结构受力状况、预制构件承载能力、工程造价等因素。本项目确定了预制构件的拆分规则。预制构件包括外墙、内墙、叠合梁、叠合板。预制构件如图 4-57 所示。

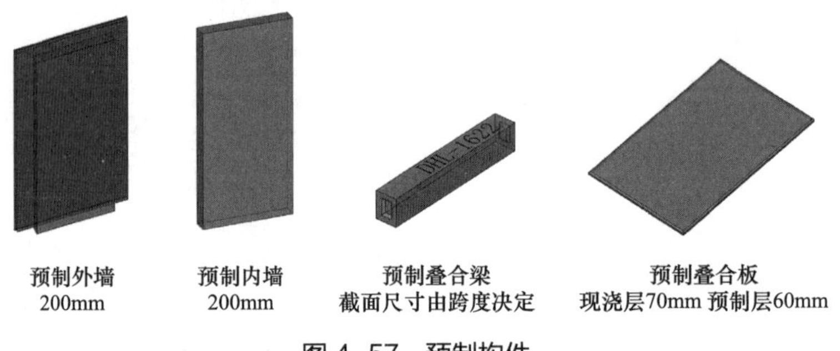

图 4-57　预制构件

采用 PKPM-BIM 全专业协同设计系统中的“装配式”设计模块进行预制构件的拆分设计。首先进行预制属性的指定，在指定的标准层中，选择“常用功能”菜单，点击“预制属性指定”按钮；在弹出的对话框中点选需要预制的构件类型，指定预制板、预制柱、预制梁的预制属性，完成预制属性指定，如图 4-58 所示。预制构件的颜色与现浇构件的颜色不同，可以通过颜色区别，也可以通过属性查看是否是预制构件。

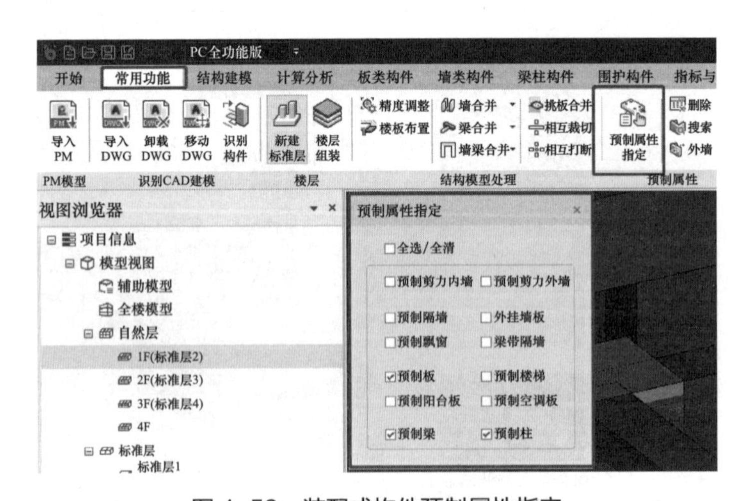

图 4-58　装配式构件预制属性指定

其次根据要拆分的构件类型，选择“常用功能”菜单下的“预制墙设计”“预制板设计”“预制梁设计”“预制柱设计”等构件设计功能，在项目树左侧弹出的对话框中进行相应的拆分参数设置，然后根据命令行提示选择对应的构件完成拆分，如图 4-59 和图 4-60 所示。

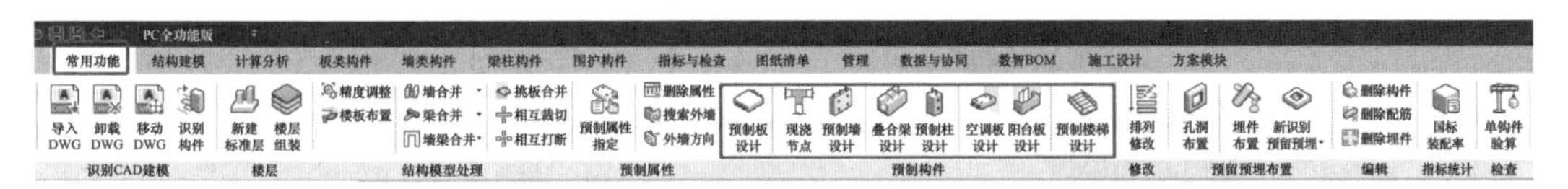

图 4-59　构件拆分菜单“常用功能”

1. 叠合梁

（1）叠合梁截面尺寸选择

根据《混凝土结构设计规范（2015 年版）》GB 50010—2010，并结合工程经验，梁的截面高度可取为其跨度的 1/12～1/8，梁的截面宽度可取为截面高度的 1/3.5～1/2，据此确定该工程梁的截面尺寸。经估算，本工程叠合梁的截面尺寸见表 4-15。

（2）叠合梁拆分设计参数

在装配整体式剪力墙结构中，叠合梁的后浇混凝土叠合层厚度不宜小于 150mm，当采用凹口截面预制梁时，凹口深度不宜小于 50mm，凹口边厚度不宜小于 60mm。

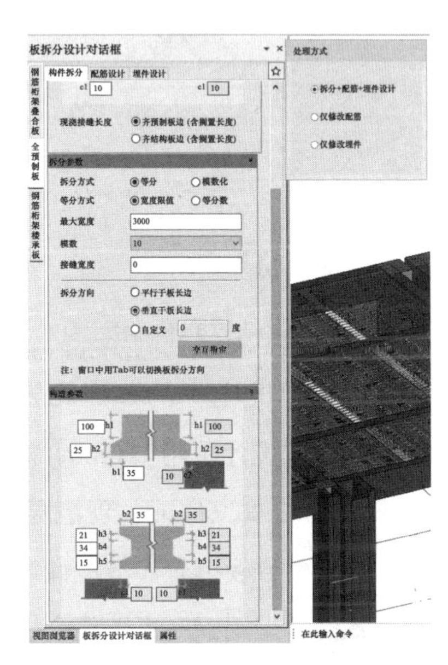

图 4-60　构件拆分参数设置

梁截面尺寸表　　表 4-15

序号	梁截面宽度 / mm	梁截面高度 / mm
1	200	400
2	200	450
3	200	500
4	200	600
5	200	800
6	200	1200
7	150	400

本设计预制梁截面类型选取矩形截面，混凝土强度等级同主体结构，叠合层厚度取 150mm，如图 4-61 所示。

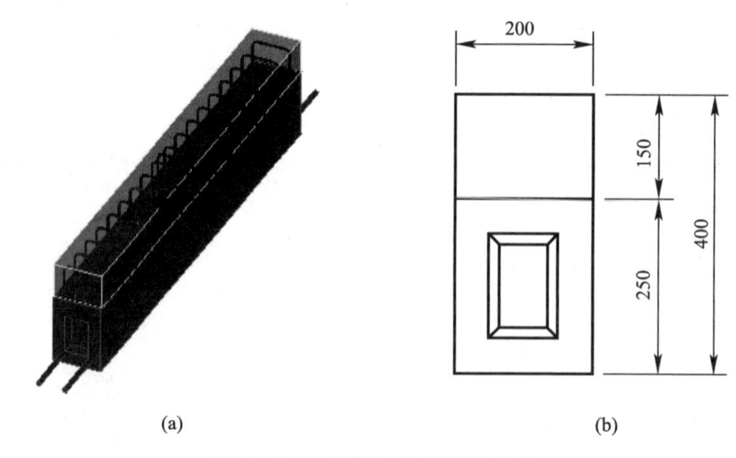

图 4-61　矩形叠合梁设计参数

（a）矩形叠合梁轴测图；（b）截面尺寸

2. 叠合板

（1）叠合板尺寸确定

本设计的电梯间和连廊为现浇板，其他部分楼板均为叠合板。现浇板板厚取 130mm。本设计采用 130mm 厚的单向叠合板。对于单向叠合板来说，叠合层板厚不得低于 60mm，取 60mm；现浇层厚度不得低于 60mm，取 70mm。

（2）叠合板拆分参数设计

本设计采用钢筋桁架叠合板，接缝类型为整体式，叠合层板厚度 60mm，现浇层板厚度 70mm，叠合层顶面倒角 20mm，底面倒角 10mm，如图 4-62 所示。

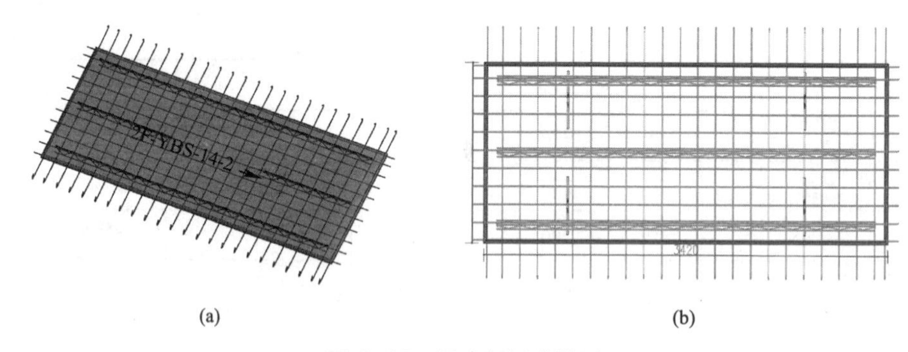

图 4-62　叠合板拆分模型

（a）叠合板三维图；（b）叠合板平面图

3. 墙体

（1）墙厚尺寸确定

墙体高度不宜大于层高，厚度不宜小于 100mm。本设计的外墙厚度取 200mm，内墙厚度取 100mm 和 200mm。

（2）剪力墙的拆分设计参数

本设计中预制剪力外墙和预制剪力内墙均选用国标剪力墙，外墙类型为预制夹心保温外墙板，设置 80mm 厚的夹心保温层，外叶板厚度取 60mm，内叶板厚度为 200mm，如图 4-63 所示。

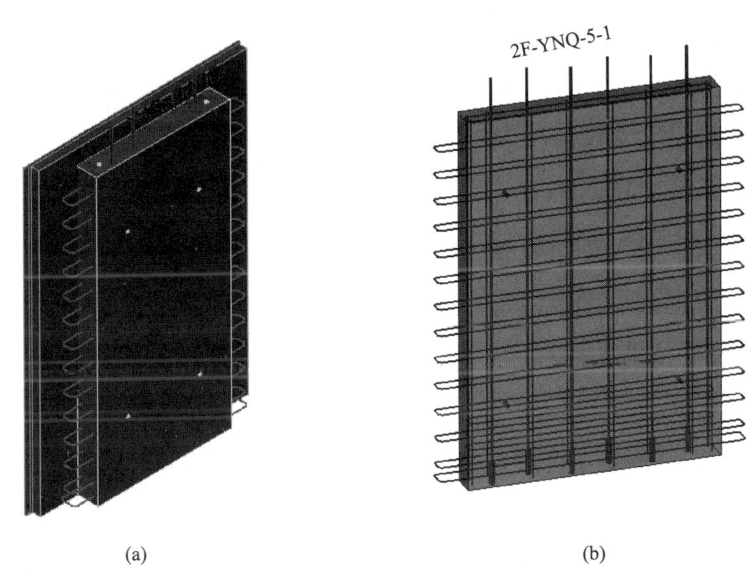

图 4-63　预制剪力墙拆分模型

（a）预制剪力外墙拆分模型；（b）预制剪力内墙拆分模型

（3）梁带隔墙的拆分设计参数

本工程梁带隔墙厚度均取 200mm，高度 2.95m。墙体全预制，保温类型为夹心保温，保温层厚度同预制外墙取 80mm，外叶板厚度取 60mm，墙底部接缝高度取 20mm，如图 4-64（a）所示。

（4）隔墙的拆分设计参数

本工程隔墙为 ALC（蒸压轻质混凝土）预制墙板，混凝土强度等级同主体结构，墙体厚度为 100mm 和 200mm，高度为标准层层高减梁高。墙体全预制，如图 4-64（b）所示。

4. 暗柱（剪力墙边缘构件）

由于剪力墙边缘构件是剪力墙受力较集中部位，为了确保装配式建筑的抗震性能和整体性，本工程剪力墙的边缘构件采用现浇节点连接，现浇区段主要用于承受墙体受到的平面内弯矩作用，因此也称为暗柱。

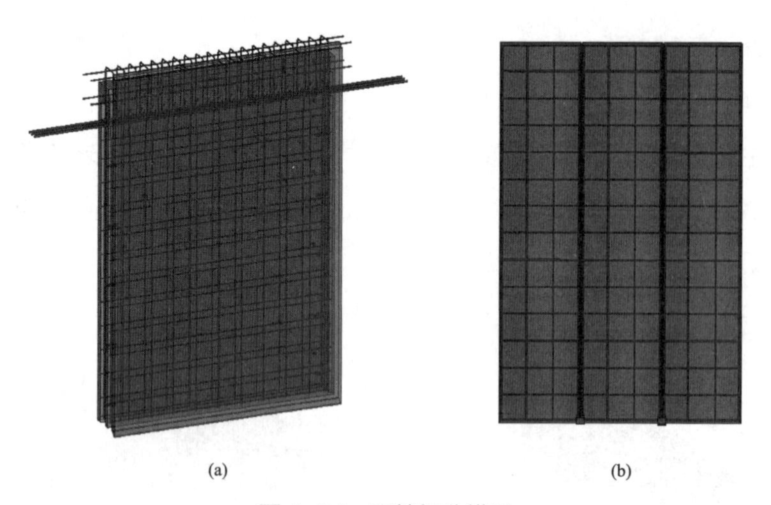

图 4-64　隔墙拆分模型

（a）梁带隔墙拆分模型；（b）ALC 预制隔墙拆分模型

4.4.5　主体结构分析设计

1. 结构抗震计算分析

本项目采用 PKPM 结构软件 SATWE 进行结构计算分析。如前所述，在 SATWE 中完成荷载统计和布置后，点击“设计模型前处理”，再点击“参数定义”，根据场地要求以及规范设计要求设置相应的参数，完成设计前的参数设置，部分参数设置如图 4-65 所示。

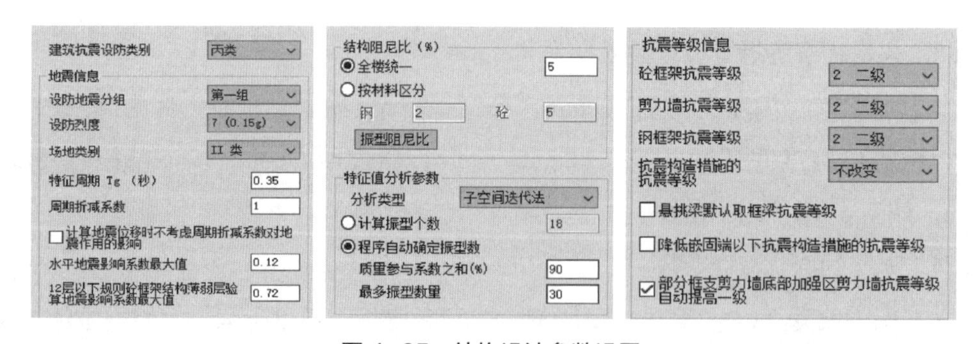

图 4-65　结构设计参数设置

设计参数设置完成，进行构件和节点定义后，点击“分析模型及计算”，再点击“生成数据 + 全部计算”，如图 4-66 所示。完成计算，之后直接跳转到计算结果界面，然后点击“文本查看”，如图 4-67 所示。首先查看抗震计算结果，然后再查看配筋结果以及轴压比等计算结果，对于不满足要求的构件返回到 PKPM-BIM 中进行构件修改，反复调整，直到所有计算结果均满足规范设计要求，最后生成计算书。

图 4-66　PKPM 结构设计“分析模型及计算”界面

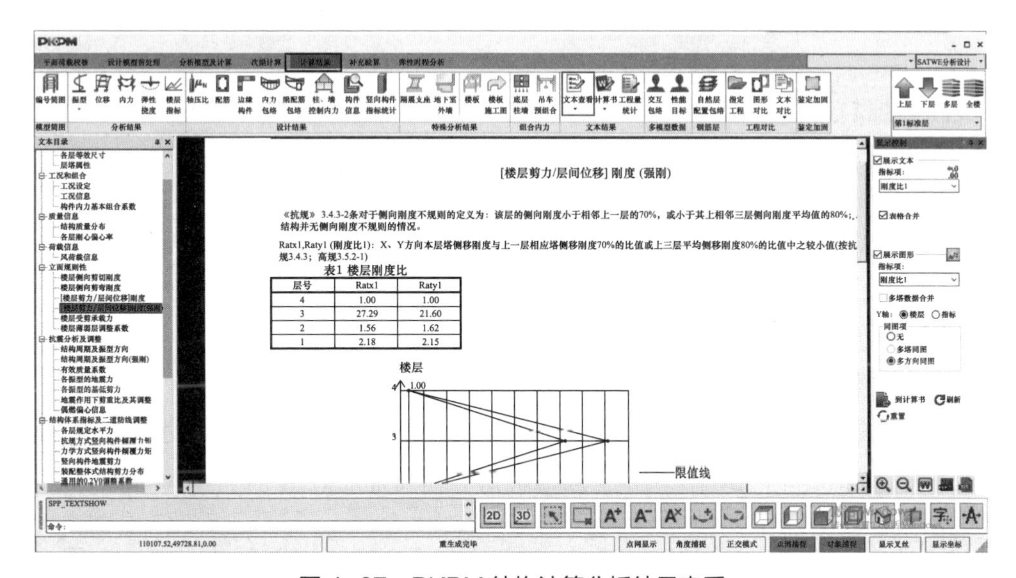

图 4-67　PKPM 结构计算分析结果查看

主体结构抗震计算分析包括结构质量分布计算、结构周期和振型计算分析、变形验算、楼层受剪承载力验算、剪重比计算、楼层刚度比验算、抗倾覆和稳定验算。

（1）结构质量分布

根据《高规》中第 3.5.6 条的规定，楼层质量沿高度宜均匀分布，楼层质量不宜大于相邻下部楼层质量的 1.5 倍。恒载产生的总质量包括结构自重和外加恒载；结构总质量包括恒载、活载产生的质量和附加质量以及自定义工况荷载产生的质量；活载产生的总质量、自定义工况荷载产生的总质量和结构的总质量是活载折减后的结果。

楼层质量计算结果略（地下室不参与质量比超限判断）。计算结果显示，该建筑结构质量分布均匀，相邻下部楼层质量与上部楼层质量比均小于 1.5，19 层为屋顶设备层，结构质量较小；全楼结构质量分布满足规范要求。

（2）结构周期和振型

1）结构周期及振型方向

根据《高规》中第 3.4.5 条的规定，结构扭转为主的第一自振周期 T_t 与平动为主的第一自振周期 T_1 之比，A 级高度高层建筑不应大于 0.9，B 级高度高层建筑、超过 A 级高度的混合结构及《高规》中所指的复杂高层建筑不应大于 0.85。本工程为 A 级高度的高层建筑，二者比值不应大于 0.9。

本设计计算了 37 个振型的周期及其 X 和 Y 向的扭转成分所占的比例，计算结果略。根据计算结果，扭转为主的第一自振周期 T_t 为 1.4253s，平动为主的第一自振周期 T_1 为 1.9291s，$T_t / T_1 = 1.4253 / 1.9291 = 0.74 < 0.9$，满足 A 级高度高层建筑相应的规范要求。

2）各地震方向参与振型的有效质量系数

根据《高规》中第 5.1.13 条，各振型的参与质量之和不应小于总质量的 90%。各个地震方向参与振型的有效质量系数计算结果略。根据计算结果，第 1 地震方向 E_X 的有效质量系数为 92.15%，参与振型足够；第 2 地震方向 E_Y 的有效质量系数为 90.12%，参与振型足够。

（3）变形验算

《建筑抗震设计规范（2016 年版）》GB 50011—2010 中表 3.4.3-1 对于扭转不规则的定义为：在规定的水平力作用下，楼层的最大弹性水平位移（或层间位移），大于该楼层两端弹性水平位移（或层间位移）平均值的 1.2 倍。根据《高规》中第 3.4.5 条规定：结构在考虑偶然偏心影响的规定水平地震力作用下，楼层竖向构件最大的水平位移和层间位移，A 级高度高层建筑不宜大于该楼层平均值的 1.2 倍，不应大于该楼层平均值的 1.5 倍；B 级高度高层建筑、超过 A 级高度的混合结构及复杂高层建筑不宜大于该楼层平均值的 1.2 倍，不应大于该楼层平均值的 1.4 倍。

根据《高规》中第 3.7.3 条规定：对于高度不大于 150m 的高层建筑，按弹性方法计算的风荷载或多遇地震标准值作用下的楼层层间最大水平位移与层高之比 $\Delta u / h$ 不宜大于 1/1000；对于高度不小于 250m 的高层建筑，其楼层层间最大位移与层高之比 $\Delta u / h$ 不宜大于 1/500，结构所有工况下最大层间位移角均需要满足规范要求。

本设计为 A 级高度高层建筑，该结构的位移比计算结果略，最大位移比为 1.30，最大层间位移比为 1.35，均小于 1.50，满足规范设计要求，结构不属于扭转不规则类型。

《建筑抗震设计规范（2016 年版）》GB 50011—2010 中第 5.5.1 条：对于高度不大于 150m 的，按弹性方法计算的风荷载或多遇地震标准值作用下的楼层层间最大水平位移与层高之比 $\Delta u / h$ 不宜大于 1/1000。本设计结构的 $\Delta u / h$ 的限制为 1/1000。结构 X 向地震作用工况和 Y 向地震作用工况下最大层间位移角略。根据计算结果，X 向地震作用工况下全楼最大楼层位移为 42.80mm；全楼最大层间位移角为 1/1005，小于

1/1000，满足规范要求；Y 向地震作用工况下全楼最大楼层位移为 40.32mm，全楼最大层间位移角为 1/1083，小于 1/1000，满足规范要求。

（4）各楼层受剪承载力

《高规》中第 3.5.3 条规定：A 级高度高层建筑的楼层抗侧力结构的层间受剪承载力不宜小于其相邻上一层受剪承载力的 80%，不应小于其相邻上一层受剪承载力的 65%；B 级高度高层建筑的楼层抗侧力结构的层间受剪承载力不应小于其相邻上一层受剪承载力的 75%。结构设定的限值是 80.00%。《建筑抗震设计规范（2016 年版）》GB 50011—2010 中表 3.4.4-2 规定：平面规则而竖向不规则的建筑，应采用空间结构计算模型，刚度小的楼层的地震剪力应乘以不小于 1.15 的增大系数；楼层承载力突变时，薄弱层抗侧力结构的受剪承载力不应小于相邻上一楼层的 65%。本工程无楼层承载力突变的情况。

本工程抗震设防烈度为 7 度，该建筑为 A 级高度高层建筑，楼层抗侧力结构的层间受剪承载力不宜小于其相邻上一层受剪承载力的 80%。楼层受剪承载力比计算结果略。

根据计算结果，该工程的 V_x/V_{xp}、V_y/V_{yp} 均大于 0.8，满足规范要求。V_x、V_y 为楼层受剪承载力（X、Y 方向）；V_x/V_{xp}、V_y/V_{yp} 为本层与上层楼层承载力的比值（X、Y 方向）。

（5）地震作用下结构剪重比及其调整系数

根据《建筑抗震设计规范（2016 年版）》GB 50011—2010 第 5.2.5 条规定，7 度（0.15g）设防地区，水平地震影响系数最大值为 0.012，地震作用下 X 向楼层剪重比不应小于 2.40%，地震作用下 Y 向楼层剪重比不应小于 2.40%。

地震作用下 X 向、Y 向剪力、剪重比和剪重比调整系数计算结果略。根据计算结果，地震作用下 X 向、Y 向的剪重比（RSW）均大于 2.40%，剪重比均符合要求。

（6）楼层刚度比

《高规》中第 3.5.2-2 条规定：对框架－剪力墙、剪力墙、框架－核心筒等结构，楼层与其相邻上层的侧向刚度比不宜小于 0.9；当本层层高大于相邻上层层高的 1.5 倍时，该比值不宜小于 1.1；对结构底部嵌固层，该比值不宜小于 1.5。

《建筑抗震设计规范（2016 年版）》GB 50011—2010 中表 3.4.3-2 对于侧向刚度不规则的定义为：该层的侧向刚度小于相邻上一层的 70%，或小于其上相邻三个楼层侧向刚度平均值的 80%；本工程结构并无侧向刚度不规则的情况。

楼层刚度比计算结果略。结果显示，X、Y 方向楼层刚度比 R_{atx1} 和 R_{aty1} 均大于 1，该结构并无侧向刚度不规则的情况。R_{atx1}、R_{aty1}（刚度比 1）分别为 X 方向和 Y 方向的本层侧向刚度与上一层侧向刚度的 70% 或其上相邻三个楼层侧向刚度平均值的 80% 中的较小值（符合《建筑抗震设计规范（2016 年版）》GB 50011—2010 第 3.4.3 条）。

（7）抗倾覆和整体稳定刚重比验算

1）抗倾覆验算

根据《高规》中第 12.1.7 条规定，在重力荷载与水平荷载标准值或重力荷载代表值与多遇水平地震标准值共同作用下，高宽比大于 4 的高层建筑，基础底面不宜出现零应力区；高宽比不大于 4 的高层建筑，基础底面与地基之间零应力区面积不应超过基础底面面积的 15%。结构在 X 向地震作用（E_X 工况）和 Y 向地震作用（E_Y 工况）、X 向风荷载（W_X 工况）和 Y 向风荷载（W_Y 工况）的抗倾覆验算结果略，计算结果显示未出现零应力区，满足规范要求。

2）刚重比验算

结构整体稳定性是高层建筑结构设计的基本要求。研究表明，高层建筑混凝土结构仅在重力荷载作用下产生整体失稳的可能性很小。高层建筑稳定设计主要控制在地震作用下，重力荷载不产生过大的二阶效应，以免引起结构的失稳倒塌。在高层建筑中，刚重比作为反映整体稳定性的一个重要参数，应该得到有效保证。对混凝土结构，随着结构刚度的降低，重力二阶效应的不利影响呈非线性增长。根据《高规》中第 5.4.1 条，验算刚重比以判断是否需要考虑重力二阶效应。该建筑结构在 X 向地震作用（E_X 工况）和 Y 向地震作用（E_Y 工况）的整体稳定刚重比验算结果略。

根据《高规》中第 5.4.1 条，当结构刚重比 $EJ_d/H^2\sum_{i=1}^{n}G_i$ 大于或等于 2.7 时（EJ_d 为结构一个主轴方向的弹性等效侧向刚度，可按倒三角形分布荷载作用下结构顶点位移相等的原则，将结构的横向刚度折算为竖向悬臂受弯构件的等效侧向刚度；G_i 为第 i 层的重力荷载设计值，H 为房屋高度），弹性计算分析时可以不考虑重力二阶效应的不利影响，该结构符合要求，因此不考虑重力二阶效应的影响。

2. 构件配筋设计

在 PKPM-BIM 中，点击“深化设计”，点击“楼板配筋设计”，输入相应的配筋参数，导入配筋结果，完成板的配筋，如图 4-68 所示；同样操作步骤可以进一步完成墙、柱、梁等构件的配筋。结构专业的钢筋碰撞检查将在第 5 章进行介绍。

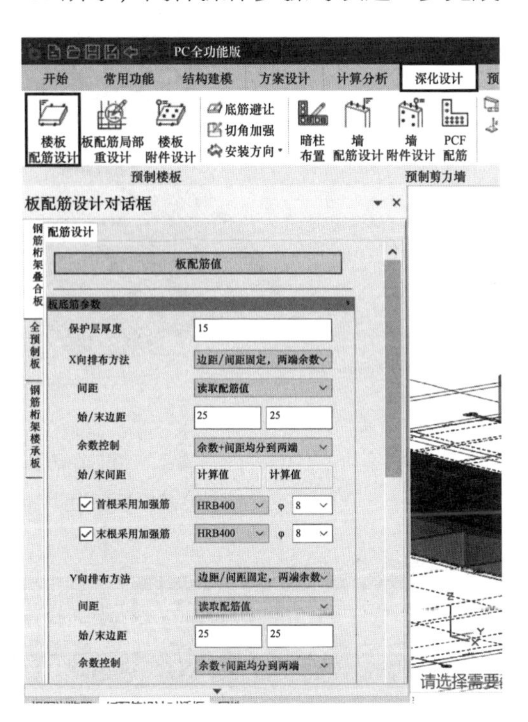

图 4-68　配筋设计对话框界面

经过结构设计分析，可以得到各构件配筋，根据《装规》确定叠合板、叠合梁、剪力墙和节点的钢筋构造。装配式构件配筋 BIM 模型如图 4-69 所示。进一步对叠合板和外挂墙板的预埋件进行设计，预埋件布置示例如图 4-70 所示。

3. 结构设计计算书生成

当所有的计算结果均满足规范设计要求后，点击“计算书”，点击“生成计算书”，根据需要进行计算书设置，最后点击“生成计算书”，完成结构计算，如图 4-71 所示。

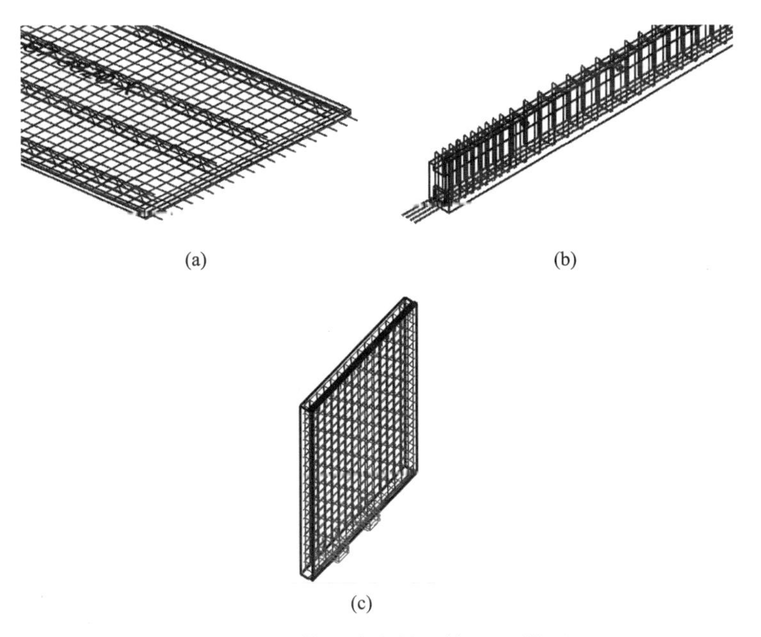

(a)　(b)　(c)

图 4-69　装配式构件配筋 BIM 模型

（a）板配筋；（b）梁配筋；（c）墙板配筋

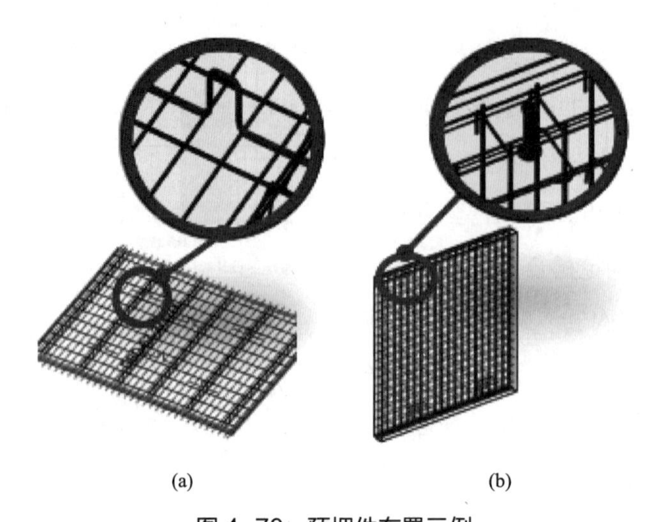

(a)　　(b)

图 4-70　预埋件布置示例

（a）叠合板预埋件布置；（b）外挂墙板预埋件布置

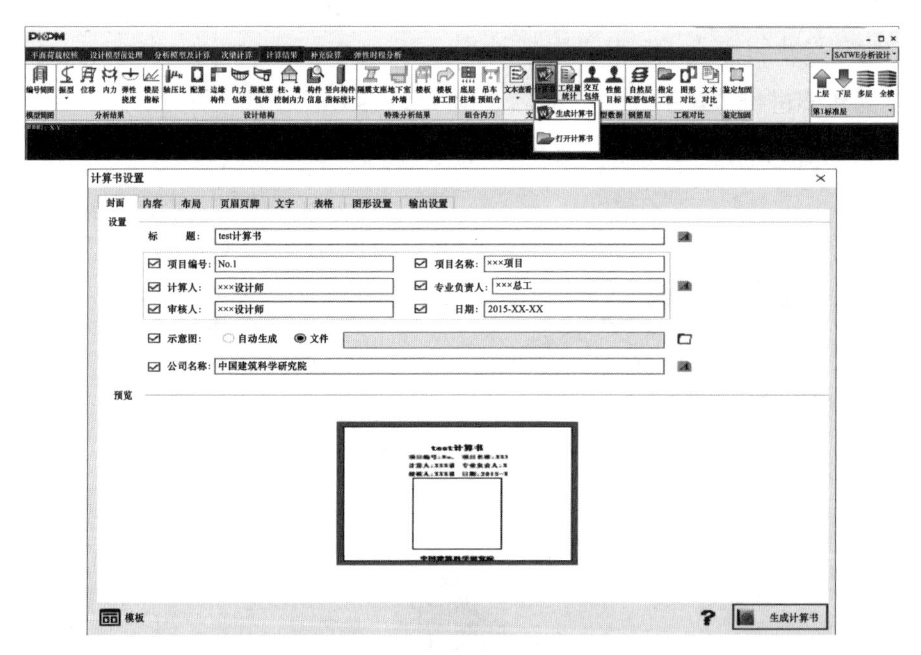

图 4-71　生成结构设计计算书

4.4.6　装配式构件短暂工况验算

1. 设计依据和计算原则

在装配式建筑施工建造过程中，各预制构件需要进行脱模、吊装、运输及现场安装等操作，需要对预制构件进行脱模、吊装的短暂工况验算。根据《装规》要求，对制作、运输和堆放、安装等短暂设计状况下的预制构件验算，应符合现行国家标准

《混凝土结构工程施工规范》GB 50666—2011 的有关规定。

本设计采用 PKPM-BIM 全专业协同设计系统进行分析，以叠合梁 2F-YL-15-1、预制外墙 2F-YWQ-10-1 和叠合板 2F-YBS-26-1 为例，进行预制构件荷载计算、脱模吊装容许应力验算和脱模吊件承载力验算。

在 PKPM-BIM 中点击“图纸清单”，点击“生成”，点击“计算书生成”，在弹出的界面勾选“构件制作施工阶段验算”，对全部的预制构件进行短暂工况验算；检查生成的报告，对于不满足短暂工况验算的构件，进行增加预埋件的处理，使全部构件满足要求，如图 4-72 所示。

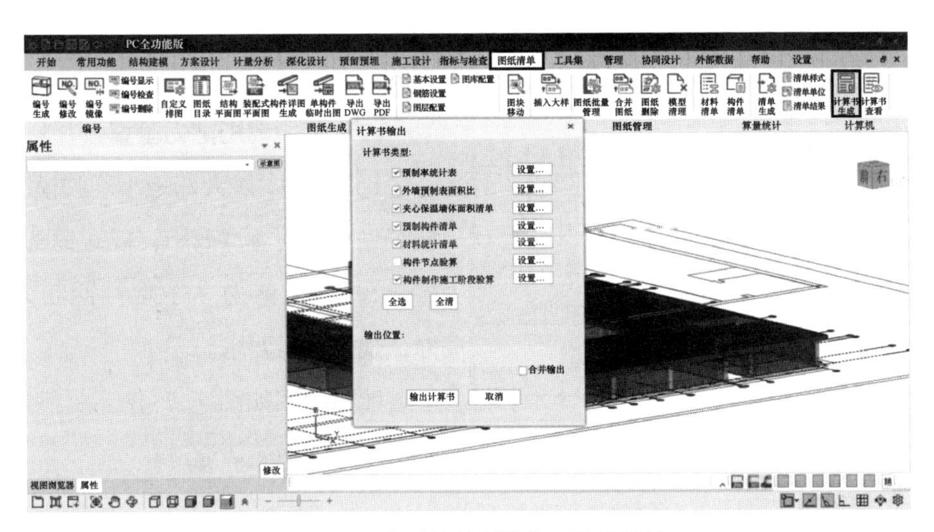

图 4-72　勾选构件制作施工阶段验算

根据《装规》，短暂工况验算原则如下：

① 重力放大系数：板重力适当放大，根据实际经验适当确定。

② 吊装动力系数：根据《装规》中第 6.2.2 条的规定，构件运输、吊运时，动力系数宜取 1.5；构件翻转及安装过程中就位、临时固定时，动力系数可取 1.2。

③ 脱模动力系数：根据《装规》中第 6.2.3 条的规定，动力系数不宜小于 1.2。

④ 脱模吸附力：根据《装规》中第 6.2.3 条的规定，脱模吸附力应根据构件和模具的实际情况取用，且不宜小于 $1.5kN/m^2$。

根据《混凝土结构设计规范（2015 年版）》GB 50010—2010 和《混凝土结构工程施工规范》GB 50666—2011，短暂工况验算原则如下。

① 吊件数量：根据《混凝土结构设计规范（2015 年版）》GB 50010—2010 第 9.7.6 条的规定，当在一个构件上设有四个吊环时，应按三个吊环进行计算，其他数值请用

户自行确认。

② 施工安全系数：根据《混凝土结构工程施工规范》GB 50666—2011 第 9.2.4 条的表格确定，对于普通预埋吊件，安全系数为 4.0。

2. 脱模验算

由于预制叠合板构件厚度相对较薄，脱模问题突出，故以预制叠合板为例进行说明，其他种类预制构件类同。脱模验算根据《装规》中第 6.2.3 条进行计算。

（1）脱模荷载

1）脱模荷载 1＝自重 × 重力放大系数 × 脱模动力系数＋脱模吸附力

2）脱模荷载 2＝自重 × 重力放大系数 ×1.5

脱模荷载取脱模荷载 1 与脱模荷载 2 中较大的一项。

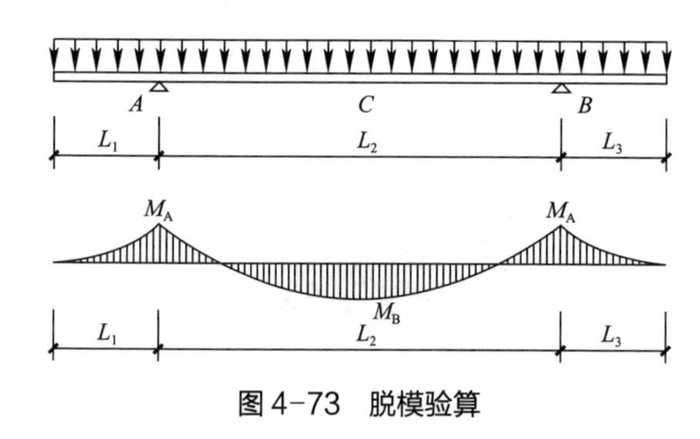

图 4-73　脱模验算

（2）跨中弯矩剪力验算

1）当跨中最大弯矩小于脱模时叠合板混凝土开裂容许弯矩，视为满足要求。

2）最大剪力小于腹杆钢筋失稳剪力，视为满足要求。

计算简图如图 4-73 所示，满足上述要求，则脱模验算通过。

3. 吊装验算

（1）吊装荷载

吊装荷载＝重力 × 重力放大系数 × 吊装动力系数

（2）吊件承载力验算

单个吊件承载力＝吊件钢筋强度设计值 × 截面积

全部吊件承载力＝单个吊件承载力 × 吊点计算个数

当全部吊件承载力大于吊装荷载时，视为满足条件。

（3）埋件受拉状态下混凝土锥体破坏强度验算

根据《混凝土结构后锚固技术规程》JGJ 145—2013：

$$N_{\mathrm{Rk,c}}=N_{\mathrm{Rk,c}}^{0}\times(A_{\mathrm{c,N}}/A_{\mathrm{c,N}}^{0})\times\varphi_{\mathrm{s,N}}\times\varphi_{\mathrm{re,N}}\times\varphi_{\mathrm{ec,N}}$$

式中　$\varphi_{\mathrm{s,N}}$——边距对受拉承载力的影响系数；

$\varphi_{\mathrm{ec,N}}$——荷载偏心对受拉承载力的影响系数；

$\varphi_{re,N}$——表层混凝土因密集配筋的剥离作用对受拉承载力的降低影响系数；

$A^0_{c,N}$——混凝土理想破坏锥体投影面积；

$A_{c,N}$——混凝土实际破坏锥体投影面积；

$N^0_{Rk,c}$——混凝土理想破坏锥体承载力；

$N_{Rk,c}$——混凝土锥体破坏受拉承载力标准值。

4. 短暂工况验算流程

预制构件在进行短暂工况验算时，其具体的算法是首先提取该预制构件的几何信息，从中筛选出构件的长度、宽度、高度以及洞口信息，完成预制构件在短暂工况验算时的荷载效应计算；再根据预制构件的配筋形式以及吊件设计情况，进行预制构件在短暂工况验算时承载力的计算。最后将短暂工况验算下预制构件的荷载效应同承载力进行比较，如果承载力大于作用效应，则预制构件短暂工况验算通过，否则需要将没有通过验算的部分进行重新设计。

对于预制构件，脱模荷载在一般情况下大于吊装荷载。由于叠合板、叠合梁在脱模和吊装时采用同一套吊件，而且叠合板、叠合梁在脱模时承载力未达到其最大值，因此，对叠合板、叠合梁只进行脱模验算。而预制墙脱模和吊装是两套吊件系统，因此需要对预制墙分别进行脱模验算和吊装验算。对于叠合板，当叠合板混凝土开裂容许弯矩值大于板跨中和支座处最大弯矩且腹杆钢筋失稳剪力大于叠合板中最大剪力时，叠合板脱模验算通过。此外，对叠合板还要进行桁架筋屈服弯矩和失稳弯矩验算。对于预制墙，进行脱模验算时，预制墙上脱模吊件承载力大于预制墙脱模荷载，则预制墙脱模验算通过；进行吊装验算时，预制墙上吊装吊件承载力大于预制墙吊装荷载，则预制墙吊装验算通过。此外，还要进行脱模和吊装阶段的吊件承载力验算，包括脱模埋件拉断破坏验算和脱模埋件受拉状态下混凝土锥体破坏强度验算。

5. 装配式构件脱模验算和吊装验算

本项目根据《装规》《混凝土结构设计规范（2015 年版）》GB 50010—2010 和《混凝土结构工程施工规范》GB 50666—2011 相关条文进行构件短暂工况承载力相关验算。构件脱模时，作用在脱模预埋件上的脱模荷载小于预埋件脱模承载力时，满足脱模承载力要求；在构件吊装时，计算吊装安全系数，满足吊装承载力要求。此外，对叠合板进行开裂容许弯矩、上弦桁架筋屈服弯矩和失稳弯矩、下弦桁架筋失稳弯矩、腹杆钢筋失稳剪力等进行计算。以预制墙和叠合板为例进行短暂工况验算示例。

（1）预制外墙（以 2F-YWQ-10-1 为例）脱模和吊装验算

1）示意图及基本参数

预制墙脱模和吊装验算如图 4-74 所示。预制外墙采用强度等级 C45 的混凝土，混凝土重度 γ 为 25kN/m^3，内叶墙板尺寸：宽 × 高 × 厚 $=B\times H\times t=$ 800mm × 2800mm × 200mm，预制墙体积为 0.448m^3，墙体脱膜面积 S 为 2.24m^2。

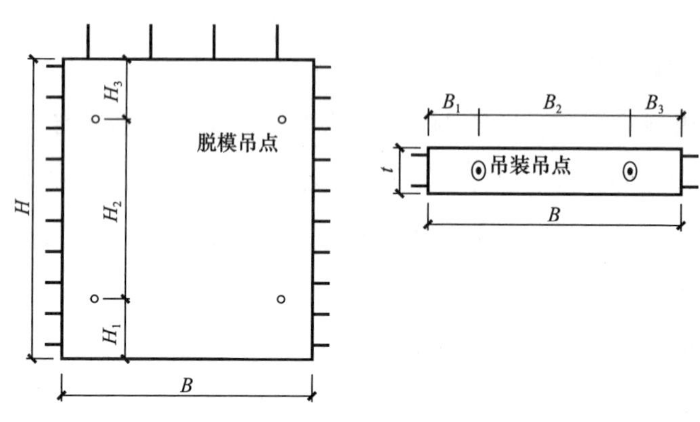

图 4-74　预制墙脱模和吊装验算

短暂工况验算时，吊装动力系数为 1.5，脱模动力系数为 1.2，构件重力放大系数为 1.0，吊索与竖直方向的夹角 β 为 0°，预埋吊件施工安全系数 γ_1 为 4.0，混凝土破坏安全系数 γ_2 为 4.0，脱模时混凝土强度百分比达到 75.0%。

预制外墙吊装埋件及脱模埋件相关参数见表 4-16 和表 4-17。

预制外墙吊装埋件　　表 4-16

吊件类型	圆头吊钉
吊件规格	吊钉 -39-120
直径 d_1	10mm
有效埋深 h_{ef1}	130mm
埋件承载力 N_{sa1}	39kN
埋件排列 B_1，B_2，B_3	40mm，720mm，40mm

预制外墙脱模埋件　　表 4-17

埋件类型	预埋锚栓
埋件规格	锚栓 -60-115
直径 d_2	25mm
有效埋深 h_{ef2}	115mm
埋件承载力 N_{sa2}	60kN
埋件排列 H_1，H_2，H_3	600mm，1600mm，600mm

2）预制外墙脱模吊装荷载计算

预制外墙自重标准值 G　　$G=V\times\gamma=0.448\times25.0=11.2\text{kN}$

脱模吸附力为 1.5S

脱模荷载 Q_{k1}　　$Q_{k1}=G\times1.2+1.5\times S=11.2\times1.2+1.5\times2.24=16.8\text{kN}$

脱模荷载 Q_{k2}　　$Q_{k2}=G\times1.5=11.2\times1.5=16.8\text{kN}$

吊装荷载 Q_{k3}　　$Q_{k3}=G\times1.5=11.2\times1.5=16.8\text{kN}$

脱模吊装荷载标准值 Q_k　　$Q_k=\max(Q_{k1},\ Q_{k2},\ Q_{k3})=16.8\text{kN}$

3）预制墙脱模容许应力验算

如图 4-74 所示，跨长 $H_1=600\text{mm}$，$H_2=1600\text{mm}$，$H_3=600\text{mm}$。

取 1m 板带作为计算单元 $L_0=1\text{m}$

计算线荷载 $q=Q_k\times L_0/S=16.8\times1/2.24=7.5\text{kN/m}$

根据吊点位置，最大跨中弯矩值 $M_{max中}=1.05\text{kN}\cdot\text{m}$

最大支座弯矩值 $M_{max支}=-1.35\text{kN}\cdot\text{m}$

控制弯矩值 $M_{max}=|\max(M_{max中},\ M_{max支})|=1.35\text{kN}\cdot\text{m}$

截面抵抗矩 $W=B\times t^2\div6=1000\times200\times200\div(6\times10^9)=0.00667\text{m}^3$

正截面边缘混凝土法向拉应力计算 $\sigma_{ck}=M_{max}/W=1.35\div(0.00667\times1000)=0.203\text{N/mm}^2$

脱模时按构件混凝土强度达到标准值的 75.0% 进行验算：$\sigma_{ck}<75.0\%\times f_{tk}=1.88\text{N/mm}^2$，预制墙脱模验算满足要求。

4）脱模埋件承载力验算

单个吊件脱模荷载 F_D 计算：

$$z=1/\cos\beta=1.0$$

$$F_D=G\times z/n=11.2\times1.0/4=2.8\text{kN}$$

脱模埋件拉断破坏验算：

单个吊件承载力：$\dfrac{N_{sa2}}{\gamma_1}=60\div4=15\text{kN}>F_D=2.8\text{kN}$，满足要求

脱模埋件受拉状态下混凝土锥体破坏强度验算：

吊点间距 $s=720\text{mm}>3\times h_{ef2}=3\times115=345\text{mm}$，不需考虑群锚效应边距影响系数；

$1.5\times h_{ef2}=1.5\times115=172.5\text{mm}<C_{min}=300\text{mm}$，所以 $\varphi_{s,N}=1.0$

其中，C_{min} 为最小边距。

$\varphi_{re,N}=0.5+h_{ef2}/200=1.075>1$，取 $\varphi_{re,N}=1$；荷载偏心影响系数 $\varphi_{ec,N}=1.0$

$A_{c,N}^{0}=(2\times1.5h_{ef2})\times(2\times1.5h_{ef2})=119025\text{mm}^2$; $A_{c,N}=188025\text{mm}^2$

对于不开裂混凝土，根据《混凝土结构后锚固技术规程》JGJ 145—2013：

$$N_{Rk,c}^{0}=9.8\times\sqrt{(f_{cu,k})}\times h_{ef2}\times1.5$$

$$N_{Rk,c}=N_{Rk,c}^{0}\times(A_{c,N}/A_{c,N}^{0})\times\varphi_{s,N}\times\varphi_{re,N}\times\varphi_{ec,N}$$

由以上公式，可得：$N_{Rk,c}^{0}=81.07\text{kN}$，$N_{Rk,c}=128.07\text{kN}$

$$N_{Rk,c}^{0}/\gamma_2=128.07/4.0=32.02\text{kN}>F_D=2.8\text{kN}\times2=5.6\text{kN}$$

满足要求。

5）吊装埋件承载力验算

单个吊件吊装荷载 F_D 计算

$$z=1/\cos\beta=1.00$$

$$F_D=G\times z/n=11.2\times1.000/2=5.6\text{kN}$$

吊装埋件拉断破坏验算和吊装埋件受拉状态下混凝土锥体破坏强度验算计算方法和步骤同脱模埋件承载力验算，计算过程此处从略。

6）验算结果汇总（表 4-18）

叠合墙脱模和吊装验算结果　　表 4-18

验算内容	验算容许值	内力	结果
脱模混凝土正截面法向拉应力	$75.0\%\times f_{tk}=1.88\text{N}/\text{m}^2$	$\sigma_{ck}=0.203\text{N}/\text{m}^2$	满足
脱模埋件拉断破坏验算	$N_{sa2}/\gamma_1=15.00\text{kN}$	$F_D=2.8\text{kN}$	满足
脱模混凝土锥体破坏验算	$N_{Rk,c}^{0}/\gamma_2=32.02\text{kN}$	$F_D=2.8\text{kN}\times2=5.6\text{kN}$	满足
吊装埋件拉断破坏验算	$N_{sa1}/\gamma_1=9.75\text{kN}$	$F_D=5.6\text{kN}$	满足
吊装混凝土锥体破坏验算	$N_{cb1}/\gamma_2=15.73\text{kN}$	$F_D=5.6\text{kN}$	满足

（2）叠合板（以 2F-YBS-26-1 为例）脱模验算

1）示意图和基本参数

叠合板示意如图 4-75 所示，采用钢筋桁架叠合板，拼接类型为双向边板，实际边长 $L\times D=1520\text{mm}\times1500\text{mm}$，预制板板厚为 60mm，体积 V 为 0.137m^3，板脱模面积 S 为 2.28m^2，质量为 0.342t，底板钢筋保护层厚度 t_0 为 15mm，使用 C30 混凝土，混凝土重度 γ 为 $25.0\text{kN}/\text{m}^3$。沿板长度方向和宽度方向钢筋规格均为 HRB400ϕ8，排布间距为 150mm，沿跨长方向钢筋在上。

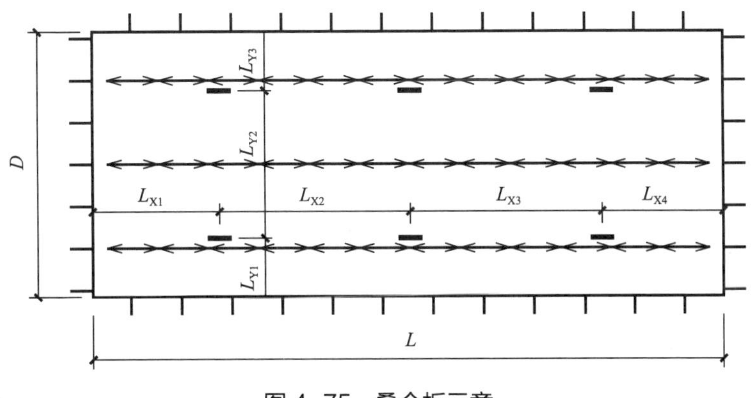

图 4-75　叠合板示意

短暂工况验算时，吊装动力系数为 1.5，脱模动力系数为 1.2，吊索与竖直方向的夹角 β 为 0°，预埋吊件施工安全系数 γ_1 为 4.0，混凝土破坏安全系数 γ_2 为 4.0，脱模时混凝土强度百分比为 75.0%，吊钩计算受力数量为 3。

详细钢筋桁架参数及板吊件参数见表 4-19 和表 4-20。

钢筋桁架参数　表 4-19

桁架规格	A70
桁架焊接点跨距 P_s	200mm
桁架截面高 H	70mm
桁架跨宽 B_t	80mm
上弦钢筋直径 d_1	8mm
上弦钢筋等级	HRB400
下弦钢筋直径 d_3	8mm
下弦钢筋等级	HRB400
腹杆钢筋直径 d_2	6mm
腹杆钢筋等级	HPB300

叠合板吊件参数　表 4-20

吊装埋件类型	直吊钩
钢筋等级	HPB300
吊件长度	746mm
吊钩直径	ϕ14

2）叠合板截面分析

叠合板平行桁架方向板截面如图 4-76 所示。

上弦筋截面面积$A_c = \pi \times 8^2 \times 0.25 = 50.3\text{mm}^2$；下弦筋截面面积$A_s = \pi \times 8^2 \times 0.25 \times 2 = 100.5\text{mm}^2$；

腹杆钢筋截面面积 $A_f = \pi \times 6^2 \times 0.25 = 28.3\text{mm}^2$；

预制板断面板底到上弦筋形心的距离 $h = t_0 + d + H - \dfrac{d_1}{2} = 15 + 8 + 70 - 8/2 = 89\text{mm}$；

与叠合筋平行的板内分布钢筋形心到上弦筋形心的距离 h_1：$h_1 = h - t_0 - d - d_3/2 = 89 - 15 - 8 - 8/2 = 62\text{mm}$；

下弦筋和上弦筋的形心距离 h_s：$h_s = H - (d_1 + d_3)/2 = 70 - (8+8)/2 = 62\text{mm}$；

叠合板有效宽度如图 4-77 所示。将一个桁架左右看成一个组合梁，组合梁的有效宽度为 B。

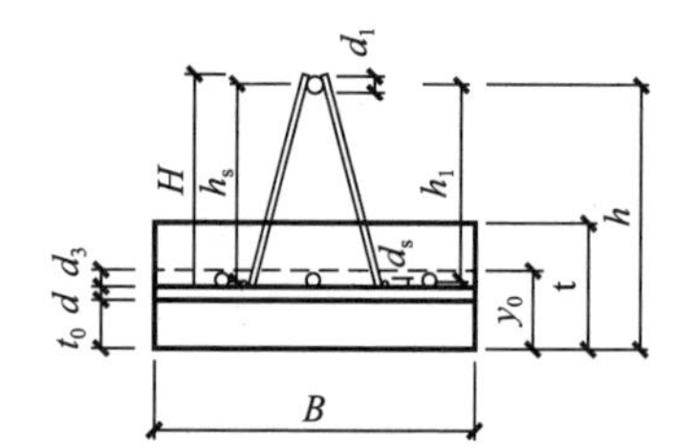

图 4-76　叠合板平行桁架方向板截面

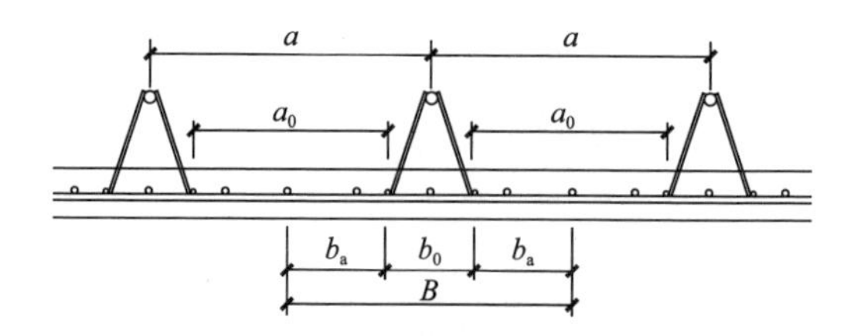

图 4-77　叠合板有效宽度

$$B = \sum b_a + b_0$$

当 $a_0 < l_0$ 时，$b_a = 0.5 \times a_0 - 0.3 \times a_0^2 / l_0$；当 $a_0 \geqslant l_0$ 时，$b_a = 0.2 \times l_0$。

l_0 为板长 L，$l_0 = 1520\text{mm}$。

$\because$ 相邻桁架下弦筋形心间距 $a_0 = 600 - 80 + 8 = 528\text{mm} < l_0 = 1520\text{mm}$

$\therefore$ $b_a = (0.5 - 0.3 \times 528 / 1520) \times 528 = 208.977\text{mm}$

即 $B = 208.977 \times 2 + (80 - 8) = 489.954\text{mm} < a = 600\text{mm}$，则 $B = 489.954\text{mm}$

有效宽度范围 B 内与桁架筋平行的板内分布钢筋配筋面积：

$$A_1 = 3 \times \pi \times 8^2 \times 0.25 = 150.8\text{mm}^2$$

钢筋弹性模量与预制板混凝土弹性模量之比 $\alpha_E = E_S / E_c = 200000 / 30000 = 6.7$

中性轴（含桁架筋合成截面）与板底距离：

$$y_0 = h - \frac{B \times t \times (h - t/2) + (A_1 h_1 + A_s h_s)(\alpha_E - 1)}{B \times t + (A_1 + A_s)(\alpha_E - 1) + A_c \times \alpha_E}$$

代入相关值，求得：$y_0 = 30.5\text{mm}$。

惯性矩（含桁架筋合成截面）：

$$I_0 = A_c \times \alpha_E (h - y_0)^2 + \{[y_0 - (h - h_0)]^2 A_1 +$$
$$[y_0 - (h - h_s)]^2 A_s\}(\alpha_E - 1) + (y_0 - t/2)^2 \times B \times t + \frac{1}{12} \times B \times t^3$$

代入相关值得：$I_0 = 9990770\text{mm}^4$

截面抵抗矩（含桁架筋合成截面）计算如下：

混凝土截面上边缘：$W_c = I_0 / (t - y_0) = 338641\text{mm}^3$

混凝土截面下边缘：$W_o = I_0 / y_0 = 327594\text{mm}^3$

组合截面上边缘（上弦筋位置）：$W_t = I_0 / (h - y_0) = 170775\text{mm}^3$

计算垂直桁架方向，取任意板带混凝土底板的截面梁进行计算。为方便与平行桁架方向结果进行对比分析，板带宽度值取有效宽度 B。截面抵抗矩：$W = B \times t^2 / 6 = 293972\text{mm}^3$

3）叠合板脱模荷载和吊装荷载计算

板自重标准值	$G = V \times \gamma = 0.137 \times 25.0 = 3.425\text{kN}$
脱模荷载 Q_{k1}	$Q_{k1} = G \times 1.2 + 1.5 \times S = 3.425 \times 1.2 + 1.5 \times 2.28 = 7.53\text{kN}$
脱模荷载 Q_{k2}	$Q_{k2} = G \times 1.5 = 3.425 \times 1.5 = 5.14\text{kN}$
吊装荷载 Q_{k3}	$Q_{k3} = G \times 1.5 = 3.425 \times 1.5 = 5.14\text{kN}$
脱模吊装荷载标准值 Q_k	$Q_k = \max(Q_{k1}, Q_{k2}, Q_{k3}) = 7.53\text{kN}$

4）叠合板脱模容许应力验算

对平行桁架方向进行脱模验算。图 4-75 中，$L_{X1} = L_{X4} = 315\text{mm}$，$L_{X2} = L_{X3} = 445\text{mm}$。

计算线荷载 $q = Q_k \times B / (L \times D) \times 1000 = 1.618\text{kN/m}$。

平行桁架方向跨中弯矩最大值 $M_{\max 中} = 0.08\text{kN} \cdot \text{m}$；平行桁架方向支座弯矩最大值 $M_{\max 支} = -0.08\text{kN} \cdot \text{m}$。

跨中截面抵抗矩：$W = W_o = 327594\text{mm}^3$；跨中混凝土拉应力：$\sigma_{ck} = M_{\max 中} / W_o = 0.24\text{N/mm}^2$。

支座截面抵抗矩：$W = W_c = 338641\text{mm}^3$；支座混凝土拉应力：$\sigma_{ck} = M_{\max 支} / W_c = -0.24\text{N/mm}^2$。

脱模时按构件混凝土强度达到标准值的 75.0%，$\sigma_{ck} < 75.0\% \times f_{tk} = 1.51\text{N/mm}^2$，满足要求。

5）桁架钢筋脱模吊装容许应力验算

① 叠合板上弦筋容许屈服弯矩及容许失稳弯矩

叠合板上弦筋屈服弯矩：$M_{ty}=1/1.5\times W_c\times f_{yk}/\alpha_E=6.83\text{kN}\cdot\text{m}$

叠合板上弦筋失稳弯矩：$M_{tc}=A_{sc}\times\sigma_{sc}\times h_s=0.58\text{kN}\cdot\text{m}$

式中 f_{yk}——上弦筋强度标准值；

σ_{sc}——临界应力，当$\lambda\leqslant107$时，$\sigma_{sc}=f_{yk}-\eta\lambda$；当$\lambda>107$时，$\sigma_{sc}=\pi^2\times E_s/\lambda^2$；

η——上弦筋长细比影响系数，取值为 2.1286；

λ——上弦筋自由段长细比，$\lambda=l/i_r=100.0$，其中，l为上弦筋焊接节点间距，为 200mm；i_r为上弦筋截面回转半径，为 2.0mm。

② 叠合板下弦筋及板内分布筋屈服弯矩

$$M_{cy}=\frac{1}{1.5}\times(A_1\times f_{1yk}\times h_1+A_s\times f_{syk}\times h_s)$$

代入相关值求得：$M_{cy}=4.16\text{kN}\cdot\text{m}$

③ 腹杆钢筋失稳剪力

$$V=\frac{2}{1.5}\times N\times\sin\varphi\times\sin\psi$$

$\varphi=\arctan\left(\dfrac{2H}{b_h}\right)=0.610726$；$\psi=\arctan\left(\dfrac{2H}{b_0'}\right)=1.05165$。

b_0'为下弦筋外包距离，为 80mm；b_h为桁架焊接点跨度，为 200mm。

$$N=\sigma_{sr}\times A_f$$

$\sigma_{sr}=f_{yk}-\eta\lambda(\lambda\leqslant99)$；$\sigma_{sr}=\pi^2\times E_s/\lambda^2(\lambda>99)$；

f_{yk}为腹杆钢筋强度标准值；η为腹杆钢筋长细比影响系数，取值 0.9476。

$$\lambda=0.7l_r/i_r=25.3$$

计算长度l_r：$l_r=\sqrt{H^2+(b_0'/2)^2+(l/2)^2}-\dfrac{t_R}{\sin\varphi\sin\psi}=54.14\text{mm}$

求得腹杆钢筋失稳应力：$\sigma_{sr}=276.06\text{N/mm}^2$；则$N=\sigma_{sr}\times A_f=7805.36\text{N}$

因此：$V=2/1.5\times N\times\sin\varphi\times\sin\psi=5.18\text{kN}$

④ 桁架筋验算结果（表 4-21）

叠合板桁架筋验算结果 表 4-21

验算内容	验算容许值	内力	结果
上弦筋屈服弯矩	$M_{ty}=6.83\text{kN}\cdot\text{m}$	$M_{\max支}=-0.08\text{kN}\cdot\text{m}$	满足

续表

验算内容	验算容许值	内力	结果
上弦筋失稳弯矩	$M_{tc}=0.58kN \cdot m$	$M_{max中}=0.08kN \cdot m$	满足
下弦筋屈服弯矩	$M_{cy}=4.16kN \cdot m$	$M_{max中}=0.08kN \cdot m$	满足
腹杆钢筋失稳剪力	$V=5.18kN$	$V=0.72kN$	满足

6）叠合板吊件承载力验算

叠合板吊装及脱模埋件均选用吊钩，吊钩直径为 14mm，吊钩材质为 HPB300，吊钩设计承载力 f_y 为 $65N/mm^2$，吊钩数量 n 为 4，吊钩计算受力数量为 3。

单个吊件脱模吊装荷载计算：

$$z=1/\cos\beta=1.000$$

$$F_D=G\times z/n=1.14kN$$

吊钩起吊最大值：$R_c=\pi\times14^2/4\times2\times65/1000=20.01kN>F_D$，吊钩承载力满足要求。

本设计主要对预制外墙、预制内墙、叠合梁和叠合板进行脱模与吊装期间的承载能力验算，并对叠合板的开裂容许弯矩、桁架筋屈服弯矩、桁架筋失稳弯矩、腹杆钢筋失稳剪力等进行了验算，计算结果均满足规范要求。

4.4.7　接缝受剪承载力验算

装配整体式混凝土结构中的接缝主要指预制构件之间的接缝、预制构件与现浇及后浇混凝土间结合面，包括叠合梁纵向接缝、预制梁端竖向接缝、预制柱底水平接缝、预制剪力墙水平接缝。在预制构件设计过程中，应分别验算其受剪承载力。根据《装规》第 7.2.2 条进行接缝受剪承载力验算，接缝的受剪承载力设计值应符合持久设计状况及地震设计状况下相应的设计要求。

本设计以叠合梁端竖向接缝受剪承载力验算为例进行说明。叠合梁端竖向接缝的受剪承载力设计值应按照下式计算。

对于持久设计状况，竖向接缝的受剪承载力 V_u。

$$V_u=0.07f_cA_{c1}+0.10f_cA_k+1.65A_{sd}\sqrt{f_cf_y}$$

对于地震设计状况，竖向接缝的受剪承载力 V_{uE}。

$$V_{uE}=0.04f_cA_{c1}+0.06f_cA_k+1.65A_{sd}\sqrt{f_cf_y}$$

式中　A_{c1}——叠合梁端截面后浇混凝土叠合层截面面积；

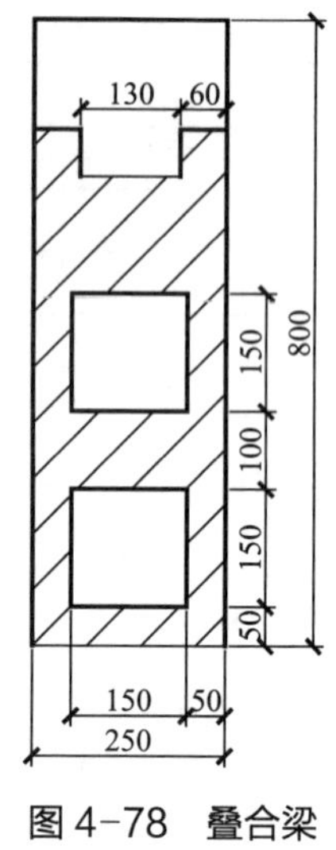

图 4-78 叠合梁剖面图

f_c——预制构件混凝土轴心抗压强度设计值；

f_y——垂直穿过结合面钢筋抗拉强度设计值；

A_k——各键槽的根部截面面积之和，按后浇键槽根部截面和预制键槽根部截面分别计算，并取二者的较小值；

A_{sd}——垂直穿过结合面所有钢筋的面积，包括叠合层内的纵向钢筋。

选取某叠合梁梁端进行竖向接缝受剪承载力验算。其截面如图 4-78 所示。

其中 $A_{cl}=140\times250+130\times60=42800\text{mm}^2$；混凝土强度等级为 C40 级，$f_c=19.1\text{N/mm}^2$；钢筋为 HRB400 级，$f_y=360\text{N/mm}^2$。后浇键槽根部截面面积：$A_{k1}=150\times150\times2=45000\text{mm}^2$，预制键槽根部截面面积：$A_{k2}=250\times800-A_{k1}-A_{cl}=112200\text{mm}^2$；由于 $A_{k1}<A_{k2}$，所以 $A_k=A_{k1}=45000\text{mm}^2$，此处实配钢筋为：下部 3 根直径 28mm 钢筋和上部 3 根直径 25mm 的钢筋，$A_{sd}=1847+1473=3320\text{mm}^2$。

竖向接缝的受剪承载力：

$$V_u=0.07f_cA_{cl}+0.10f_cA_k+1.65A_{sd}\sqrt{f_cf_y}=0.07\times19.1\times42800+0.10\times19.1\times45000+1.65\times3320\times\sqrt{19.1\times360}=597.42\text{kN}$$

$$V_{uE}=0.04f_cA_{cl}+0.06f_cA_k+1.65A_{sd}\sqrt{f_cf_y}=0.04\times19.1\times42800+0.06\times19.1\times45000+1.65\times3320\times\sqrt{19.1\times360}=538.51\text{kN}$$

根据软件计算结果，此处梁端实际承受的剪力 $V=275\text{kN}$，均小于 V_u 和 V_{uE}，叠合梁梁端竖向接缝受剪承载力满足要求。

4.4.8 构件详图及材料统计

在完成装配式建筑的 BIM 建模、荷载统计与布置、拆分方案设计、主体结构分析、构件配筋、预制构件设计、预留预埋设计、短暂工况验算以及节点设计后，基于 PKPM-BIM 全专业协同设计系统可以在进行装配式建筑协同设计和预制构件的深化设计（协同设计和构件深化设计见第 5 章内容）后，可直接输出与三维模型对应的预制构件二维详图。在 BIM 软件中，由于二维构件图纸可直接基于三维模型批量生成，实质上是三维模型的一个二维表现（加入了部分构件的符号化处理），故所生成的构件图纸仍将储存在相应的设计模型中，以图纸视图的形式浏览。其好处是，当模型变更修改时，图纸可自动更新，保持模型与图纸的一致性。也可以理解为，此时图纸即存在于 BIM 模型文件中。

当完成深化设计，需要交付图纸时，可随时把模型中已生成好的图纸输出成常见的二维图纸文件格式，如：通用的 CAD 文件、PDF 文件等。交付的图纸内容包括预制构件加工详图、预制构件平面布置图、预制构件立面布置图、现浇节点施工图等。

在 PKPM-BIM 中转入自然层，点击“图纸清单”，点击“编号生成”，在弹出的界面修改相应的编号规则，点击确定，然后点击“生成编号”，完成全楼构件编号归并，如图 4-79 所示。

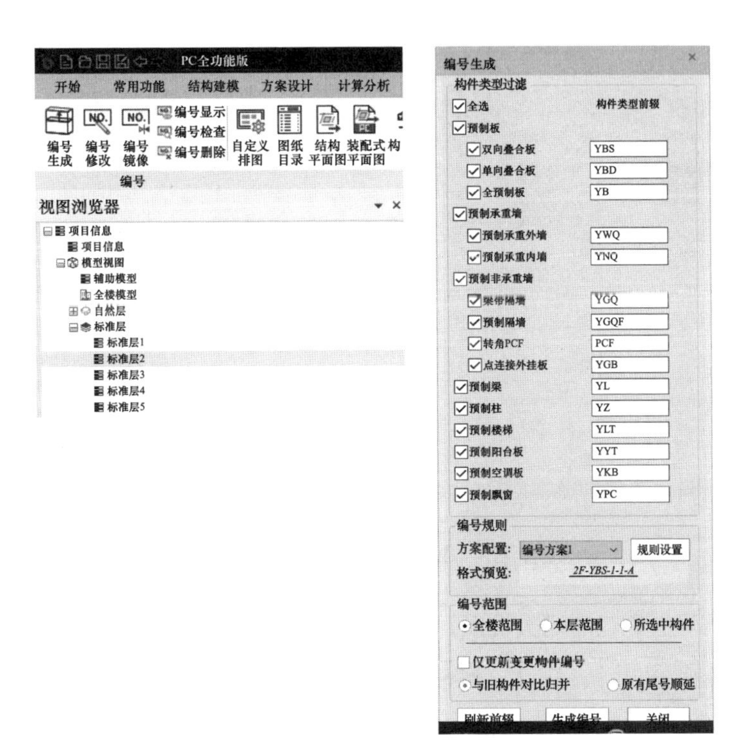

图 4-79　全楼构件编号归并

点击“图纸配置”修改相应的图纸大小以及构件比例，点击“施工图生成”，勾选需要生成的施工图，点击“生成”，完成施工图的出图，如图 4-80 所示。点击“构件详图生成”，选取需要生成大样详图的构件，完成构件大样详图的出图。与施工图类似，构件加工详图的图幅内容主要可分为两类：尺寸标注与规格标注。而与关注楼层平面的施工图不同，构件加工详图将关注点缩小至单个预制构件，并且除图幅内容及配套图例外，会对单个构件的混凝土使用情况、钢筋使用情况及预埋件使用情况进行统计，指导构件生产。

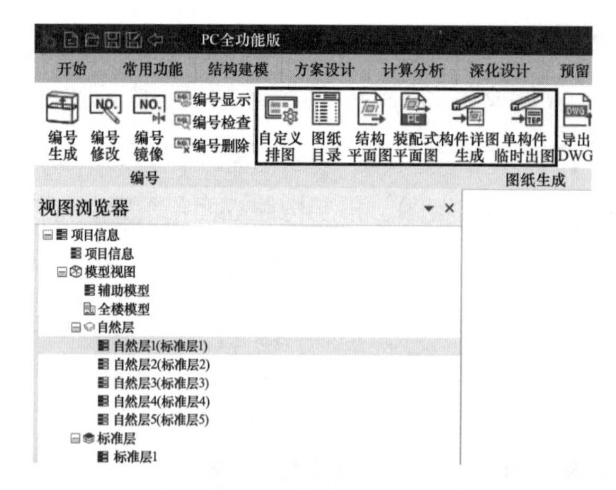

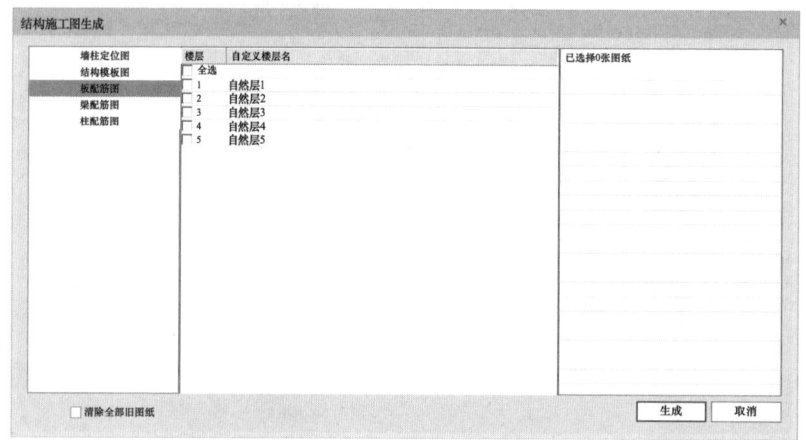

图 4-80　结构施工图生成

构件加工详图主要包括四类视图：（1）构件模板图：用于表达构件外形可视范围内的信息，包括外形、尺寸、标注、开洞、切角、可视钢筋、可视埋件吊件、吊点位置、套筒灌浆口/出浆口等内容；（2）构件配筋图：用于表达构件内部的钢筋排布和洞口补强钢筋；（3）大样图：用于表达构件局部细节；（4）轴测视图：用于表达构件的三维样式，保证构件加工的准确性。由于三维构件难以通过单个二维视图完整表达，故模板图及配筋图常与剖面图结合使用以尽可能完整地表达构件信息。除了四类视图，预制构件详图还包括钢筋表、混凝土用量、附件用量清单，对构件加工生产起到指导作用。

在生成预制构件加工详图时，还需要生成预制构件清单与材料统计清单。点击 PKPM-BIM 全专业协同设计系统的“图纸生成”，点击“材料清单”和“构件清单”，导出 Excel 完成算量统计表的生成，如图 4-81 所示。预制构件清单可按照楼层或者构件类型分类统计，主要构件有叠合梁、叠合板、预制柱、预制内墙、预制外墙、预制楼梯、预制阳台板等，各类构件汇总表内容包括层数、构件编号、规格、尺寸、预制体积、预制重量、数量、总预制体积、总预制重量等。材料统计清单对各类预制构件及附件材料进行汇总统计，包括混凝土强度与体积、混凝土重量、钢筋重量、附件种类、材质、规格和数量等。

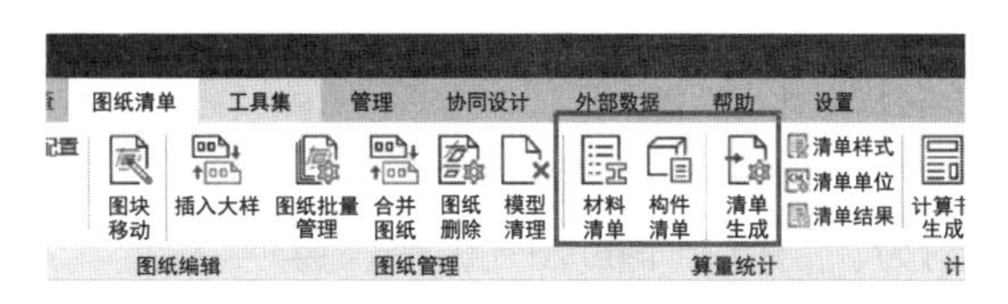

图 4-81　算量统计

4.4.9　国标装配率统计和评价

在 PKPM-BIM 中选择“常用功能”，点击“国标装配率”，在弹出的界面勾上“采用全装修”和“输出为 Word”，勾选需要计算的部分，点击确定，输出统计文档。检查国标装配率是否满足要求，不满足要求则回到模型中修改，直到满足要求，如图 4-82 所示。

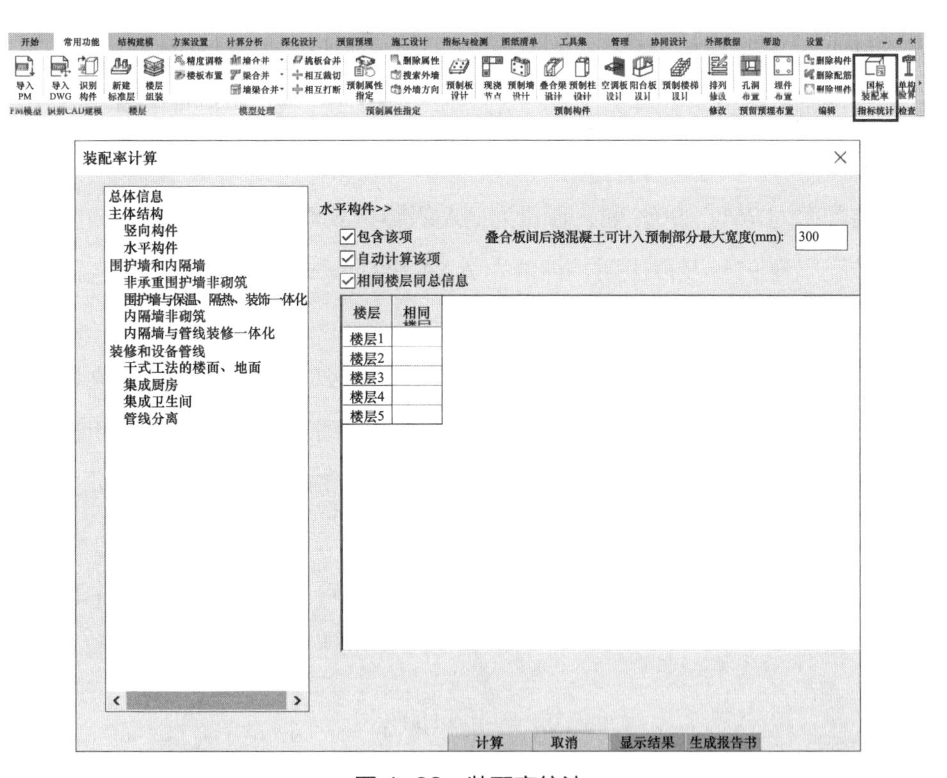

图 4-82　装配率统计

1. 装配率评价标准

装配率是评价装配式建筑的重要指标之一，也是政府制定装配式建筑扶持政策的主要依据。目前各地对装配率的定义各不相同，应根据当地政策具体实施。根据《装配式建筑评价标准》GB/T 51129—2017，装配率是指单体建筑室外地坪以上的主体结构、围护墙和内隔墙、装修和设备管线等采用预制部品部件的综合比例。本设计根据《装配式建筑评价标准》GB/T 51129—2017 进行装配率的计算。根据表 4-22 中各项评价分值，按照下面公式进行计算。

$$P=(Q_1+Q_2+Q_3)/(100-Q_4)\times 100\%$$

式中　P——装配率；

Q_1——主体结构指标实际得分值；

Q_2——围护墙和内隔墙指标实际得分值；

Q_3——装修和设备管线指标实际得分值；

Q_4——评价项目中缺少的评价项分值总和。

当评价项目满足以下规定：主体结构部分的评价分值不低于 20 分，围护墙和内隔墙部分的评价分值不低于 10 分，采用全装修、装配率不低于 50%，且主体结构竖向构件中预制部品部件的应用比例不低于 35% 时，可进行装配式建筑等级评价。

装配式建筑评价等级划分为 A 级、AA 级、AAA 级，划分标准如下：

（1）装配率为 60%～75% 时，评价为 A 级装配式建筑。

（2）装配率为 76%～90% 时，评价为 AA 级装配式建筑。

（3）装配率为 91% 及以上时，评价为 AAA 级装配式建筑。

2. 装配率统计

本项目根据《装配式建筑评价标准》GB/T 51129—2017 进行了结构竖向构件中预制部品部件的应用比例 q_{1a}、结构水平构件楼（屋）盖中预制部品部件的应用比例 q_{1b}、非承重围护墙中非砌筑墙体的应用比例 q_{2a} 和内隔墙中非砌筑墙体的应用比例 q_{2c} 的计算。

根据《装配式建筑评价标准》GB/T 51129—2017 中第 4.0.2 条，柱、支撑、承重墙、延性墙板等主体结构竖向构件主要采用混凝土材料时，预制部品部件的应用比例应按下式计算。

$$q_{1a}=\frac{V_{1a}}{V}\times 100\%$$

式中　q_{1a}——柱、支撑、承重墙、延性墙板等主体结构竖向构件中预制部品部件的应用比例；

V_{1a}——柱、支撑、承重墙、延性墙板等主体结构竖向构件中预制混凝土体积之和，符合《装配式建筑评价标准》GB/T 51129—2017 第 4.0.3 条规定的预制构件间连接部分的后浇混凝土也可计入计算；

V——柱、支撑、承重墙、延性墙板等主体结构竖向构件混凝土总体积。

根据《装配式建筑评价标准》GB/T 51129—2017 中第 4.0.4 条，梁、板、楼梯、阳台、空调板等构件中预制部品部件的应用比例应按下式计算：

$$q_{1b}=\frac{A_{1b}}{A}\times 100\%$$

式中　q_{1b}——梁、板、楼梯、阳台、空调板等构件中预制部品部件的应用比例；

A_{1b}——各楼层中预制装配梁、板、楼梯、阳台、空调板等构件的水平投影面积之和；

A——各楼层建筑平面总面积。

根据《装配式建筑评价标准》GB/T 51129—2017 中第 4.0.6 条，非承重围护墙中非砌筑墙体的应用比例应按以下公式计算。

$$q_{2a}=\frac{A_{2a}}{A_{w1}}\times 100\%$$

式中　q_{2a}——非承重围护墙中非砌筑墙体的应用比例；

A_{2a}——各楼层非承重围护墙中非砌筑墙体的外表面积之和，计算时可不扣除门、窗及预留洞口等的面积；

A_{w1}——各楼层非承重围护墙外表面总面积，计算时可不扣除门、窗及预留洞口等的面积。

根据《装配式建筑评价标准》GB/T 51129—2017 中第 4.0.8 条，内隔墙中非砌筑墙体的应用比例应按下式计算：

$$q_{2c}=\frac{A_{2c}}{A_{w3}}\times 100\%$$

式中　q_{2c}——内隔墙中非砌筑墙体的应用比例；

A_{2c}——各楼层内隔墙中非砌筑墙体的墙面面积之和，计算时可不扣除门、窗及预留洞口等的面积；

A_{w3}——各楼层内隔墙墙面总面积，计算时可不扣除门、窗及预留洞口等的面积。

（1）结构竖向构件中预制部品部件的应用比例 q_{1a}

$$q_{1a}=V_{1a}/V\times 100\%=41.9\%$$

（2）结构楼（屋）盖中预制部品部件的应用比例 q_{1b}

计算过程略。

（3）非承重围护墙中非砌筑墙体的应用比例 q_{2a}

计算过程略。

（4）内隔墙中非砌筑墙体的应用比例 q_{2c}

计算过程略。

（5）装配率评价

本设计根据《装配式建筑评价标准》GB/T 51129—2017 得到装配率（见统计表 4-22）为 77%，评价为 AA 级装配式建筑。

经过评价分析，该建筑 q_{1a}=41.9%，大于 35%，满足《装配式建筑评价标准》GB/T 51129—2017 第 5.0.1 条要求，可进行等级评价。P=77%，大于 76%，满足《装配式建筑评价标准》GB/T 51129—2017 第 5.0.2 条 AA 级要求，所以项目评定为 AA 级装配式建筑。

装配率计算汇总表 **表 4-22**

装配率计算汇总表								
评价项			评价要求	评价分值	最低分值	项目比例	项目得分	Q_4 评分值
Q_1	主体结构	柱、支撑、承重墙、延性墙板等竖向构件	35%≤比例 q_{1a}≤80%	20～30	20	41.9%	21.5	—
		梁、板、楼梯、阳台、空调板等水平构件	70%≤比例 q_{1b}≤80%	10～20		73.1%	13.1	—
Q_2	围护墙和内隔墙	非承重围护墙非砌筑	比例 q_{2a}≥80%	5	10	100.0%	5.0	—
		围护墙与保温、隔热、装饰一体化	50%≤比例 q_{2b}≤80%	2～5		—	—	5.0
		内隔墙非砌筑	比例 q_{2c}≥50%	5		100.0%	5.0	—
		内隔墙与管线、装修一体化	50%≤比例 q_{2d}≤80%	2～5		—	—	5.0
Q_3	装修和设备管线	全装修	—	6	6	—	6.0	—
		干式工法的楼面、地面	比例 q_{3a}≥70%	6	—	—	—	6.0
		集成厨房	70%≤比例 q_{3b}≤90%	3～6		—	—	6.0
		集成卫生间	70%≤比例 q_{3c}≤90%	3～6		—	—	6.0
		管线分离	50%≤比例 q_{3d}≤70%	4～6		—	—	6.0
评价得分总和							50.6	34.0
装配率	$P=(Q_1+Q_2+Q_3)/(100-Q_4)\times100\%=77\%$							
项目评价	本建筑为装配式混凝土结构建筑			本建筑装配率在 76%～90%，评价为 AA 级装配式建筑				

4.5　电气设计

4.5.1　设计范围和设计依据

该住宅楼的电气设计部分包括照明系统、供配电系统、弱电系统（电视、电话、网络、广播、视频监控）、火灾报警系统、防雷接地系统及电气节能设计。

本设计的依据主要有：设计任务书，设计资料，结构、给水排水等专业提供的设计条件及国家相关设计规范与标准，其中参照的规范标准主要有：《低压配电设计规范》GB 50054—2011、《供配电系统设计规范》GB 50052—2009、《火灾自动报警系统设计规范》GB 50116—2013、《建筑照明设计标准》GB 50034—2013[①]、《建筑物防雷设计规范》GB 50057—2010、《建筑设计防火规范（2018 年版）》GB 50016—2014、《建筑物电子信息系统防雷技术规范》GB 50343—2012、江苏省工程建设标准《居住区供配电设施建设标准》DGJ32/TJ 11—2016、《民用建筑电气设计标准（共二册）》GB 51348—2019、《住宅设计规范》GB 50096—2011、《住宅建筑电气设计规范》JGJ 242—2011、《住宅区和住宅建筑内光纤到户通信设施工程设计规范》GB 50846—2012。

4.5.2　照明系统设计

1. 照明方案选择

各房间照明使用 PKPM-BIM 中的照度计算功能，合理配置灯具。通过软件输入房间相关参数，对各房间照明系统进行照度计算，满足眩光值等参数要求后再进行灯具布置。在进行照明设计时，应根据视觉要求、作业性质和环境条件，通过对光源、灯具的合理选择和配置，使工作区或空间具备合理的照度、显色性和适宜的亮度分布与舒适的视觉环境。本工程采用一般照明方式，分正常照明和应急照明。消防电梯机房和强弱电竖井设备所用照明需要保证正常照度值。一般使用场所优先采用节能型光源和高效灯具。灯具包括 LED、三基色荧光灯、紧凑型灯泡、金属卤化物灯，其颜色、亮度、反射率均符合各项标准。公共楼梯采用 LED 声光控吸顶灯，电梯厅选用 LED 人体红外感应吸顶灯，入户大堂和地下室选用 LED T5 28W 支架灯，电井房和水井房照明壁灯均配置电子镇流器，镇流器符合国家能效标准。

---

① 该案例项目建于 2022 年，故采用当时的国家标准《建筑照明设计标准》GB 50034—2013，本教材下同。

2. 照明节能措施

（1）本工程所采用灯具功率因数均大于 0.9，镇流器符合国家节能能效标准。

（2）在公用区域，如廊道、大堂、电梯室以及停车位等地点，安装不同的照明灯具。此外，根据现场的需求，选择合适的定时、感应装置调节照明系统，如红外延时、声控等。此外，在拥有天然采光的空间，根据实际情况，选择合适的照明系统，以实现最佳的效果。

（3）消防应急标志灯具采用 LED 灯，走道、走廊、电梯厅采用人体红外感应 LED 吸顶灯，以保证绿色节能。

3. 照度计算

各房间照明使用 PKPM-BIM 软件“电气”模块中的照度计算功能。采用利用系数法进行照度计算并合理配置灯具，如图 4-83 所示。利用系数法考虑直射光和反射光所产生的照度，根据光源的光通量、房间的几何形状、灯具的数量和类型确定工作面平均照度，适用于灯具均匀布置的一般照明以及利用墙和顶棚作光反射面的场合。因本工程作为住宅建筑，以户内房间的照明为主，故此处选择具有代表性的房间进行照度计算。在 PKPM-BIM 系统“电气”设计模块中，以 C 户型主卧为例，进行照度计算说明。该设计模块参考标准为《建筑照明设计标准》GB 50034—2013，参考手册为《照明设计手册》第三版。

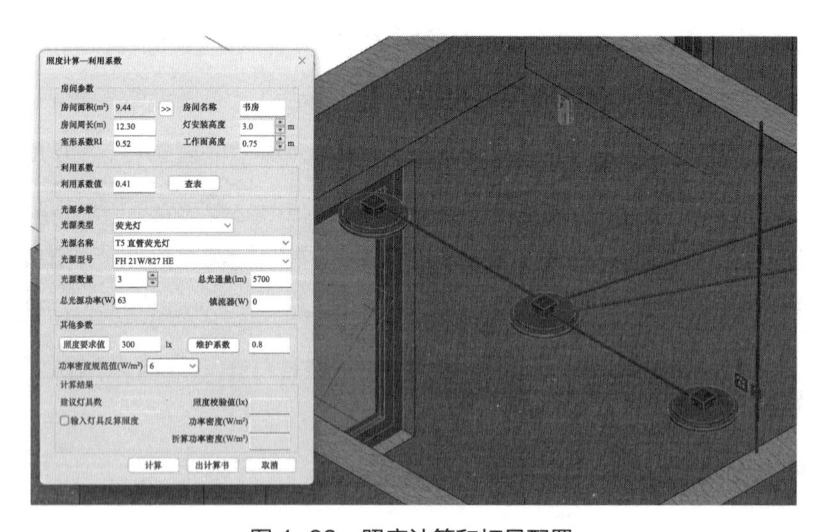

图 4-83　照度计算和灯具配置

根据《建筑照明设计标准》GB 50034—2013，卧室房间照度标准值为 150lx，功率密度不超过 $7W/m^2$。房间长度取 6.7m；房间宽度 2.2m；计算高度为 2.25m。

主卧使用的灯具型号为三基色 YZ32RN/e-HF 型号高效荧光灯，单灯具光源数为 1 个，单光源光通量为 4700lm，单光源功率为 45.00W。根据《建筑照明设计标准》GB 50034—2013，查得灯具利用系数为 0.63；灯具维护系数为 0.80。现行功率密度要求为不大于 $7W/m^2$；目标功率密度要求为不大于 $6W/m^2$。

输入以上参数后，PKPM-BIM 软件照度计算模块计算输出该工程主卧的实际平均照度为 160.71lx，大于规范要求的平均照度为 150lx，符合规范照度要求。

主卧实际功率密度 *LPD* 为 $3.07W/m^2$，根据规范，该工程主卧照明的功率密度不大于 $7W/m^2$，符合规范节能要求。

4. 各房间照明指标

除以上 C 户型主卧以外，住宅楼中其他区域如：室内其他房间、电梯前厅、走道、楼梯间和电梯机房等区域的照明功率密度、照度要求都有所不同。由于户内灯具由业主自由采购安装，因此以下照度计算灯具选用仅作为业主参考意见，各房间照明指标见表 4-23。

各房间照明指标　　表 4-23

主要房间或场所	照明功率密度/(W/m^2)		对应照度值/lx		光源类型	光源功率/W	光通量/lm	一般显色指数 R_a	灯具效率/%	眩光值
	标准值	设计值	标准值	设计值						
卧室	7	3	150	160	LED	45	4700	60	75	25
电梯前厅	3.5	3.0	100	99	LED	18	1530	60	>65	25
走道	2.0	1.8	50	49	LED	12	1200	60	>65	25
楼梯间	2.0	1.8	50	49	LED	12	1200	60	>65	25
电梯机房	5.5	5.4	200	192	T5	28	2600	60	>65	25
起居室	5	5	100	100	T5	28	2600	80	75	25
餐厅	5	5	150	150	T5	28	2600	80	75	25
厨房	5	5	100	100	LED	14	1400	80	65	25
卫生间	5	5	100	100	LED	14	1400	80	65	25
书房	7	6	300	304	FH	21	1900	80	75	25

5. 灯具布置与线管连接建模

以 C 户型照明灯具布置为例，灯具位置按照《建筑照明设计标准》GB 50034—2013 进行设计布置，照明灯具布置 BIM 模型如图 4-84 所示。

在 PKPM-BIM 软件“电气”设计模块的建模选项中，使用“线管连接”功能进行

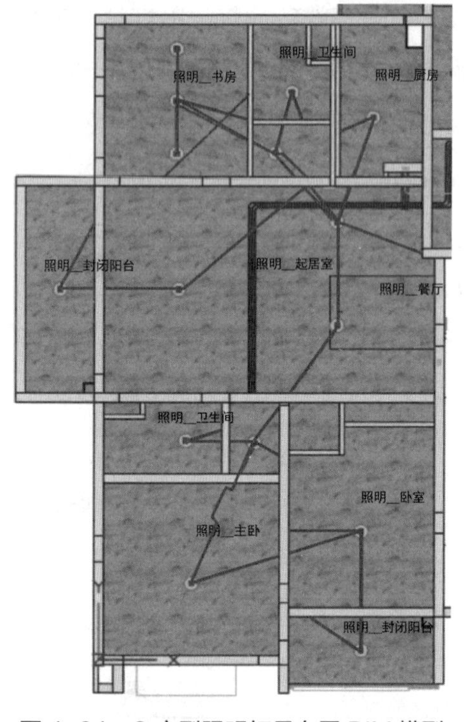

图 4-84　C 户型照明灯具布置 BIM 模型

线管弯头、乙字弯和空间连接等操作。在进行两条线管的连接时，常选用图 4-85 中“线管连接形式”选项框内的前两种线管连接形式进行连接；当有多条线管需同时相连时，选用选项框中对应的接线盒连接方式进行连接。在布置灯具、插座及配电箱等设备后，选择建模模块“设备连接”选项组中的“灯具－灯具连接”等对应功能进行快速连接。“设备连接”选项组中的常用快速连接功能为灯具－灯具、灯具－开关、插座－插座、线管－桥架和设备－配电等连接选项。设备布置具体操作时，首先选择系统类型，如照明、供配电等，然后依次点选所需连接的两个设备，系统将自动进行设备的连接。

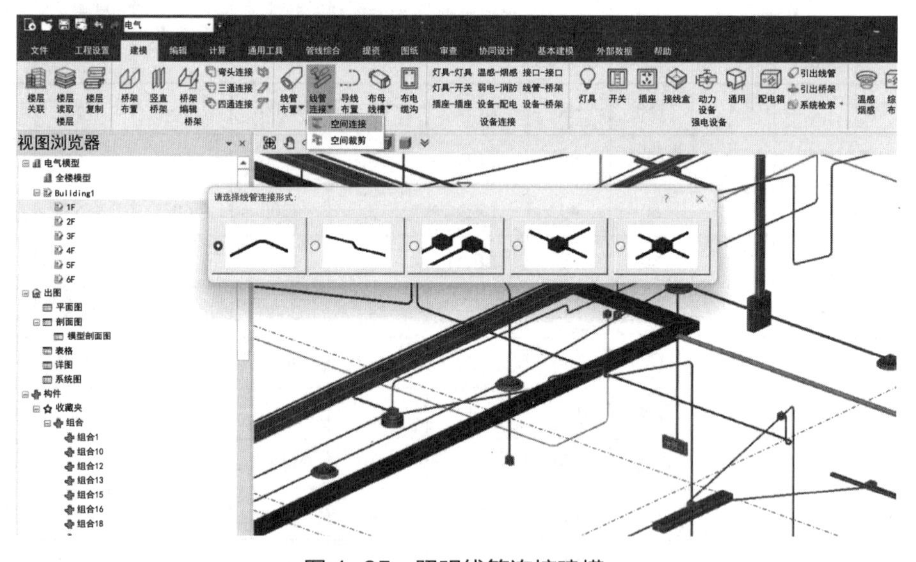

图 4-85　照明线管连接建模

4.5.3　供配电系统

1. 供配电方案选择

根据规范要求和设计资料，本住宅项目电源采用单元供电方式，一层强电间总配电箱电源为 220/380V 供电，自室外变电所采用电缆埋地穿 RC 镀锌保护管引入，由线缆桥架供电到各区域配电箱。该住宅配电系统采用放射式与树干式；电梯等大容量集中性负荷及住户采用放射式供电，小容量一般性负荷采用树干式配电。供电电源引入小区变电室，经低压电缆分接箱向各住宅单元放射式供电，进户干线采用金属保护管（管壁厚大于 2.5mm）。每单元每层均布设有内附竖井的配电间，用来敷设垂直线路、设置电表箱和配电箱。家居配电箱系统中的所有电源插座回路均设有漏电断路保护器。客梯、消防梯、公共走道和楼梯间照明及应急照明为二级负荷，其余均为三级负荷。

2. 配电箱的布设与 BIM 建模

在 PKPM-BIM 全专业协同设计系统的“电气”设计模块的“配电箱”建模选项中选用通用配电箱，设置对应的系统类型，总配电箱放置在配电室地面，其他配电箱的安装方式一般选择为墙上暗装，如图 4-86 所示。使用电气建模模块“配电箱”选项组中“引出线管”和“引出桥架”功能，分别点选配电箱和需要与之相连的线管或桥架，系统将自动进行配电箱与线管、桥架的连接。

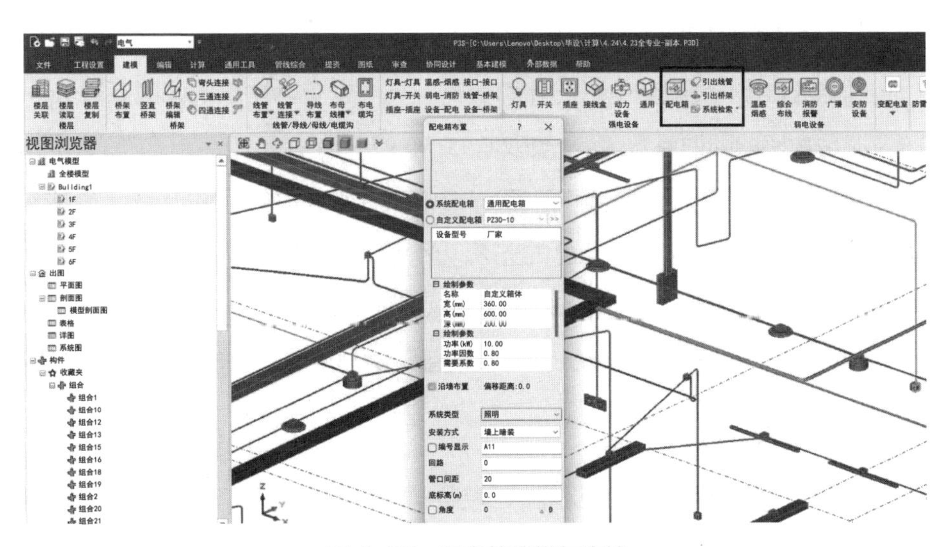

图 4-86　配电箱建模与连接

3. 配电箱负荷计算

（1）配电箱个体负荷计算

进行配电箱负荷计算时，首先求出同类型配电箱的计算负荷。根据《民用建筑电气设计标准（共二册）》GB 51348—2019，采用需要系数法对公共用电配电箱（公共正常照明系统、公共应急照明系统和消防电梯）和居民用电配电箱进行负荷计算。需要系数法是用设备功率乘以需要系数和同时系数，从而求出对应的计算负荷的方法，PKPM-BIM 软件通过需要系数法对个体配电箱进行负荷计算。

PKPM-BIM 软件电气计算模块配电箱负荷计算部分结果示例见表 4-24。

部分配电箱负荷计算表　表 4-24

编号	设备组名称	相位	电压 U/kV	功率 P_e/kW	需要因数 K_d	有功功率 P_c/kW	无功功率 Q_c/kVar	视在功率 S_c/kVA	计算电流 I_c/A
1	1-3ALW1	三相	0.38	18.00	0.50	9.00	13.67	16.36	24.86
2	1APEL1	三相	0.38	29.80	0.20	5.96	10.32	11.92	18.11
3	1ALEBL1	三相	0.38	4.00	0.50	2.00	0.97	2.22	3.38
4	1ALEWL1	三相	0.38	4.00	0.50	2.00	3.46	4.00	6.08
5	1ALEWX1	三相	0.38	4.00	0.50	2.00	3.46	4.00	6.08

（2）总负荷计算

配电箱按类型分组后的多个设备组均连接到配电干线或变电所的低压母线上，考虑到各个用电设备不会同时达到最大荷载运行，各设备组计算负荷求和后再乘以同时系数，可以得到配电干线或变电所的计算负荷。其中：有功功率的同时系数 K_p 一般取 0.8～0.9；无功功率的同时系数 K_q 一般取 0.93～0.97。

使用 PKPM-BIM 全专业协同设计系统的电气计算模块，可以自动计算求得该项目总的有功功率 $P_{\Sigma p}=683.72\text{kW}$；总的无功功率 $Q_{\Sigma q}=381.62\text{kVar}$；总的视在功率 $S_c=783.01\text{kVA}$；总的计算电流 $I_c=1189.7\text{A}$。根据以上计算结果，可以合理地选择供电系统的导线、开关电器、变压器等设备，使电气设备和材料能够得到充分而又安全的使用。

4.5.4　应急照明

本项目应急照明使用双电源供电加自带蓄电池的消防灯具。参照设计规范和项目需求，应急照明具体设计如下：

1. 在火灾发生时，为了确保安全，应当在连廊、楼梯间、电梯前室、配电室等重要场所安装备用照明和应急照明系统，以确保其照度不低于正常照明水平。

2. 在走廊、楼梯间、电梯厅、地下汽车库等场所主要出入口设置疏散照明、疏散方向指示灯，距地 0.5m 明装，疏散方向指示灯如图 4-87 所示。

3. 安装高效的节能型灯具，颜色的饱和度须达到 2700K。此外安装在室内的应急照明设备最低照明量也必须达到规定的标准，例如，楼梯间的地面最低照明量为 5.0lx，疏散走廊的地面最低照明量为 1.0lx。

4. 出口标志灯、疏散指示灯、应急照明灯采用自带蓄电池式供电，如图 4-88 所示，应急照明持续供电时间大于 90min。配电间、消防控制室、消防泵房、排烟风机房等消防工作区域的火灾应急照明持续时间不小于 180min。安全出口指示灯如图 4-89 所示，在大门出口方向门框上 200mm 处安装。

图 4-87　疏散方向指示灯

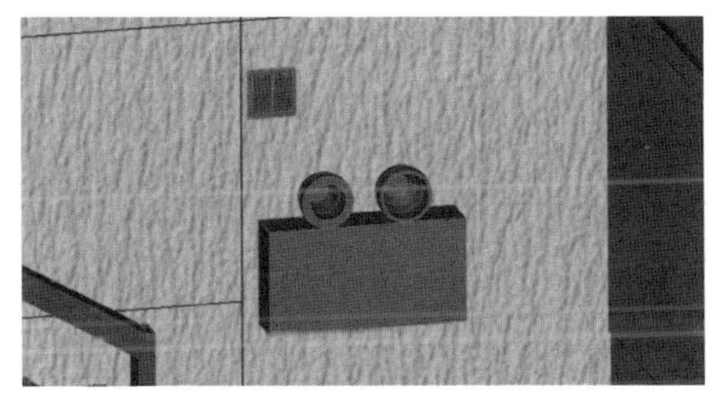

图 4-88　楼梯间壁装应急照明灯

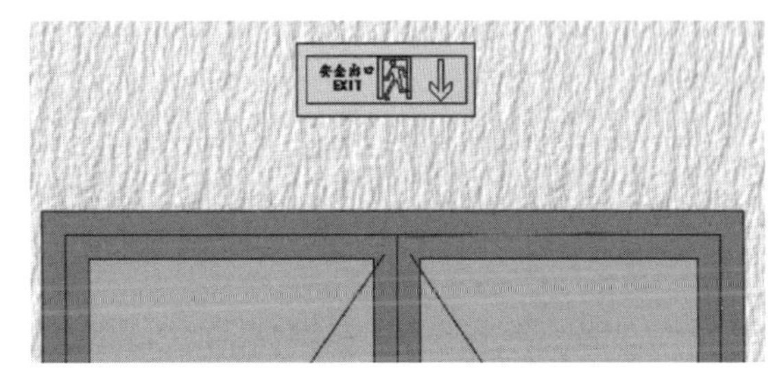

图 4-89　安全出口指示灯

5. 为了确保安全，在装修房屋时必须使用各种消防照明设备，并使用由不易燃材料制成的保护罩。在安装电器时，应该采取隔离和散热措施，以防止电器与可燃物接触。

6. 在发生火灾时，应急照明设备的灯源应满足下列条件。

（1）在高风险区域内，应急照明设备的反应时间不得超过 0.25s；

（2）其他场所的照明设备在紧急情况下反应时间不得超过 5s；

（3）在拥有多种疏散指示方案的环境中，指示灯的亮灭反应时间必须在 5s 内，以确保安全。

7. 指示灯使用玻璃或其他不燃烧材料制作的保护罩，应符合现行国家标准《消防安全标志 第 1 部分：标志》GB 13495.1 和《消防应急照明和疏散指示系统》GB 17945 的有关规定。安全出口和疏散指示灯自带蓄电池，连续供电时间不小于 30min，安全出口和疏散指示灯平时常亮，断电时自动切换到蓄电池供电。

8. 电梯井道内设置永久性照明，照度不小于 50lx，在井道最高点和最低点 0.5m 内各装一盏灯，再设中间灯（每二层设置），并分别在机房和底坑设置控制开关。井道照明采用 220V 供电，照明光源应加防护罩。装设剩余电流动作保护器，动作电流值为 30mA。

4.5.5　弱电系统

1. 有线电视系统

本项目有线电视系统采用 SYWV-75-9（P4）作为主干线，SYWV-75-5（P4）作为支干线。纵向竖井间为槽式电缆桥架布线，出竖井穿管沿墙及楼板暗敷。单根线管采用管径为 20mm 的聚氯乙烯线管（FPC20）。每户在起居室、卧室设暗装电视插座，插座底距地面 0.3m，前端信号由室外有线电视网专用孔引入。所有引入端应设置过电压保护装置。网络采用 HFC 模式，860MHz 邻频传输系统，双向数字光缆干线到楼（FTTB）方案。户内设弱电配电箱，如图 4-90 所示，采用暗装方式，底边距地 0.5m。

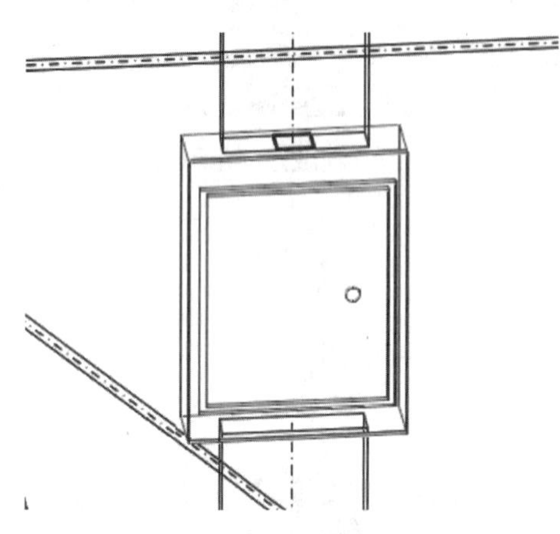

图 4-90　户内弱电配电箱

2. 电话及信息网络系统

电信光（电）缆引入端应设置过电压保护装置，户内配线采用非屏蔽综合布线系统。线路在竖井内沿金属线槽明敷，出竖井穿管沿墙及楼板穿 PC 管暗敷引入户内弱电配电箱。管线规格为 1 至 2 根 FPC20。

电话、信息插座暗装，底距地面为 0.3m，与电源插座水平距离应大于 0.2m；家居配线箱底距地 0.5m，采用暗装方式。

3. 访客对讲和家庭安防系统

使用数字云对讲系统，将系统的运行情况和报警信息发送至小区安保室。对讲系统的入户处设置为嵌入式，如图 4-91 所示，并且与地面的距离为 1.3m，对讲系统的每个分机设置 1.4m 的间隔；交换机箱设置于楼梯的竖向位置，并且与地面的距离为 1.5m。

访客对讲系统与消防系统互联，当发生火警时，防盗门锁应能自动打开，疏散通道上和出入口处的门禁能集中解锁或能从内部手动解锁。

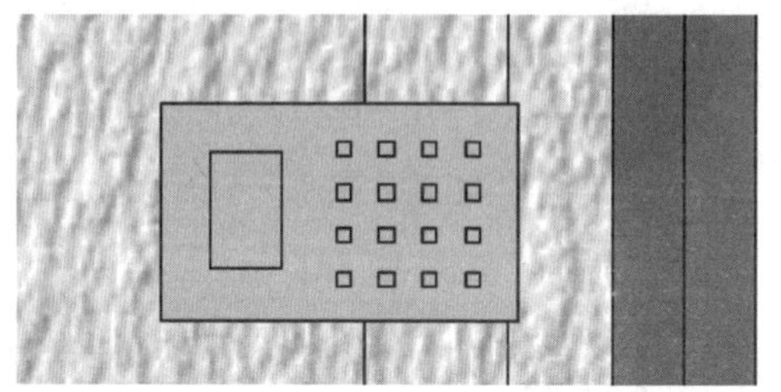

图 4-91　可视对讲电话分机

每户住宅内设置可燃气体探测报警器

（厨房）和紧急求助报警按钮（起居室、主卧）。一、二层及可上人屋面的顶层住户，在每间房间、阳台和外窗处设防入侵报警探测装置，其余楼层在每间房间内布置入侵报警探测装置，入侵报警信号、紧急求助信号应能直接发送至小区监控中心。

4.5.6　火灾报警系统

1. 消防控制室

各消防报警设备信号汇总至消防控制室的联动型火灾报警控制器，设置集中式消防控制室，如图 4-92 所示，位于一层的配套用房中，并设连接室外的安全出口。该控制室拥有联动式的火灾报警控制器以及用户信息传输装置，还配有专用电话总机、紧急播出系统控制装置、紧急照明灯具、疏散指示系统控制装置、电源监控器、电器起火监测器、消防门监测器等。该系统采用全面的防范措施，包括安全检查设备、触发控制面板、智能烟雾控制、紧急广播、专用电话、实时监控设备、自动灭火设备、紧急疏散控制设备、紧急救援设备、紧急疏散控制站和紧急救援车辆。当控制总线穿越防火分区时，在穿越处设置总线短路隔离器。火灾报警控制器外接到消防水池用于监测水池液位，外接消火栓泵与消防喷淋泵以在火情发生时第一时间增强消防用水的供给。

图 4-92　消防控制室

2. 消防电气设备

（1）感烟探测器

全楼设置点型感烟探测器。探测器吸顶安装，距墙壁、梁边的水平净距不小于 0.5m，探测器周围 0.5m 内无遮挡物。

（2）带电话插孔的手动火灾报警按钮

在适当位置设置带电话插孔的手动火灾报警按钮，手动火灾报警按钮嵌墙安装，底边距地 1.4m。每个防火分区至少设置一个手动火灾报警按钮。从一个防火分区内的任何位置到最近的一个手动火灾报警按钮的距离不大于 30m。手动火灾报警按钮设置在明显和便于操作的位置或区域，优先考虑在主要公共出入口处设置，如安全出口旁和楼梯口。在消火栓箱内设置报警按钮，接线盒设在消火栓的开门侧上部。

图 4-93 消防广播扬声器

（3）消防广播扬声器

消防广播扬声器，如图 4-93 所示，设置在走道门厅等公共场所，每个扬声器额定功率不小于 3W，其数量能保证一个消防分区内的任意位置到扬声器的距离不超过 25m，扬声器选择使用阻燃材料或具有阻燃后罩结构的产品。

（4）火灾报警控制器

火灾报警控制器所连接的火灾探测器、手动火灾报警按钮和模块等设备总数和地址总数均不超过 3200 点，其中每一总线回路连接设备的总数不超过 200 点，且留有不少于额定容量 10% 的余量。

消防联动控制器地址总数或火灾报警控制器（联动型）所控制的各类模块总数不超过 1600 点，每一联动总线回路连接设备的总数不超过 100 点，且留有不少于额定容量 10% 的余量。每只总线采用短路隔离器保护的火灾探测器、手动火灾报警按钮和模块等消防设备的总数不应超过 32 点；总线穿越防火分区时，应在穿越处设置总线短路隔离器。未集中设置的联动模块附近设尺寸不小于 100mm × 100mm 的标识。需要火灾自动报警系统联动控制的消防设备，其联动触发信号采用两个独立的报警触发装置报警信号的“与”逻辑组合。

3. 线路敷设

由消防控制室至弱电竖井及纵向竖井间为全封闭型槽式电缆桥架布线，桥架中加隔板将不同电压等级的线缆分开，桥架内敷线应与系统图相对照。报警信号线路均采用阻燃型或耐火型导线穿金属管或阻燃塑料管敷设；联网线路、紧急广播线路、消防电话线路及各联动控制线路采用耐火型导线。每层设接线箱进行导线汇接。穿户内结构梁时使用金属管道，并将其埋设在不易燃烧的结构层中，保护层厚度大于 30mm。无论是埋设在墙壁、地面上，还是屋顶、顶棚中，都采用与建筑物相同的防火等级的密封隔离和防火封堵措施。

火灾探测器的敷设使用两种不同颜色的绝缘导线，其中，正极线采用红色，负极线采用蓝色。相同用途线路用相同颜色表示，并且接头处有明确的编码。此外使用金属管和可挠金属电气导管保护导线，暗敷在保护层厚度不低于 30mm 的不易燃烧的结构层中。若穿线管因实际情况必须明敷时，应在金属管上采取刷防火涂料等相应的防火保护措施。不同电压等级的线缆不应穿入同一根保护管内，当合用同一线槽时，线槽内应有隔板分隔。

4. 消防联动控制要求

（1）防火门系统联动控制

设置防火门监控器，在弱电竖井设置监控分机，疏散通道上各防火门的开启、关闭及故障状态信号反馈至防火门监控器。疏散通道上常开防火门，由其所在防火分区的报警信号作为常开防火门关闭的联动触发信号，联动触发信号应由火灾报警控制器或消防联动控制器发出，并应由消防联动控制器或防火门监控器联动控制防火门关闭。防火门联动系统 BIM 模型如图 4-94 所示。

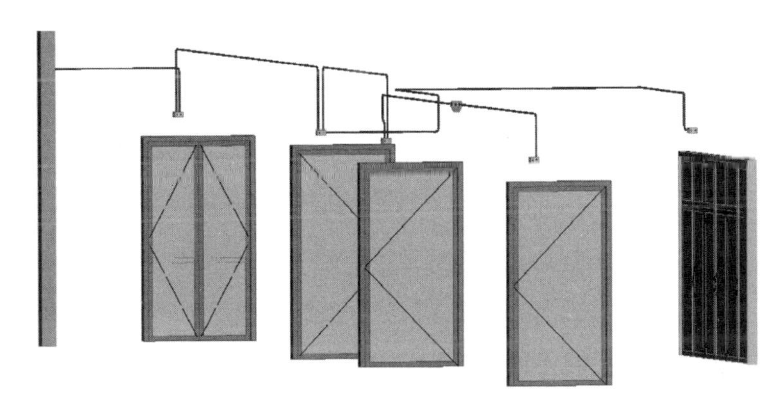

图 4-94　防火门联动系统 BIM 模型

（2）火灾警报和消防应急广播系统的联动控制

消火栓启泵按钮开启或火灾探测器发出信号后，火灾发生报警器自动启动，信号传至消防控制室。当确认火灾后，消防控制中心向全楼广播，消防应急广播的单次语音播放时间为 10～30s，与火灾发生报警器分时交替工作。消防控制室可选择广播区域，选择启动或停止广播播报，广播过程设置自动录音功能。消防控制室内能显示消防应急广播的分区工作状态，火灾警报和消防应急广播系统联动 BIM 模型如图 4-95 所示。

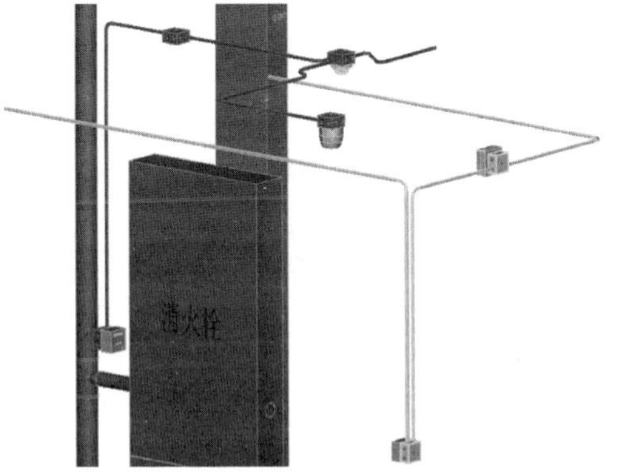

图 4-95　火灾警报和消防应急广播系统联动 BIM 模型

（3）防烟排烟系统的联动控制

通过联动控制，防烟系统在通过独立

的、可操控的消防设备控制加压送风口的开合以及其他附属消防设备的同时，能够在 15s 之内实现对各种消防设备的联动控制。电动挡烟垂壁是由位于同一个防烟区域中的两个单独的烟雾检测器发出报警信号后，由联动控制装置控制降下。如果发生火灾，立即启动本消防分区的所有楼梯间的加压送风机，同时关闭着火层及其周围的两个前室以及共用前室的通风口。

4.5.7　防雷接地装置

根据设计参数和软件计算结果，该建筑物的雷击次数为 0.0946 次/年，按照第三类防雷建筑物进行设计，采用了内外结合的防雷措施，确保能够抵御直击雷、反击雷和闪电电涌侵入，保护住户安全。接闪器采用 $\phi10$ 热镀锌圆钢接闪带，沿其顶部四周布置，屋面上的所有金属物均须与屋面上防雷装置就近连接。利用建筑物钢筋混凝土柱子或剪力墙内两根 $\phi16$ 以上通长主筋作为引下线，引下线应全部采用焊接连接，屋面层所有梁内钢筋应与作为引下线的钢筋可靠连接，在室外地面下 0.5m 引一根 40mm × 4mm 热镀锌扁钢伸出墙外 1.0m，做检测接地端子。

在 PKPM-BIM 全专业协同设计系统中的“电气”设计模块中，选择“防雷接地”选项组中的“导体布置”进行接闪带布置。勾选修正定位点，勾选水平选项并设置标高，进行接闪带的建模，如图 4-96 所示。

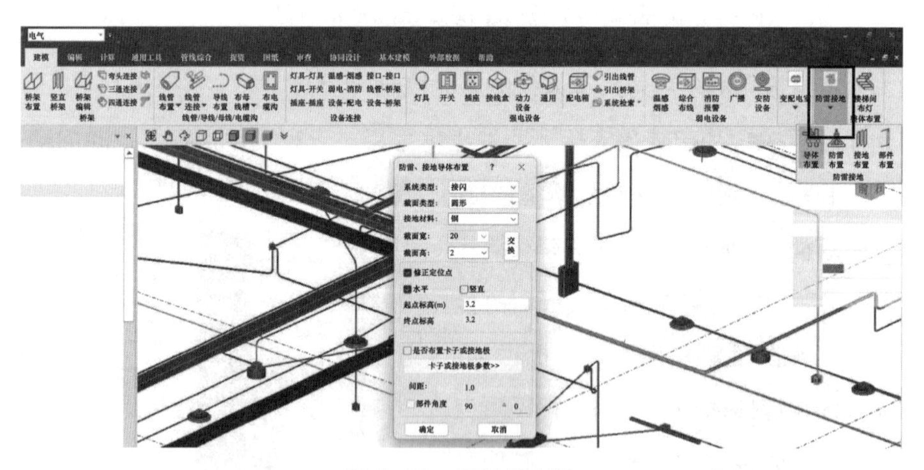

图 4-96　接闪带布置

本项目接闪装置由接闪带、接闪杆混合组成。在建筑屋面布置矩形网格状接闪带，如图 4-97 所示，网格尺寸不大于 20m × 20m 或 24m × 16m。女儿墙外角也在接闪器保护范围之内。使用直径 10mm 的热镀锌圆钢制成的接闪器，其支架的高度为 200mm，两个接闪器的间隔设定为 1.0m，拐角处的间隔设定在 0.4m，接闪器之间互相连接。

图 4–97　屋顶接闪装置

4.5.8　全楼电气 BIM 模型

该住宅项目电气系统主要包括照明系统、供配电系统、应急照明系统、弱电系统、火灾报警系统和防雷接地系统，全楼层电气专业的 BIM 模型如图 4–98 所示。

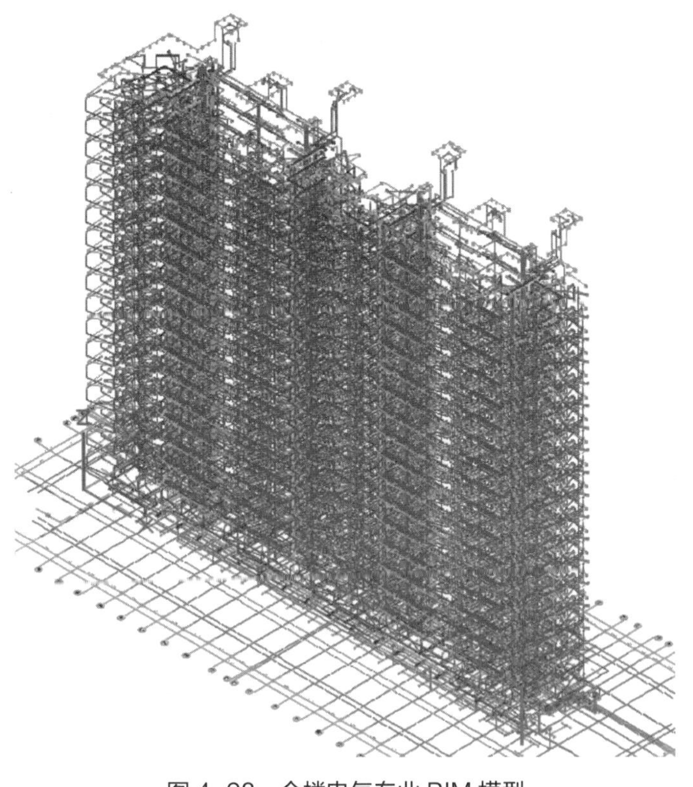

全楼电气专业 BIM 模型

图 4–98　全楼电气专业 BIM 模型

4.6 给水排水设计

4.6.1 设计范围和设计依据

根据本项目人才公寓住宅对给水排水专业需求，进行以下给水排水系统设计。

1. 室内生活给水系统，包括冷水及热水系统。

2. 室内排水系统，包括室内污废水系统、空调冷凝水系统。

3. 室外排水系统，包括屋面雨水系统。

4. 室内消防给水系统，包括消火栓消防系统、喷淋系统。

本项目给水排水工程设计按照建筑给水排水工程相关设计规范和住宅建筑相关设计规范、设计标准等进行，其中参照的规范标准主要包括：《建筑给水排水设计标准》GB 50015—2019、《室外给水设计标准》GB 50013—2018、《室外排水设计标准》GB 50014—2021、《建筑设计防火规范（2018 年版）》GB 50016—2014、《建筑排水塑料管道工程技术规程》CJJ/T 29—2010、《消防给水及消火栓系统技术规范》GB 50974—2014、《住宅建筑规范》GB 50368—2005、《建筑给水排水及采暖工程施工质量验收规范》GB 50242—2002、《民用建筑节水设计标准》GB 50555—2010、《建筑灭火器配置设计规范》GB 50140—2005、《自动喷水灭火系统施工及验收规范》GB 50261—2017、《自动喷水灭火系统设计规范》GB 50084—2017。

4.6.2 生活给水系统

1. 给水系统方案确定

给水系统设计时，内部给水系统应该尽量利用外部给水管网的水压直接供水。在外部管网水压不能满足整个建筑或建筑小区的用水要求时，建筑物的下层或地势较低的建筑应尽量利用外管网的水压直接供水，上层或地势较高的建筑设置加压和流量调节装置供水。

本项目生活、消防用水均以城市自来水为供水水源。市政给水管网接入地下一层，由于市政管网水压无法满足屋顶层供给需求，因此设置加压装置和流量调节装置。该住宅楼生活给水系统分为加压 1 区、加压 2 区和加压 3 区，共设置三根给水主管道。加压 1 区给水管入口压力 0.35MPa，供给 1～5 层；加压 2 区给水管入口压力 0.58MPa，供给 6～12 层；加压 3 区给水管入口压力 0.78MPa，供给 13 层至屋顶层。入户给水管减压阀均自带过滤器及压力表，阀后压力均为 0.20MPa。

2. 给水系统的组成

给水系统由入户管、水表节点、室内给水管道、给水附件等组成，其中室内给水管道包含给水立管及给水横支管；给水附件包含自动减压阀、旋塞阀、闸阀、低阻力倒流防止器、各个卫浴设备和消防设备等。

给水系统每层布局基本保持一致，便于管线设计以及卫浴系统的连接。在 PKPM-BIM 软件中，本项目生活给水系统部分 BIM 模型如图 4-99 所示。

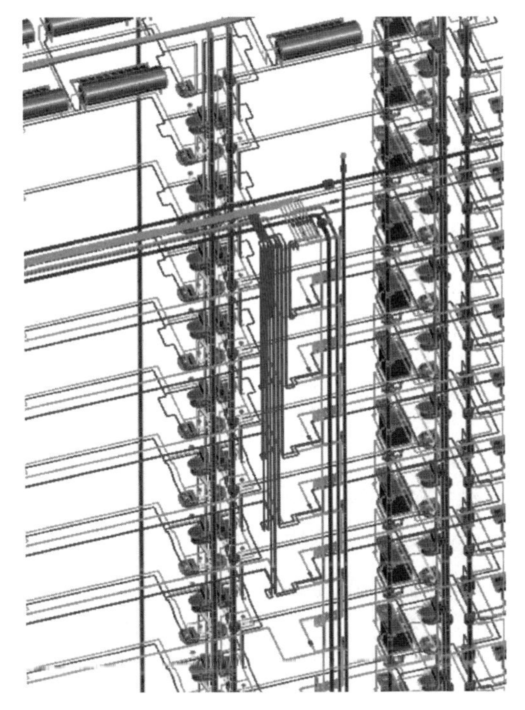

图 4-99　生活给水系统部分 BIM 模型

3. 热水供给系统

（1）住宅楼 1 至 13 层每户于厨房墙角预留燃气热水器位置及进水管接口，并在进出水口处设置阀门，用金属软管连接，长度大于 400mm，且水管选用不锈钢管，燃气热水器型号由业主选择。

（2）本项目于屋顶集中布置承压式太阳能热水器，集热面积为 2.0m^2，太阳能保证率为 50%，由 13～18 层各户生活给水管引至屋面与太阳能热水器连接，热水给水管穿连廊顶板引入户内。

4. 给水管道管材及布置

本设计按照下列规定布置和敷设给水管道。

（1）各层给水管道根据实际情况采用明装或暗装敷设。

（2）室内冷、热水管上、下平行敷设时，冷水管应在热水管下方。卫生器具的冷水连接管，应在热水连接管的右侧。

（3）户内冷水给水使用 PP-R 管，水管采用热熔连接。给水管道不与燃气热水器直接连接，用长度不小于 0.4m 的金属软管过渡；给水立管采用内衬 PE 钢管，丝扣连接。太阳能热水器出水管采用不锈钢管材，丝扣连接，压力等级 2.0MPa。

（4）每一楼层的供水管线可按具体情况分明装或暗装两种方式敷设。用户给水管道布设于同楼层的电气线管下方，避免水管破裂水流进入电气线管。冷、热管道布设时如遇到风机、表箱等设备时应向上避让，遇到其他管道时，依据小管径避让大管径、压力管避让重力管的原则进行处理。

（5）当管道穿越墙壁时，按照规范，需要预留孔洞，穿越楼板时需要预埋钢套管。给水支管从各层水井房沿顶板敷设引至户内，连廊和电梯前室结构梁均预埋 *DN*80 钢套管，户内结构梁均预埋 *DN*40 钢套管，管中心距离楼板顶部 150mm。

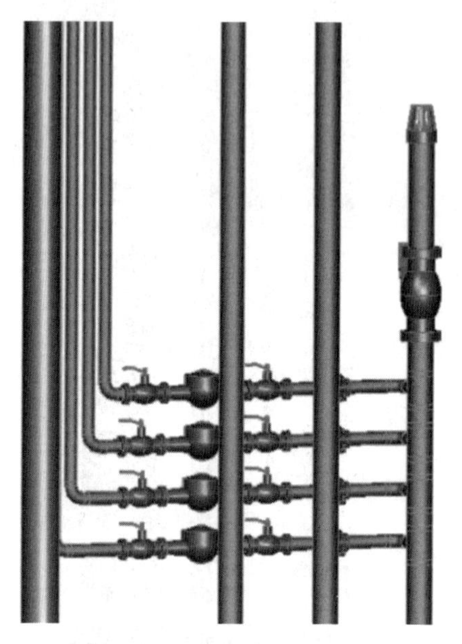

图 4-100 水井内给水管

（6）给水、排水管的水平间隔应大于等于 1m，在房间内平行敷设，各管线水平净距大于 500mm；给水、排水管于空间纵横交错时，其竖向垂直距离大于 150mm。

（7）在立管和横管上应设闸阀，当 $d \leqslant 50$mm 时采用截止阀，当 $d > 50$mm 时采用闸阀。本项目给水立管采用闸阀，端部需具有自动排气阀，如图 4-100 所示，层间支管和入户管均采用截止阀，阀门位置安装在明显且手柄易操作处。

5. 给水系统 BIM 建模

在 PKPM-BIM 全专业协同设计系统的“给水排水”建模设计模块中，选择“水管绘制”功能进行水管建模。在弹窗顶选择“系统类型”，具体包括给水、排水及消防系统，此处选择“给水系统”，依据设计需求调整管材管径，点击“水平管”选项，并输入管线标高，建立水平管线模型，如图 4-101 所示。需要建立带有坡度的管道时，勾选“按坡度计算终点标高”，并输入相应坡度，系统将自动计算终点位置并建立模型。

布置立管时，选择建模模块中的“布水立管”选项，勾选“是否为立管”选项，输入立管的底标高和顶标高；点击立管与水平管线的交点处，系统将立管自动与水平管线连接，如图 4-102 所示。在立管布置时，还可以选择布置方式选项组中的多种布置方式进行更为高效的建模，常用选项有墙角布置、沿墙或沿柱布置等。

点击“水管连接”功能进行连接操作，点选“连接类型”，再依次选择需要连接的管道，系统将进行自动连接，注意参考屏幕下方的指示弹窗进行操作，如图 4-103 所示。

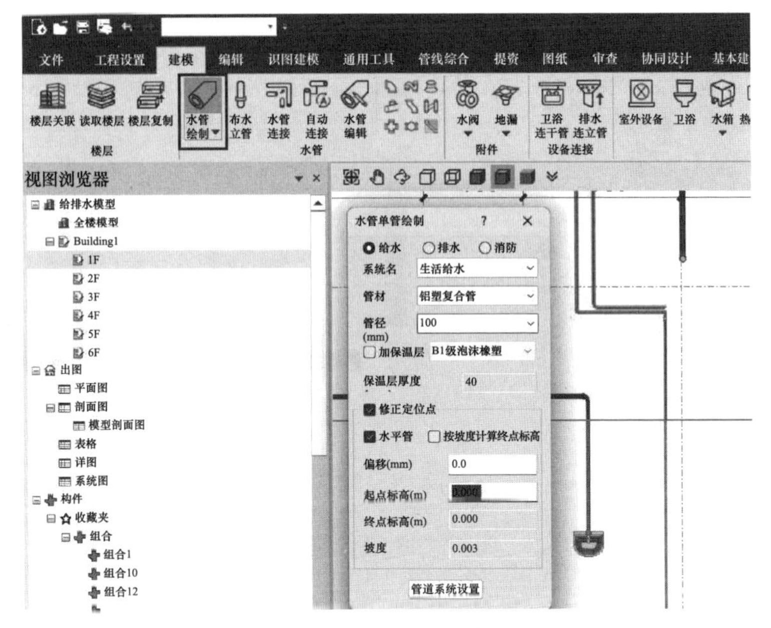

图 4-101　水平给水管建模

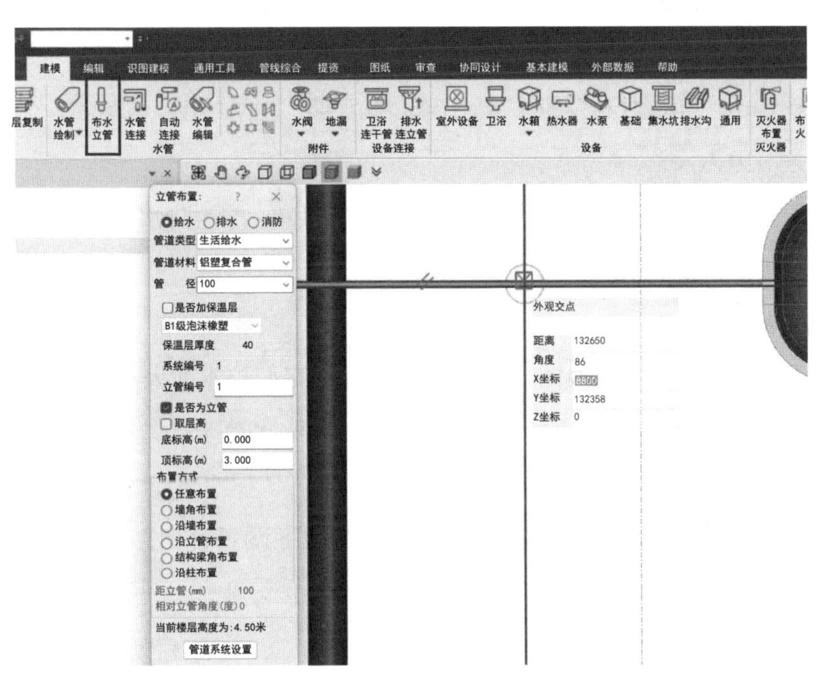

图 4-102　给水立管建模

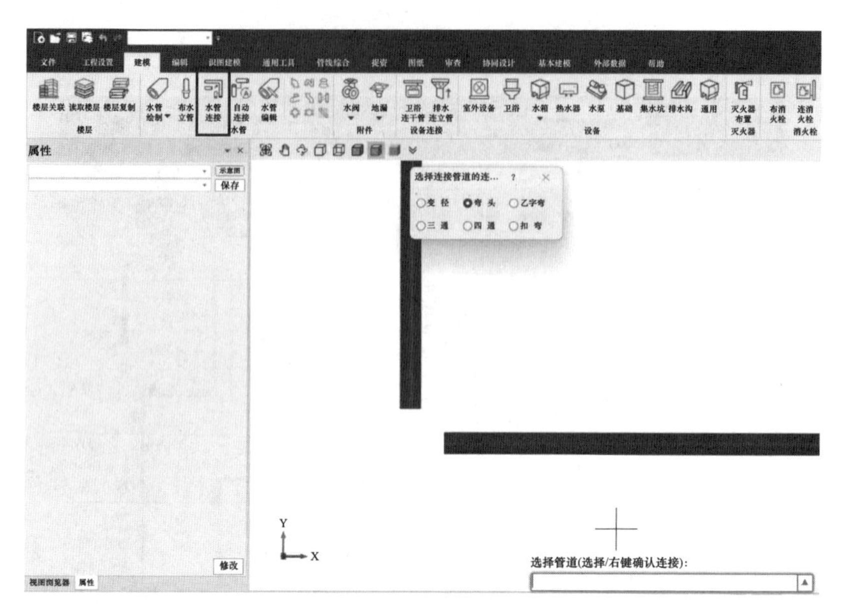

图 4-103　水管连接

4.6.3　消防系统

1. 消防系统方案确定

根据建筑消防相关规范，本项目设置室内消火栓系统、室外消火栓系统及自动喷淋系统。消火栓系统由消火栓给水管、室内消火栓箱、水枪、水龙带、消防水箱和水泵接合器等组成。自动喷淋系统主要由自动喷洒管、消防喷头、喷淋给水管以及其他一些检查设备组成。

该建筑地下室设置消防水池，屋顶设置容积为 12m^3 的消防水箱，火灾发生时对各消防系统采取混合给水方式。

2. 消防水池

通过系统计算，该建筑根据一次火灾用水量确定消防水池大小，屋顶高位水箱容积为 12m^3，出于安全考虑，消防水池容积须满足高位水箱无法供水后，能持续给水各消防系统。

为了满足该项目一次火灾的需求，本工程在地下设置容积为 432m^3 的消防水池，以保证室内外消防用水的充足供应。

3. 消防水箱

消防水箱对扑救初期火灾起重要作用，水箱位置应该设置在建筑物一定的高度上，采用重力流向管网供水，需要经常保持消防给水管网中有一定的压力。对多层公共建筑、二类高层公共建筑和一类高层居住建筑，消防水箱的体积不应小于 $18m^3$，当一类住宅建筑高度超过 100m 时不应小于 $36m^3$；消防水箱的安装高度应满足室内最不利点消火栓所需的水压要求，且应储存 10min 的室内消防用水量，以供扑救初期火灾。建筑高度不超过 100m 的高层建筑，水箱高度应保证建筑物最不利点消火栓静水压力不小于 0.07MPa。对低层和多层建筑，消防水箱应设置在最高部位。

本项目设计消防水箱容积 $12m^3$，布置在屋面层，地下室消防补水泵直接向消防水箱给水，补水管径为 *DN*50，消防水箱于火灾初期向自动喷淋系统和消火栓系统给水。

消防水箱配置通气网、不锈钢防虫网和保温措施，人孔及进出水管闸门上设置锁具防护，供给处布置旋流防止器，避免消防水箱供给喷淋系统和消火栓系统时发生旋流现象；采用 YNZ-P-4 型液位数字监控仪，能就地显示水位并将各个液位信号传至消防值班室。水箱最低有效水深 0.25m，最高有效水位 1.7m，当水位处于低水位、溢流水位和报警水位线时会自动报警。消防水箱出水管上配置流量开关，大于 2.5L/s 时启动消防水泵。

水箱设置高度为高出屋顶 4.0m，以便安装管道和进行检修，水箱置于混凝土支墩上。水箱底与支墩接触面之间衬塑料垫片以防腐蚀。高位消防水箱 BIM 模型如图 4-104 所示。

图 4-104　高位消防水箱 BIM 模型

4. 室外消火栓系统

在室外设置消防水池取水口供室外消防用水，取水井设置于消防车车道附近。室外消火栓采用地上式，沿该建筑均匀布置，与外墙距离为 5～40m。

为了更有效地防止火灾，在地下水泵房内安装了两台消防水泵和一套增压稳压设备，以便消防车能够从外部消火栓中取水，通过加压喷水实现灭火，同时消防水泵也能够将水输送到室内消火栓的立管中。通过增压稳压设备，室外消防泵能够根据其内部压力自动调节启停，能够通过出水管上的压力开关和流量开关控制主泵的运行，可以在水泵房或消防控制中心进行手动操作，以确保消防水泵的流量不低于 15L/s。

5. 室内消火栓系统

为了确保消火栓的安全使用，在相邻的楼梯处安装 2 个消火栓，以便喷水灭火范围覆盖该层。使用 1500mm × 700mm × 240mm 的组装消火栓箱，箱内配置 SN65 消火栓头、QZ19 消火栓支架、消火栓卷帘、消火栓控制杆、3 个干粉灭火器以及 1.2mm 的箱体钢板。为了确保安全，消火栓箱的安装位置必须符合以下条件：安装位置方便开启，安装高度为距地面 1100mm，安装方向必须与建筑物的外表保持一致，并对其进行必要的防护。本建筑室内消火栓除 15～18 层采用普通消火栓外，其余均采用减压稳压消火栓。消火栓支管管径均为 $DN65$，排气阀及阀前阀门均为 $DN25$。室内消火栓系统 BIM 模型见图 4-105。

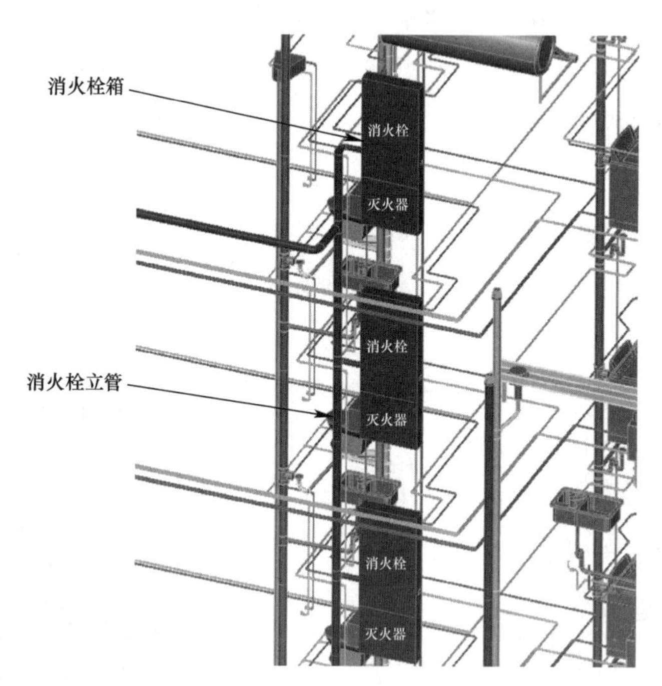

图 4-105　室内消火栓系统 BIM 模型

6. 自动喷淋系统

地下非机动车库设置自动喷淋系统，按照中危Ⅰ级设置防范措施，喷头要求每分钟可以喷洒 6L/(min · m^2)，覆盖面积为 160m^2。采用 68℃直立型喷头，可根据室内装饰需求选择上喷或下喷。

本项目设 1 组湿式报警阀于地下室报警阀间内，检测地下非机动车库，自动喷水灭火系统在水泵房设喷淋水泵两台（一用一备）。每组报警阀控制的喷头数不超过 800 个。一旦火势蔓延，高位水泵会立即释放压力，从而激活湿式报警阀，声光报警器启动。此外，各消防分区的数据实时传输到消防控制中心，以便消防人员采取措施，确保喷淋系统的正常运行。管道的阀门采用了电信号蝶阀，并且带有打开或者关闭的指示。

喷淋系统的布置：一是要考虑建筑净高的要求，保证喷洒管标高在 2m 以上；二是绘制时要避让结构梁，减少后期碰撞调整的工作量。该项目地下室自动喷淋系统模型见图 4-106。

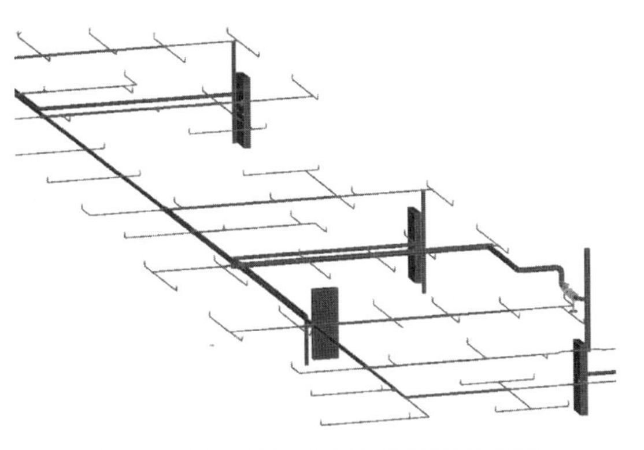

图 4-106　地下室自动喷淋系统模型

4.6.4　室内排水系统

1. 排水系统方案确定

遵守保护环境设计理念，本项目采取了雨污分流制度。部分雨水被收集用来进行植物浇灌和道路清洁。粪便废水及污水通过污水处理厂进行进一步的处理。排水管道均设置专用通气立管及伸顶通气管，保证排水系统的顺畅，减少对室内环境的影响。

2. 建筑物污水排放方式

本项目 A、B、C 三种户型的卫生间类型和卫生器具类型大致相同，将生活污水和废水混合排放到一起。住宅室内卫生间和厨房分别设置排水管道系统，污水管设专用通气立管，废水管立管设置伸顶通气系统。三种户型卫生间坐便器均采用立管直连，其余排污方式采用先连接直通地漏或双通道地漏然后连立管的方式。该建筑除阳台洗手池和洗衣机地漏、水井房地漏采用隔层排水外，其余均采用同层排水。如图 4-107 所示为该项目污水排水系统部分 BIM 模型。

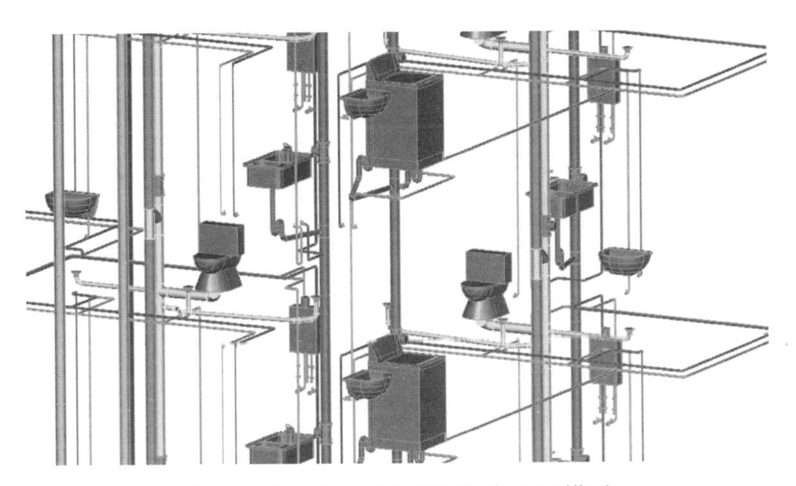

图 4-107　污水排水系统部分 BIM 模型

3. 管材选择

室内阳台、卫生间及厨房等房间的排水管道均采用 PVC-U 塑料排水管。其中，为保证安全性，卫生间和厨房选择了 PVC-U 承压排水管，通过胶圈连接，公称压力为 1.2MPa。阳台处选用防紫外线塑料排水管，并使用胶圈承插连接。

4. 排水管线布置

本设计按照以下规定布置排水管道。

（1）卫浴设备连接处设置存水弯或自带 50mm 水封，排水横支管的坡度为 0.026，立管与横支管采用四通连接；在每层设置了立管检查口，排气管与污水管用 H 形管件连接。

（2）大便器排水管径为 110mm。室内阳台和水井房的排水管管径分别为 110mm 和 75mm。室内非管井内排水管立管管径大于等于 110mm，均在楼板下设同管径阻火圈；室内管井内排水管立管管径大于等于 110mm，均在管井外壁设同管径阻火圈。防火圈的耐火极限不小于贯穿部位的建筑结构的耐火等级。

（3）当层高小于或等于 4m 时，排水立管和通气立管应每层设一只伸缩节，当层高大于 4m 时，每层设置两只伸缩节。排水横支管、横干管、器具通气管、汇合通气管上无汇合管件的直线管段大于 4m 时，应设置伸缩节，但伸缩节之间最大间距不得大于 4m。按照相关标准，本住宅的楼顶高度为 2.95m，为了保证安全，在每一楼的竖向、斜向、拐角处安装伸缩节，且伸缩节的最大间隔小于 4m。

（4）污水废水排水系统中横管与横管、横管与立管间采用 45° 三通或 45° 四通和 90° 斜三通或 90° 斜四通管件连接；立管与排出管或排水横干管连接采用两个 45° 弯头或弯曲半径不小于 4 倍管径的 90° 弯头。

（5）所有立管穿越楼板处，应设置钢套管（卫生间同层排水处的立管仅设置防水翼环，无需设置钢套管），安装在楼板内的套管，其顶部应高出装饰地面 20mm，安装在卫生间及厨房内的套管，顶部应高出装饰面 50mm，底部应与楼板底面相平。水箱进出水管，管道穿越外墙、屋面处均设置柔性防水套管。管道穿梁处预留钢套管。

（6）在同一标高敷设的管道在交叉时，有压管在无压管上方绕行，小管径管道在大管径管道上方绕行。

在 PKPM-BIM 全专业协同设计系统中，使用“给水排水”设计模块中的“设备连接”功能将布置到位的排水干管或立管与设备直接连接，排水支管将由系统自动生成。通过调整 H（设备距地高度）、L（设备与立管距离）的具体数值进行存水弯与设备、管线的距离调整。点击洗手池与排水管，自动连接后效果如图 4-108 中预览框所示。

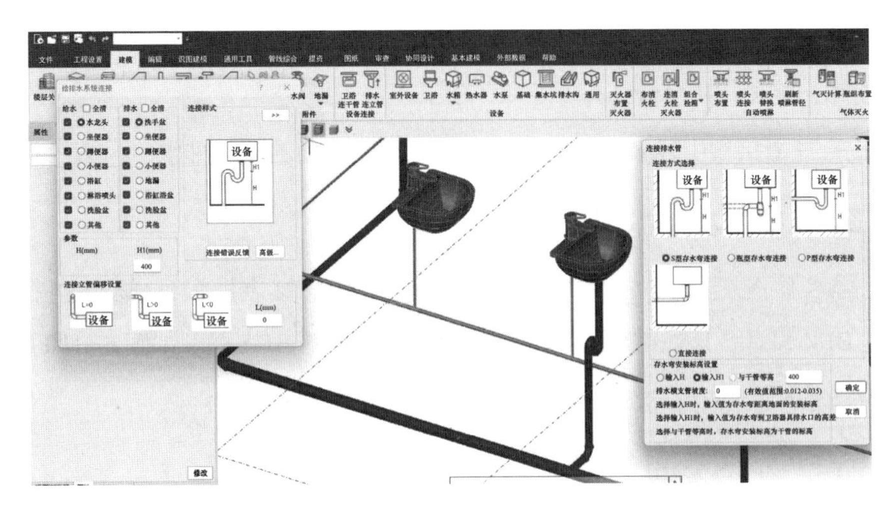

图 4-108　排水线管与设备连接

4.6.5　室外排水系统

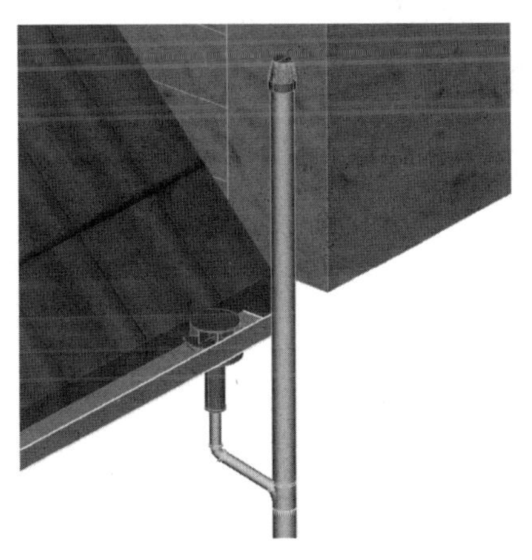

图 4-109　屋面雨水排水系统 BIM 模型

屋面雨水采用重力排水系统，共设置 23 根雨水排水立管，贴墙角引至地面，所穿过的设备平台均作预埋套筒处理，设备平台地漏连接雨水排水立管。雨水漏斗采用自定义构件，且在立管端部设置了通气帽，如图 4-109 所示。

屋顶檐沟处采用 87 型雨水斗，女儿墙底部采用侧向雨水斗。地下自行车坡道及下沉庭院雨水由集水坑及潜污泵排水，雨水设计重现期 $P=50$。室外场地雨水设计重现期 $P=3$。同时根据以下规则进行了布局。

（1）本住宅设置雨水收集设施，降雨初期雨水汇集集水器内，处理后用于室外绿化灌溉及道路浇洒用水，集水器内设置溢水口，溢出的水流入市政排水管网。

（2）雨水回用供水管上不得装设取水龙头，并应采取下列措施防止误接、误用、误饮。

1）供水管外壁应涂色或标识。

2）当设有取水口时，应设锁具或专门开启工具。

3）水池、阀门、水表、给水栓、取水口均应设有明显的“雨水”标识。

（3）场地雨水采用径流总量控制，年径流总量控制率宜不低于 55%，具体措施如下。

1）下凹式绿地、雨水花园、生态浅沟或有调蓄雨水功能的水体等汇流面积之和占绿地面积的比例不小于 33%。

2）应合理衔接和引导屋面雨水、道路雨水进入地面的雨水排水口。

4.6.6　全楼给水排水 BIM 模型

给水排水系统主要分为生活给水系统、消防系统、室内排水系统及室外排水系统等，通过 BIM 设计，该住宅项目全楼层给水排水专业的 BIM 模型如图 4-110 所示。

全楼给水排水 BIM 模型

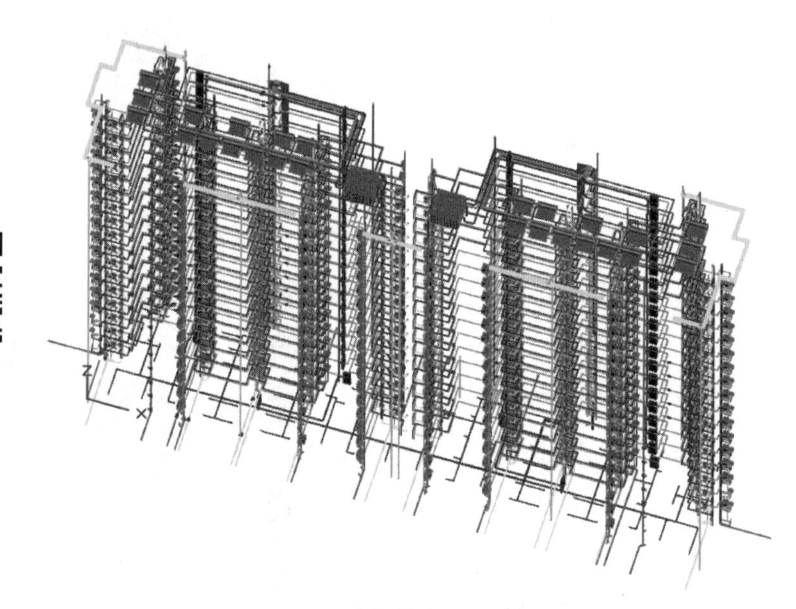

图 4-110　全楼给水排水 BIM 模型

4.7　暖通设计

4.7.1　设计范围和设计依据

根据该住宅楼功能、空调及通风需求，暖通空调工程设计主要包括以下项目。

1. 住宅户式中央空调系统设计，厨房预留排油烟竖向管道出屋面，户内厨房排油烟设备和卫生间通风设备由用户自理。

2. 地下室排烟排风、新风补风系统设计。

本项目暖通工程设计按照建筑暖通工程相关设计规范和相关设计标准等进行，其中参照的规范标准主要有：《民用建筑供暖通风与空气调节设计规范》GB 50736—2012、《通风与空调工程施工规范》GB 50738—2011、《通风与空调工程施工质量验收规范》GB 50243—2016、《建筑设计防火规范（2018 年版）》GB 50016—2014、《通风管道技术规程》JGJ/T 141—2017、《建筑机电工程抗震设计规范》GB 50981—2014、《建筑防烟排烟系统技术标准》GB 51251—2017。

4.7.2　暖通工程计算

该项目住宅楼的地理位置位于江苏省南京市。根据《民用建筑供暖通风与空气调节设计规范》GB 50736—2012 等规范，进行该项目暖通工程的风管阻力等相关设计计算。本节选取地下部分的暖通工程风管的管道总阻力计算进行介绍。

该项目地下部分暖通工程风管的截面形状为矩形，管材选用镀锌钢板，管道的当量绝对粗糙度 K 取 0.150mm，空气密度 ρ 取 1.29kg / m^3。

通过 PKPM-BIM 全专业协同设计系统的“暖通”设计模块计算功能，求出地下室风管各管段的沿程阻力，根据软件生成的计算结果对不同系统的风管管道沿程阻力进行求和，求得地下室各管道系统阻力。其中：排烟兼排风管道总阻力为 123.44Pa；消防排烟管道总阻力为 33.68Pa；新风补风管道总阻力为 31.32Pa；送风管道总阻力为 0.96Pa。根据以上计算结果，合理选择暖通系统的风机型号。

4.7.3　空调系统

空调系统采用变制冷剂流量多联式空调（热泵）系统，根据室内布置规划新风管线路走向和室内机位置，室内机采用卧式暗装，气流组织为侧送上回，室外机设置在每户设备平台。如图 4-111 所示为多联式空调系统 BIM 模型。

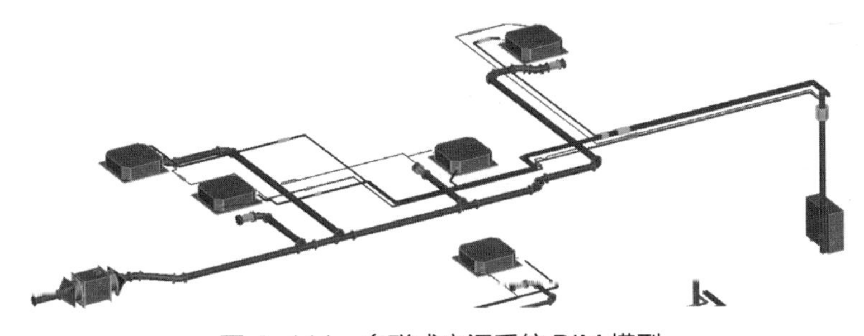

图 4-111　多联式空调系统 BIM 模型

变制冷剂流量多联式热泵空调系统设置了具备以下功能的自动监控系统：每个空调房间温度控制，根据系统负荷要求自动调整运行状态，设备运行状态记录与显示，故障自动报警与显示，空调权限管理。

根据《民用建筑供暖通风与空气调节设计规范》GB 50736—2012 及南京市冬夏季气温数据统计，本项目冬夏两季的空调冷热负荷见表 4-25，根据单位面积负荷进行多联式空调系统的具体型号选择。

各户型冷热负荷统计　　表 4-25

空调区域	空调/供暖面积/m^2	空调冷负荷/kW	单位面积空调冷负荷/(W/m^2)	空调热负荷/kW	单位面积空调热负荷/(W/m^2)
A 户型	60	10.8	180	6.7	112
B 户型	54	10.7	198	6.5	120
C 户型	66	11.3	171	7.0	106

4.7.4　新风补风系统

1. 户内新风系统

户内新风采用直流式新风机，设置在每户阳台，A 户型户内新风系统 BIM 模型如图 4-112 所示。新风系统设置过滤装置，对 $PM_{2.5}$ 的净化效率不应低于 80%，通风量按换气次数不小于 0.5 次/h，其中卧室、书房的新风量满足 30m^3/h 的要求。

图 4-112　A 户型户内新风系统 BIM 模型

新风机高挡风速运行时的噪声应低于 36dB，隔声量不应低于 30dB。除此之外还有以下特点。

（1）可进行启停控制；

（2）过滤器阻力超压时应进行报警；

（3）新风机故障时具备报警功能；

（4）室内各房间风管设置风量开关阀，并根据房间使用情况进行控制；

（5）公共卫生间采用机械通风的方式，通风量按换气次数不小于 10～15 次/h 计算，污浊空气排至外墙或通过管道井排至屋面后排至室外。

在 PKPM-BIM 全专业协同设计系统的“暖通”设计模块中，采用建模选项中的“风口”功能进行补风排风系统的风口建模，如图 4-113 所示。点击“自定义风口”，常用类型为百叶风口，依据风口朝向设置布置角度，并选择对应的布置方式。

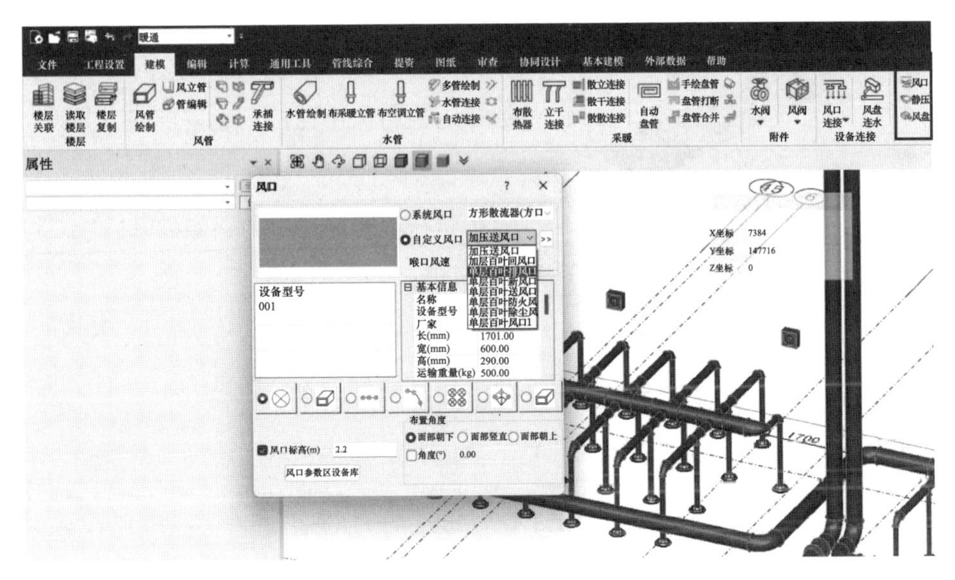

图 4-113　风口布置

2. 地下室新风补风系统

（1）新风口采用防雨、隔声型风口，并设置防蚊虫、飞絮等进入的措施，与锅炉排烟的距离不小于 5m，与卫生间排风口的距离不小于 1.2m。

（2）风机故障时宜具备报警功能。

地下室新风补风系统 BIM 模型如图 4-114 所示。

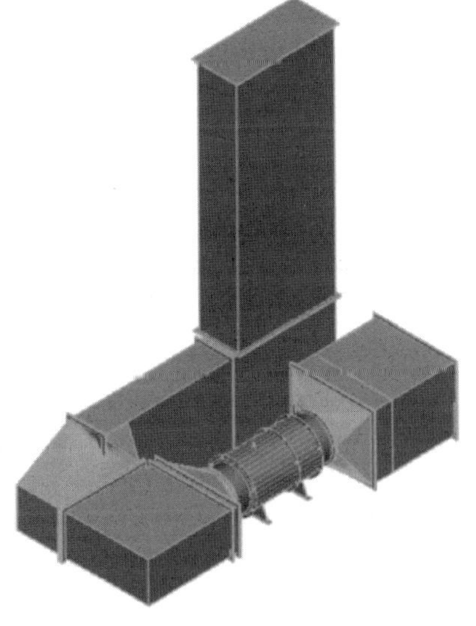

图 4-114　地下室新风补风系统 BIM 模型（上接地面百叶窗）

4.7.5　排烟系统

该项目排烟系统主要设置于厨房、配电室、地下室等位置，具体设计原则如下。

1. 排烟风扇须在 280℃的环境下连续运转 30min。在进出口处安装 280℃的自动断开装置。一旦气体温度升高，断开装置，使得整个排气系统得以正常运转。地下室排烟系统 BIM 模型如图 4-115 所示。

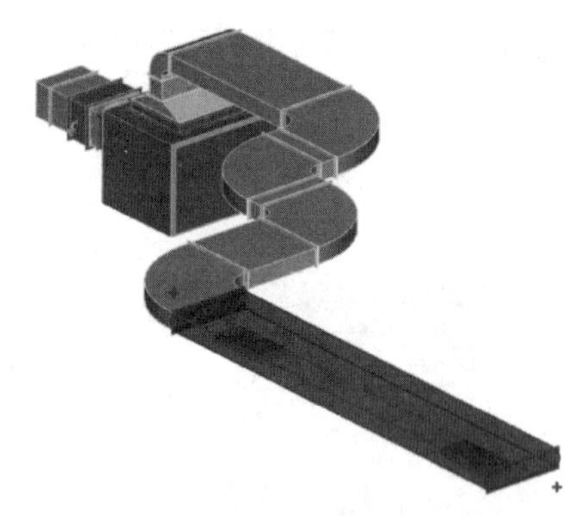

图 4-115　地下室排烟系统 BIM 模型

2. 排烟风机应满足 280℃时连续工作 30min 的要求，排烟风机入口处设有 280℃自动关闭的排烟防火阀。

3. 防排烟管道及相关设备采用抗震吊架。

4. 本工程的排烟风机和补风机必须能够在消防控制中心进行集中监控和远程启停，并符合以下规定。

（1）可在现场通过手动启动风机；

（2）可通过火灾自动报警系统联动启动风机；

（3）可通过消防控制室远程启动风机；

（4）排烟防火阀在 280℃时应自行关闭，并应联锁关闭排烟风机。

4.7.6　全楼暖通 BIM 模型

该住宅项目全楼层暖通专业的 BIM 模型如图 4-116 所示。

全楼暖通 BIM 模型

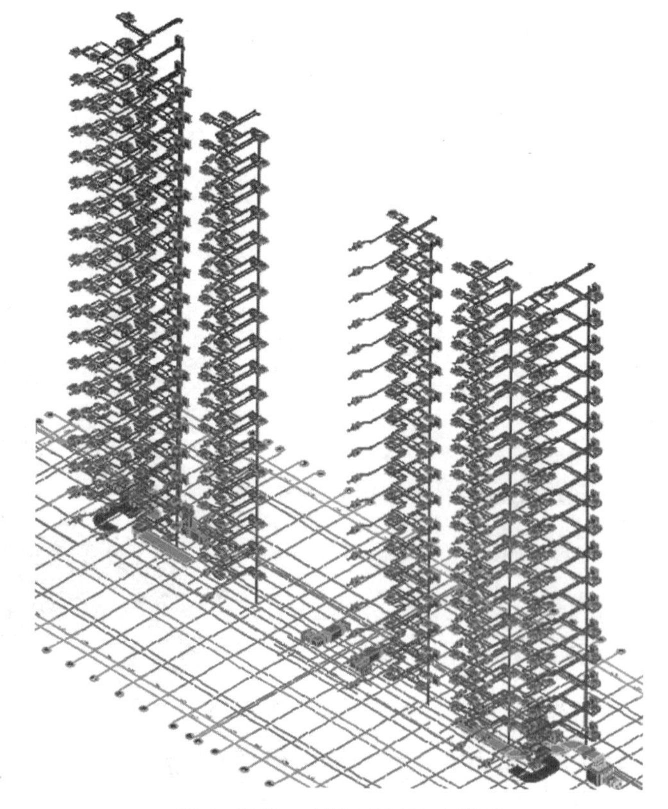

图 4-116　全楼暖通 BIM 模型

本章小结

本章以某装配式钢筋混凝土高层剪力墙结构为案例，介绍了基于 PKPM-BIM 全专业协同设计系统进行装配式混凝土高层住宅的各专业设计流程，主要包括建筑设计、绿色建筑分析、结构设计、电气设计、给水排水设计和暖通设计。

思考与练习题

4-1　装配式混凝土结构建筑各专业的设计内容主要有哪些？

4-2　建筑绿色建筑分析主要包括哪些内容？

4-3　简述装配式混凝土结构建筑各专业的设计流程。

第5章

装配式高层住宅协同设计案例

本章要点及学习目标

本章要点

（1）装配式混凝土结构建筑的协同设计提资内容；

（2）装配式混凝土各专业之间的协同设计要点和设计内容。

学习目标

（1）掌握装配式混凝土结构建筑全专业协同设计的要点；

（2）掌握装配式混凝土结构建筑全专业协同设计流程和具体内容。

5.1 专业间协同设计内容

第4章介绍了装配式高层住宅建筑的各专业设计，本章将介绍装配式混凝土高层住宅案例全专业协同设计内容、设计要点和设计方法。在传统项目设计过程中，依据项目进展，在不同的设计阶段各专业之间进行相互提资（即提取相应的专业设计信息用于协同设计），确保项目中各专业数据的一致性，各专业间主要的提资内容见表5-1，结合工程项目实际情况和BIM应用需求，可以对提资内容和相关信息即时进行修改及补充。利用PKPM-BIM全专业协同设计系统进行全专业协同设计时，首先要创建团队项目，划分专业权限及人员权限，统一项目原点，建立各专业共用的轴网、楼层信息，然后各专业基于已经创建好的团队项目开始进行专业设计，在设计过程中，各专业根据项目设定的提资节点上传本专业的数据到BIM协同服务器，数据上传的过程中软件记录了上传的版本及时间，设计师可通过系统记录追溯到以往提交的版本。其他专业通过“下载”功能实现专业间的协同设计提资，各专业模型在建模过程中可以进行实时参照，在设计初期避免一些“错漏碰缺”的问题。

专业间常见提资内容　　表 5-1

提资专业	提资内容	接收专业
建筑	与施工图一致的模型（尺寸、标高齐全，轴线关系明确）；门窗位置，电梯、楼梯位置，承重墙与非承重墙位置等尺寸；对降板区等提供局部详细尺寸	结构
	提供建筑物各部位的构造做法	
	雨篷、阳台的具体尺寸及女儿墙的高度	
	电梯井道及机房布置的详细尺寸	
	提供门窗表，由结构专业确定门窗过梁型号及做法	
	总图竖向设计详细尺寸	
	与施工图一致的模型（尺寸、标高齐全，轴线关系明确）；标明门窗位置，墙厚及房间名称	暖通
	提供建筑物各部位构造及材料做法	
	提供门窗明细表	
	提供有吊顶的房间的分布位置，对室内装修要求高的房间吊顶的平面布置与灯具、报警器喷淋点、风口、吊顶装饰共同布置以确定位置	
	高层建筑防烟楼梯的布置，以及竖井及风机房的详细尺寸	
	提供隔声措施，说明选用材料及做法	
	节能设计相关计算数据	
	与施工图一致的模型（尺寸、标高齐全，轴线关系明确）；标明房间名称	电气
	提供电梯、电动卷帘门等的位置及尺寸要求	
	室内电气插座的数量及位置的要求	
	提供室内外装修及各部位构造材料做法	
	变形缝位置、尺寸	
	施工图一致的模型（轴线、尺寸、标高齐全）	给水排水
	提供卫生间与沐浴间布置尺寸，水盆要标示位置	
	在确定层高时对梁底与窗顶之间要留出走管道的位置	
	管道竖井的位置	
	室内明沟的位置、起止点的沟底标高	
	总图竖向设计详细尺寸	
结构	地下室底板、顶板和墙的厚度、四周挑出长度及底板底部的埋深	建筑
	建筑物的结构形式；梁、板、柱的断面尺寸	
	电梯井的井壁厚度	
	变形缝、沉降缝、抗震缝的位置、尺寸及其与定位轴线的关系	
	建筑物的结构形式；梁、板、柱的断面尺寸；相应的平面关系	给水排水
	预留孔洞位置及尺寸	
	集水坑平面位置及剖面详图	

续表

提资专业	提资内容	接收专业
结构	建筑物的结构形式；梁、板、柱的断面尺寸；相应的平面关系	暖通
	预留孔洞位置及尺寸	
	建筑物的结构形式；梁、板、柱的断面尺寸；相应的平面关系	电气
给水排水	构筑物工艺平面图，包含尺寸、层高、房间分配要求等	建筑
	给水排水设施的辅助用房位置、占地面积、层高要求等信息	
	消防给水设施暗敷设预留的墙洞位置、几何尺寸标高等，并协商管道走向及控制标高	
	屋面檐沟、雨水沟、雨水斗位置及过水孔的尺寸标高、位置及数量	
	降板、降梁的位置和高度要求	结构
	水池检修口位置尺寸；消防水箱的位置、荷载、面积	
	给水排水设备的功率因数、额定电压和具体安装位置等信息	机电
暖通	排风机房、补风机房、配电间的平面布置、尺寸要求	建筑
	地下风管和户内风管的准确平面布置和断面尺寸	
	风管所需吊顶的位置	
	负一层排风兼排烟机房和补风机房的外墙预留洞口尺寸	
	各类管道的所需预留洞和预埋件的位置尺寸	
	结构承重墙和楼板的开洞尺寸	结构
电气	配电箱（柜）嵌装的预留洞位置尺寸	建筑
	电气路线主要敷设管道	
	管线预留套管位置及管径	结构

施工图阶段 BIM 模型内容和基本信息见表 5-2。结合工程项目实际情况和 BIM 应用需求，可以对模型所需要的内容和信息进行即时修改及补充。

施工图阶段 BIM 模型内容和基本信息　　　表 5-2

专业	施工图阶段 BIM 模型内容和基本信息	
	模型内容	基本信息
建筑	1. 主要建筑构造部件深化尺寸和定位信息：非承重墙、门窗（幕墙）、楼梯、电梯、阳台、雨篷、台阶等； 2. 其他建筑构造部件的基本尺寸和位置：夹层、天窗、地沟、坡道等； 3. 主要建筑设备和固定家具的基本尺寸和位置：卫生器具等； 4. 大型设备吊装孔及施工预留孔洞等的基本尺寸和位置； 5. 主要建筑装饰构件的大概尺寸（近似形状）和位置：栏杆、扶手、功能性构件等； 6. 细化建筑经济技术指标的基础数据	1. 场地：地理区位、水文地质、气候条件等； 2. 主要技术经济指标：建筑总面积、占地面积、建筑层数、建筑高度、建筑等级、容积率等； 3. 建筑类别与等级：防火类别、防火等级、人防类别等级、防水防潮等级等； 4. 主要建筑构件材料信息； 5. 建筑功能和工艺等特殊要求：声学、建筑防护等； 6. 主要建筑构件技术参数和性能：防火、防护、保温等； 7. 主要建筑构件材质等； 8. 特殊建筑造型和必要的建筑构造信息

续表

专业	施工图阶段 BIM 模型内容和基本信息	
	模型内容	基本信息
结构	1. 基础深化尺寸和定位信息：桩基础、筏形基础、独立基础等； 2. 钢筋混凝土结构主要构件深化尺寸和定位信息：柱、梁、剪力墙、楼板； 3. 钢结构主要构件深化尺寸和定位信息：柱、梁、复杂节点等； 4. 空间结构主要构件深化尺寸和定位信息：桁架、网架、网壳等； 5. 结构其他构件的基本尺寸和位置：楼梯、坡道、排水沟、集水坑等； 6. 主要预埋件布置； 7. 主要设备孔洞准确尺寸和位置； 8. 构件配筋信息	1. 自然条件：场地类别、基本风压、基本雪压、气温等； 2. 主要技术经济指标：结构层数、结构高度等； 3. 建筑类别与等级：结构安全等级、建筑抗震设防类别、结构抗震等级等； 4. 增加特殊结构及工艺等要求：新结构、新材料及新工艺等； 5. 结构设计说明； 6. 结构材料种类、规格、组成等； 7. 结构物理力学性能； 8. 结构施工或预制构件制作：安装型实物
暖通	1. 主要设备深化尺寸和定位信息：冷水机组、新风机组、空调器、通风机、散热器、水箱等； 2. 其他设备的基本尺寸和位置：伸缩器、人口装置、减压装置、消声器等； 3. 主要管道、风道深化尺寸、定位信息（如管径、标高等）； 4. 次要管道、风道的基本尺寸、位置； 5. 风道末端（风口）的大概尺寸、位置； 6. 主要附件的大概尺寸（近似形状）和位置：阀门、计量表、开关、传感器等； 7. 固定支架位置	1. 系统信息：热负荷、冷负荷、风量； 2. 设备信息：工要性能数据、规格信息等； 3. 管道信息：管材信息及保温材料等； 4. 系统信息：系统形式、主要配置信息参数要求等； 5. 设备信息：主要技术要求、使用说明等； 6. 管道信息：设计参数、规格、型号等； 7. 附件信息：设计参数、材料属性等； 8. 安装信息：系统施工要求、设备安装要求、管道敷设方式等
给水排水	1. 主要设备深化尺寸和定位信息：水泵、锅炉、换热设备、水箱水池等； 2. 给水排水干管、消防管干管等深化尺寸、定位信息，如管径、埋设深度或敷设标高、管道坡度等；管件（弯头、三通等）的基本尺寸、位置； 3. 给水排水支管、消防支管的基本尺寸、位置； 4. 管道末端设备（喷头等）的大概尺寸（近似形状）和位置； 5. 主要附件的大概尺寸（近似形状）和位置：阀门、仪表等； 6. 固定支架位置	1. 系统信息：水质、水量等； 2. 设备信息：主要性能数据、规格信息等； 3. 管道信息：管材信息等； 4. 系统信息：系统形式、主要配置信息等； 5. 设备信息：主要技术要求、使用说明等； 6. 管道信息：设计参数（流量、水压等）形式、规格、型号等； 7. 附件信息：设计参数、材料属性等； 8. 安装信息：系统施工要求、设备安装要求、管道敷设方式等
电气	1. 主要设备深化尺寸和定位信息：机柜、配电箱、变压器、发电机等； 2. 其他设备的大概尺寸（近似形状）和位置：照明灯具、视频监控、报警器、警铃、探测器等； 3. 主要桥架（线槽）的基本尺寸、位置	1. 系统信息：负荷容量、控制方式等； 2. 设备信息：主要性能数据、规格信息等； 3. 电缆信息：材质、型号等； 4. 系统信息：系统形式、联动控制说明、配置信息等； 5. 设备信息：主要技术要求、使用说明等；

续表

专业	施工图阶段 BIM 模型内容和基本信息	
	模型内容	基本信息
电气		6. 电缆信息：设计参数（负荷信息等）、走向、回路编号等； 7. 附件信息：设计参数、材料属性等； 8. 安装信息：系统施工要求、设备安装线缆敷设方式等

5.2　建筑专业与结构、机电专业的协同

该装配式混凝土结构建筑项目的建筑设计方案采用标准化、模块化的设计，并体现“少规格、多组合”的设计原则，设计了标准化模块单元，符合工业化的设计理念。标准化的设计，使得后期构件的预制加工得到了很大的便利，便于预制构件统一生产，便于建筑设计、内装设计、结构设计、设备与管线设计同步进行。

1. 建筑专业与结构专业的协同

在协同设计过程中，需要实时保持建筑专业与结构专业模型定位及尺寸的统一性。建筑专业向结构专业提资的具体内容见表 5-1。在 BIM 技术下，两个专业的模型可以相互参照，进一步保证了两个专业模型信息的准确统一，如图 5-1 所示。

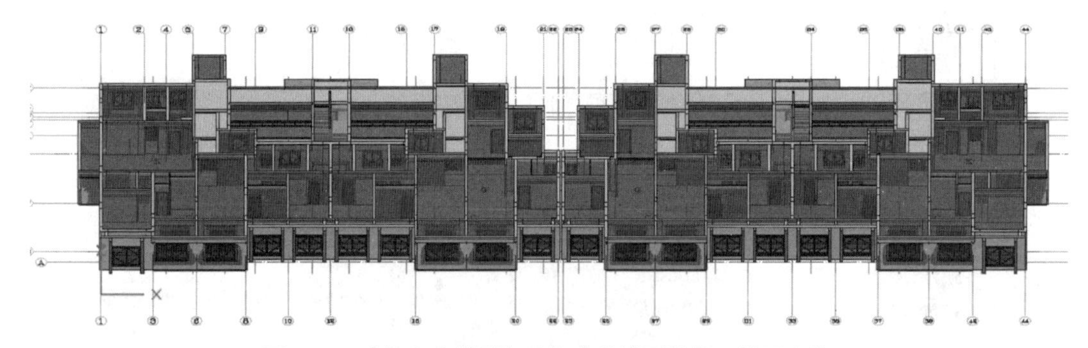

图 5-1　建筑专业模型和结构专业模型的统一轴网定位

建筑专业与结构专业的协同设计要点包括以下内容。

（1）建筑专业与结构专业的配合主要在于墙梁板柱的定位与尺寸的一致性。前期首先需要定位，确定模型在“建筑”设计模块和“结构”设计模块下轴网定位的统一，在此基础上再保证墙、梁、板、柱定位的统一。也就是说，建筑专业使用 PKPM-BIM 全专业协同设计系统的“建筑”设计模块建立模型轴网，结构专业基于此模型轴网与

建筑专业同步进行模型建立，达到建筑模型和结构模型的统一。

（2）在采用 PKPM-BIM 全专业协同设计系统的设计中，建筑专业和结构专业的模型可以相互参照（通过右键菜单“视图参照”功能可按专业、按楼层进行相互参照），进一步保证了两个专业模型信息的准确统一。建筑专业进行第一版提资信息，在此步骤中建筑专业需要提供房间功能分区以及建筑平、立、剖面，确定墙、梁、板、柱等各构件的建筑做法，结构专业按照建筑专业的提资信息，对构件荷载信息进行确认，结合相关设计规范对荷载进行精确的统计，从而进行荷载布置和构件设计，让结构计算更加科学合理。

（3）经过结构设计模块的计算分析，结构专业会根据计算分析结果调整梁板柱等各个构件的尺寸大小，以满足抗震验算、吊装脱模验算和实际结构承载力需要。建筑专业则需要根据结构专业的调整做出相应的调整，以保证建筑模型和结构模型的一致性。

2. 建筑专业与机电专业的协同

建筑专业与机电专业的配合主要在于通过协同工作实现建筑构件与机电设备精确布局。机电专业大部分建模都是以建筑的墙、梁、板作为定位参照，在墙、梁、板的表面布设管道。机电设备和管线建模需要和建筑模型的定位密切配合。因此建筑专业的精准建模对于机电专业来说是十分重要的。建筑专业与机电专业之间的协同提资内容具体见表 5-1，具体协同设计要求如下。

（1）建筑专业与机电专业的协同主要在于建筑基础模型为机电专业模型的准确建立提供参照，使得建筑专业模型与机电专业模型定位统一，如图 5-2 所示。在“建筑”设计模块进行第一版提资，将建筑专业 BIM 模型上传至协同服务器，机电专业采用“机电”设计模块进行暖通、给水排水、电气专业模型的建立。机电各专业的大部分模型构建都是以建筑的墙、梁、板作为定位参照，在墙、梁、板的表面布设管线和预埋设备。例如，电气插座需要布设在墙表面，而暖通地暖盘管则需要埋置在楼地板装修层内，给水排水专业需要准确地在卫生间内布置管道和器具等，以上管线和设备的布设都需要和建筑模型的定位密切配合。因此建筑专业的精准建模对于机电专业来说是十分重要的。

（2）机电专业根据建筑模型中对梁、板、柱、墙的做法，对管线进行有效避让的同时，可以让预埋的管线和设备定位更加精确；对于涉及开槽开洞的墙体，在做一体化装修时，开槽开洞位置及深度需要进行进一步的精确控制。

（3）在机电专业完成管线综合模型之后，建筑专业与之进行管线初步综合设计，复核机电管线及设备的布设是否符合建筑的净高要求。在确定吊顶高度时，尽量保证机电管道在吊顶上部穿行，尽量不穿梁。建筑模型提供机电定位示例如图 5-3（a）所示。如图 5-3（b）中隐藏了走廊上方的吊顶布置效果，展示管线定位，管线布设满足建筑净高要求。

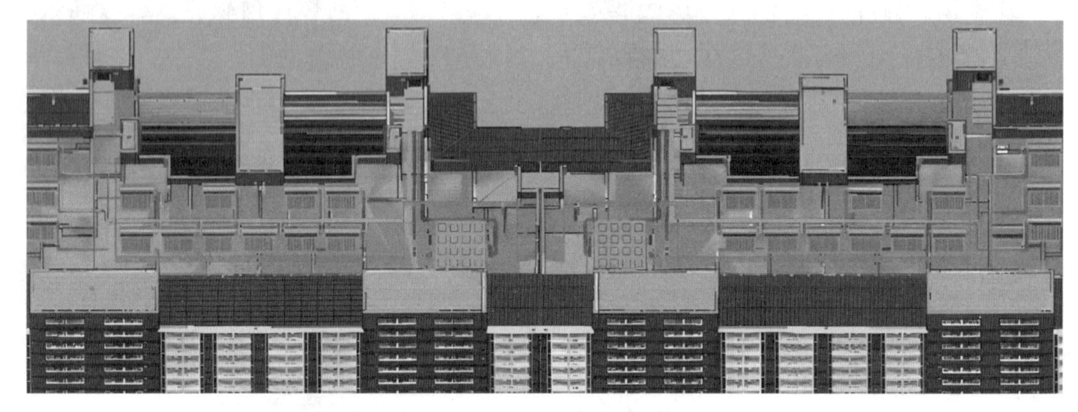

图 5-2　建筑专业模型与机电专业模型定位统一

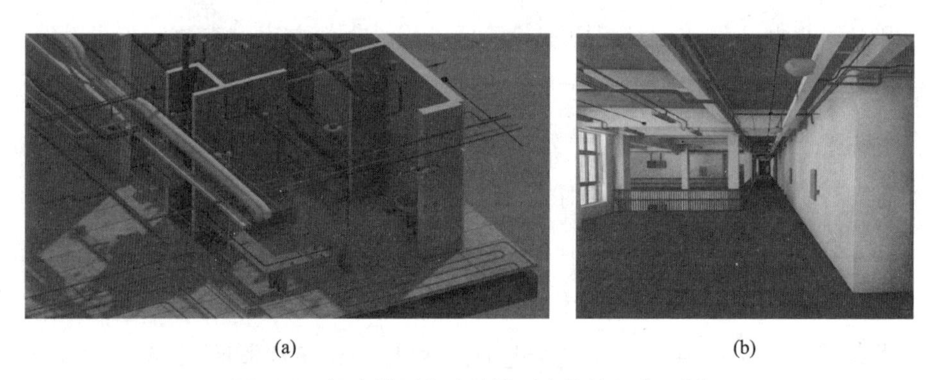

(a)　(b)

图 5-3　机电模型和建筑模型定位的配合示例

（a）建筑模型提供机电定位；（b）走廊机电管线模型

5.3　结构专业协同设计

如前所述，结构专业需要与建筑专业进行协同设计。在“结构”设计模块进行结构专业设计时，需要在“建筑”设计模块中将建筑专业的轴网定位信息上传协同服务器，从而保证结构专业模型与建筑专业模型的统一。在结构专业进行内力分析计算、构件节点设计以及其他结构计算之后，一些梁、板、柱、墙的尺寸如果不符合设计规范要求则需要进行调整，此时建筑专业需要按照结构专业新的构件信息对构件进行修改，保证建筑模型和结构模型的一致性。此外，“结构”设计模块还可以进行钢筋的碰撞检查和调整，并与机电专业进行协同设计，以进行管线避让构件以及构件开槽开洞的深化设计，并对洞口周边进行补强处理。

1. 钢筋碰撞检查

在 PKPM-BIM 系统中，将装配单元显示精度改为精细显示后进行钢筋碰撞检查，点击“指标与检查”，点击“钢筋碰撞检查”勾选“全楼”，点击“确定”进行全楼的钢筋碰撞检查，检查完成之后，在弹出的界面点击“是”，打开碰撞检查结果。切换到“钢筋精细”模式下，双击其中一个碰撞，碰撞的构件会高亮显示，并且会有一个圆圈显示碰撞的位置，如图 5-4 所示。

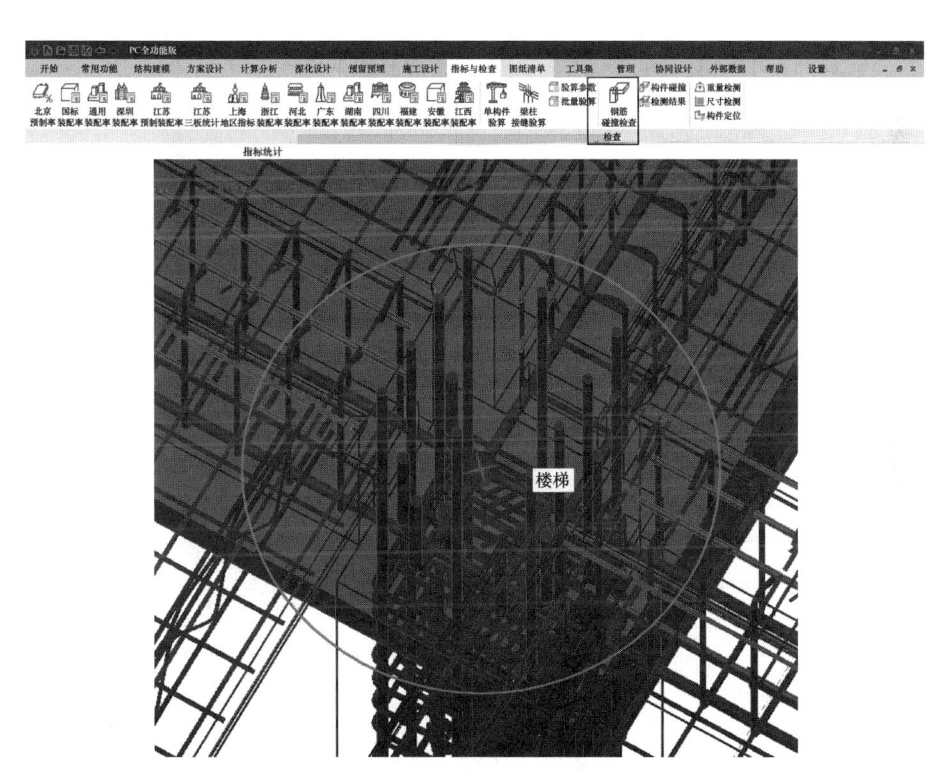

图 5-4　钢筋碰撞检查

2. 钢筋碰撞调整

通过 PKPM-BIM 全专业协同设计系统中的“深化设计”模块，点击“深化设计”，点击“装配单元参数修改”，修改相应的钢筋位置，完成所有的钢筋避让处理。对于有钢筋碰撞的地方全部予以处理，以避免钢筋碰撞。限于篇幅，本节展示了四处典型的板、梁、墙的钢筋碰撞处理。

（1）预制叠合板底筋碰撞避让调整

1）处理方式

在 PKPM-BIM 系统中，点击“深化设计”，依次点击“底筋避让”、“切角加强”，输入钢筋错层的数值，然后点击需要调整的叠合板，进行叠合板的深化设计。预制叠合板底筋避让方式共有两种，一是“相邻板对称移动”，二是“预制板隔一移一”，本工程中所有房间内预制板均采用“相邻板对称移动”的避让方式，且取钢筋错缝值为 20mm，同时把边距小于 25mm 的钢筋删除，当边距大于 50mm 时，在距边 25mm 处补充普通钢筋，软件设置界面如图 5-5 所示。

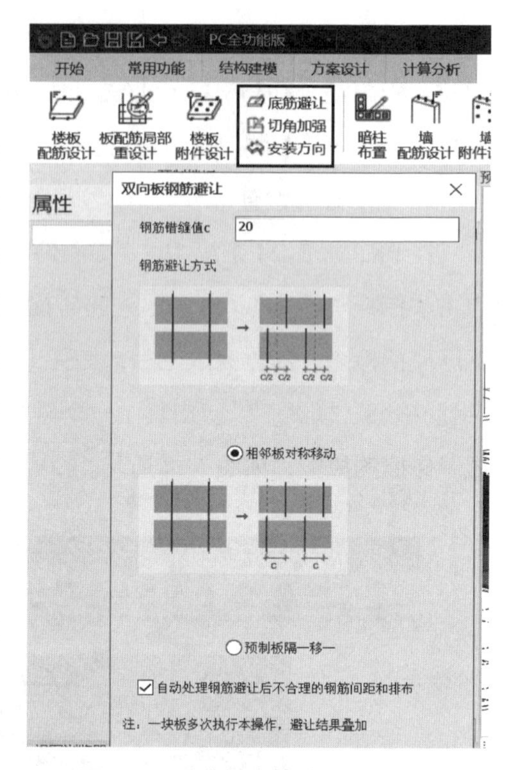

图 5-5　叠合板底筋避让处理方式

2）实例演示

经过上述钢筋避让处理后的预制叠合板底筋之间相互错开 20mm，处理后钢筋避让效果如图 5-6 所示。

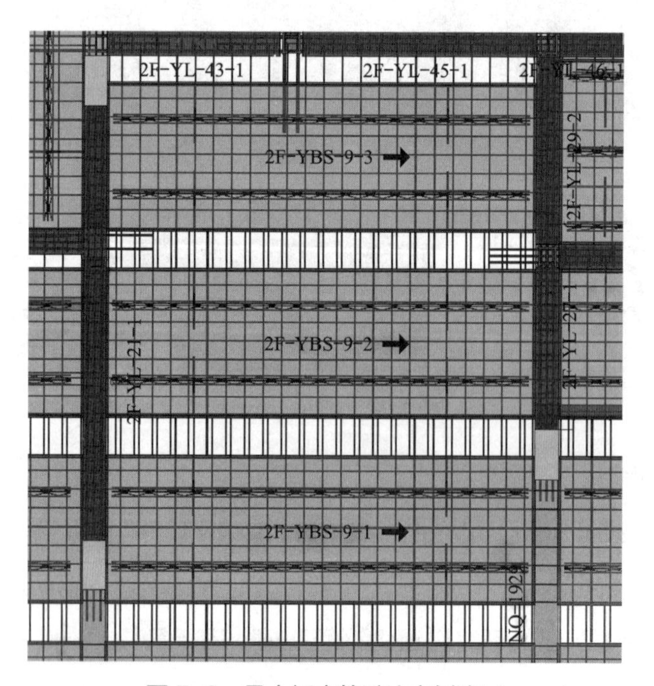

图 5-6　叠合板底筋避让实例演示

（2）预制叠合梁底筋碰撞避让调整

1）处理方式

在预制叠合梁底筋避让的处理中，取弯折点边距 50mm，弯折比 1∶6。在水平调整参数中选择平行弯折，避让方式为轮流调整，避让方向为往中间，竖向调整参数中选择“对梁为一层”，避让顺序选“*Y* 向避让 *X* 向”。避让距离通过软件自动计算，软件设置界面如图 5-7 所示。

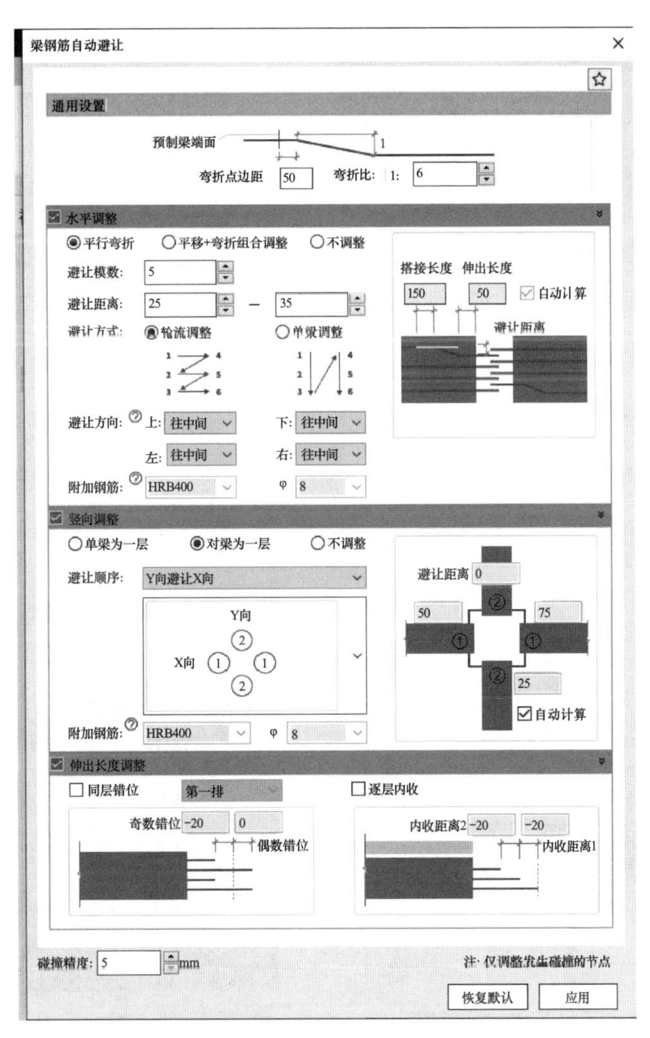

图 5-7　预制叠合梁底筋避让处理方式

2）实例演示

将上述预制叠合梁底筋避让处理方式应用于全楼各预制叠合梁，对叠合梁底筋进行弯折、移动、错开等调整，最终的叠合梁底筋避让效果如图 5-8 所示。

（3）叠合梁上部纵筋碰撞调整

1）处理方式

通过调整叠合梁上部纵筋的高度位置来进行钢筋碰撞调整，如图 5-9 所示。

图 5-8　叠合梁底筋避让实例演示

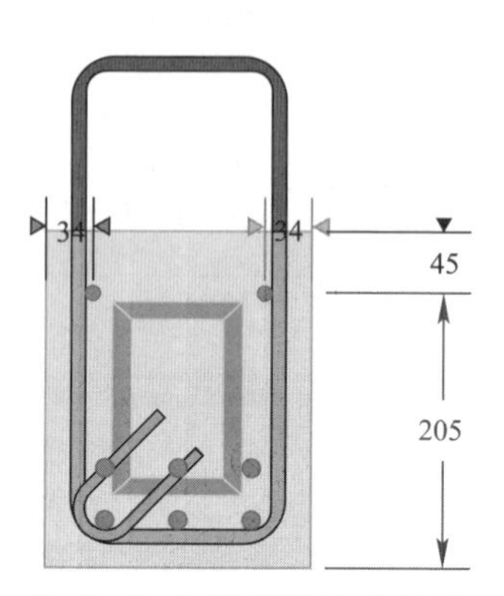

图 5-9　调整纵筋高度位置

2）实例演示

叠合梁 2F-YL-61-1、叠合梁 2F-YL-62-1 和叠合梁 2F-YL-63-1 的上部纵筋发生相互碰撞，如图 5-10 所示。将 2F-YL-61-1 上部纵筋高度位置下降 15mm，同时 2F-YL-62-1 上部纵筋高度位置提高 15mm，使得三者相互碰撞的钢筋错开，碰撞修改后如图 5-11 所示。

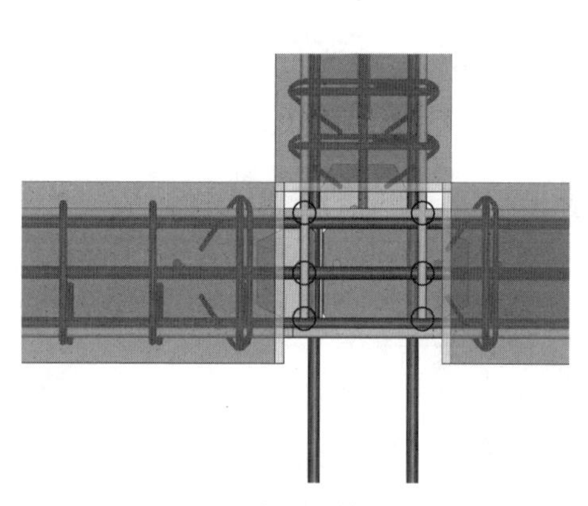

图 5-10　叠合梁纵筋碰撞调整前

图 5-11　叠合梁纵筋碰撞调整后

（4）预制剪力墙与叠合梁钢筋碰撞调整

1）处理方式

通过“深化编辑”模块调整梁纵筋参数从而实现钢筋端部避让，软件设置界面如图 5-12 所示。

2）实例演示

预制叠合梁 2F-YL-42-1 纵筋与预制剪力内墙 2F-YNQ-9-1 箍筋发生碰撞，如图 5-13 所示。在“深化编辑”模块中调整叠合梁纵筋端部“水平避让”20mm，剪力墙与叠合梁钢筋碰撞调整后如图 5-14 所示。

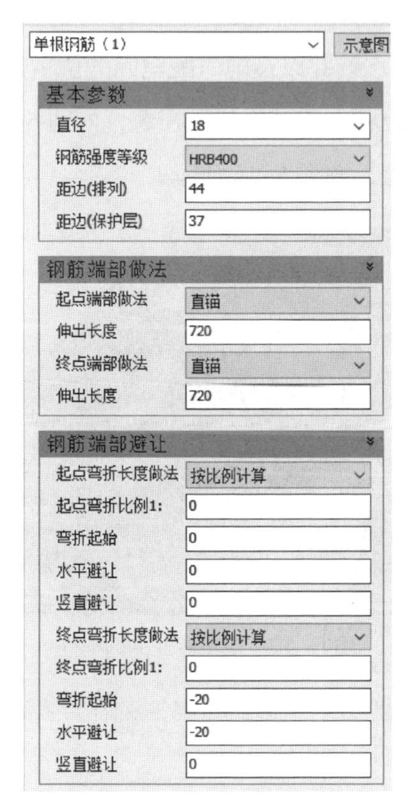

图 5-12　梁钢筋参数修改

图 5-13　剪力墙与叠合梁钢筋碰撞调整前

图 5-14　剪力墙与叠合梁钢筋碰撞调整后

5.4　机电专业协同设计

1. 专业协同范围

（1）机电专业与建筑专业的协同设计

机电专业与建筑专业的协同设计，一是可以合理确定本专业的设计方案、设备配置与设计深度；二是可以合理选择本专业的机房控制中心位置，满足机房的功能要求，保证系统运行安全、可靠和合理性；三是合理解决各系统缆线敷设通道，保证系统安全和缆线的传输性能。具体而言是通过建筑物特性、功能要求、板块组成、区域布置等信息，确定各房间照度和照明节能要求，划分防火区域，布置烟感装置，提出电气竖井的面积位置并提出防火防水要求，确定缆线进出建筑物的位置等。主要协同内容包括以下内容。

1）了解建筑物特性及功能要求，以确定本专业的设计方案、设备配置与设计深度；

2）与建筑专业进行沟通，以确定各房间的照度和照明节能要求；

3）根据各系统的功能需求，以确定每个区域的防火分区及分隔方式；

4）明确各个系统布置的位置情况，将给水排水管井以及电气配电间的位置及面积等专业信息提资给建筑专业；给水排水专业各个立管在管井中集中布置，如图 5-15 所示；电气专业将配电箱及桥架件在弱电间进行布置，如图 5-16 所示；

图 5-15　给水排水专业的管井

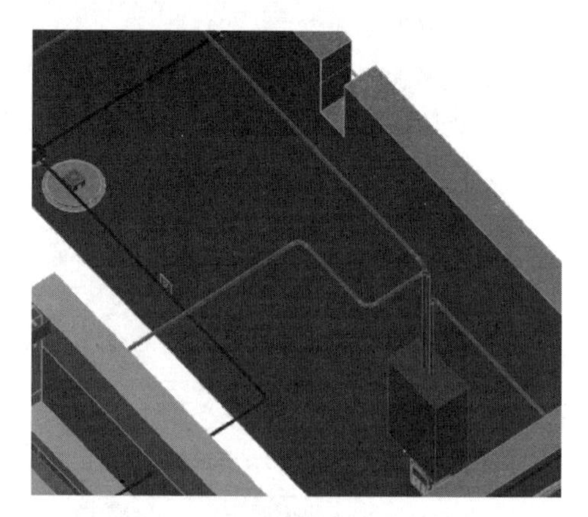

图 5-16　电气专业的弱电间

5）对建筑内部结构中的非承重墙、柱、梁进行分析，以确定各系统在竖井中的面积位置、防火防水要求；

6）确定线缆进出建筑物的位置。

（2）机电专业与结构专业的协同设计

机电专业提出设备荷载，便于结构计算；在电气建模管综之后，提出预制构件上预埋预留孔洞尺寸与定位，方便后续预制构件生产；利用基础钢筋、柱内钢筋作为防雷接地装置，需要结构专业在施工全过程中予以配合。通过对电气建模的管综分析，能更好地了解结构的特性，并且可以根据实际情况，采取有效的措施来改善设备的荷载，和结构专业提资在预制构件的表面预先安排好孔洞的大小和位置，并且使用基础和柱内的钢筋来进行防雷。如图 5-17 所示为机电与结构专业间相互参照示例。

（3）机电专业内部的协同设计

根据建筑物的性质以及给水排水专业提出的水泵容量，确定设备的供电负荷等级及启动、控制方式。根据提出的水泵位置，阀门、水流指示器的数量、位置及控制要

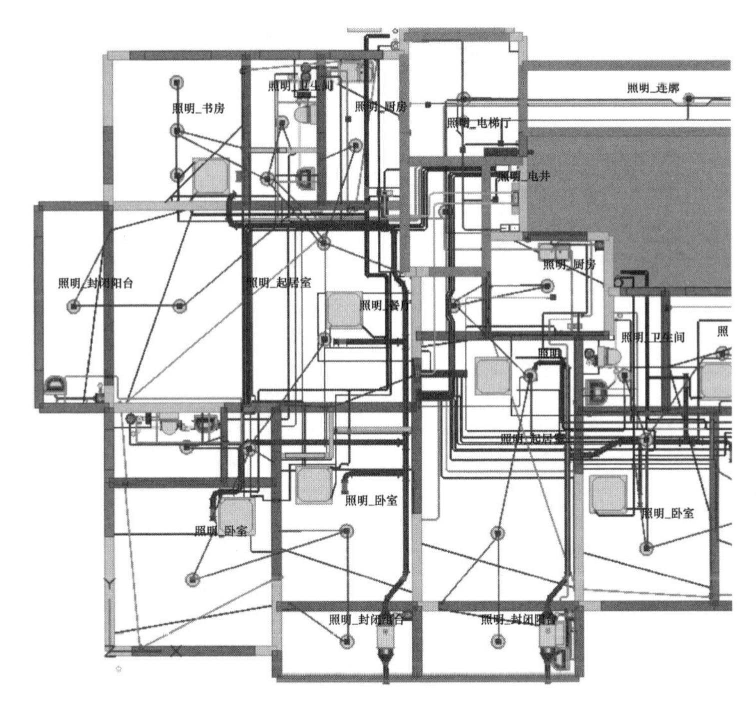

图 5-17　机电与结构专业间相互参照

求，确定消防联动控制点以及建筑设备管理系统的监控点与系统配置，根据消火栓位置确定消防报警按钮。通过综合考虑管道与设备的布置，合理敷设电气管线、给水排水管线及暖通管线，减少管线碰撞。

2. 管线综合初步设计

（1）碰撞检查

使用 PKPM-BIM 全专业协同设计系统的“管线综合”功能区中的“碰撞检查”功能模块对模型进行碰撞检查与修改。机电专业内检查须勾选设备框，进行“选择范围检测”，在平面视图框选部分范围进行检测，如图 5-18 所示。

由于电气、给水排水等专业管线设备数量较多，布置复杂，易产生碰撞，PKPM-BIM 全专业协同设计系统“管线综合”功能模块可进行管线综合碰撞检查，便于快速检查碰撞位置与数量，使得碰撞问题可视化。通过 PKPM-BIM 全专业协同设计系统的“管线综合”进行碰撞检查，在“碰撞结果”选项处查看结果。发现除了大量本专业内的管线和设备的自碰撞以外，还有很多机电各专业的管线、电气设备之间的碰撞，此外，机电各专业管线与结构预制构件发生碰撞，主要体现为水暖管线、水暖设备与结构梁、板、柱的碰撞。

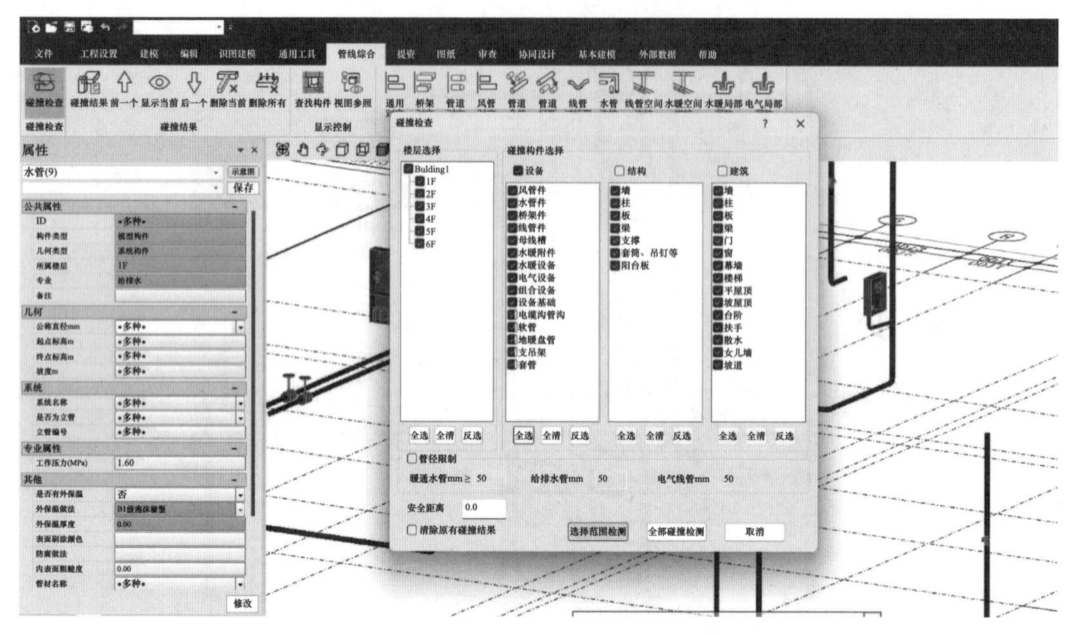

图 5-18　管线综合功能区的碰撞检查

本项目机电建模遵循暖通-给水排水-电气的顺序，先大管线后小管线，先底层后高层的方式建模。碰撞检查遵循同层各部分、层间各部分碰撞检查。首次全楼层检查出 1682 处碰撞，表 5-3 列出部分机电专业碰撞检查结果示例。

机电专业部分碰撞检查结果　　表 5-3

序号	状态	所属楼层	构件 1 名称	构件 1ID	构件 2 名称	构件 2ID	碰撞处轴网位置
1	新增	13	火灾自动报警桥架 150×150	304943950745	火灾自动报警桥架 150×150	309238847078	L-M 交 6-7 轴
2	新增	13	线管弯头	313534265107	信息电话插座	313534272325	B-F 交 43-44 轴
3	新增	13	线管弯头	317829234364	信息电话插座	317829240131	D-F 交 43-44 轴
4	新增	13	线管弯头	322124204277	信息电话插座	322124208107	N-F 交 43-44 轴
5	新增	13	线管弯头	326418793980	线管弯头	326419145473	N-L 交 18-19 轴
6	新增	13	线管弯头	326419172151	线管弯头	326419172166	C-L 交 27-26 轴

（2）碰撞调整

机电专业内碰撞可以在设计之初通过设置不同标高来达到解决一部分碰撞的目的，但由于管线多且布置复杂，部分管线无法通过这种方式解决碰撞，就需要局部调整。专业间碰撞也和专业内碰撞一样，可以在设计之初通过设置不同标高来达到解决一部分碰撞的目的，调整更加灵活、方便。

根据上述碰撞检查结果，通过调整管线的水平位置和竖直位置，逐一进行碰撞调整。使用PKPM-BIM全专业协同设计系统的“管线综合”功能区中的“管道编辑”功能对机电专业所有类型管线进行编辑修改。如图5-19所示为电气局部调整功能示意，此处使用双弧乙字弯对电气管线进行调整。除了解决大量电气、给水排水、暖通的管线和设备的碰撞以外，还可以解决大量机电各专业之间的碰撞，更关键的是解决了机电管线和设备与结构构件之间的碰撞问题，主要是各类管线、设备与结构梁板柱的碰撞。由于机电专业含电气、给水排水以及暖通等专业，专业内外均涉及协同操作问题，以下按协同类型给出部分示例。

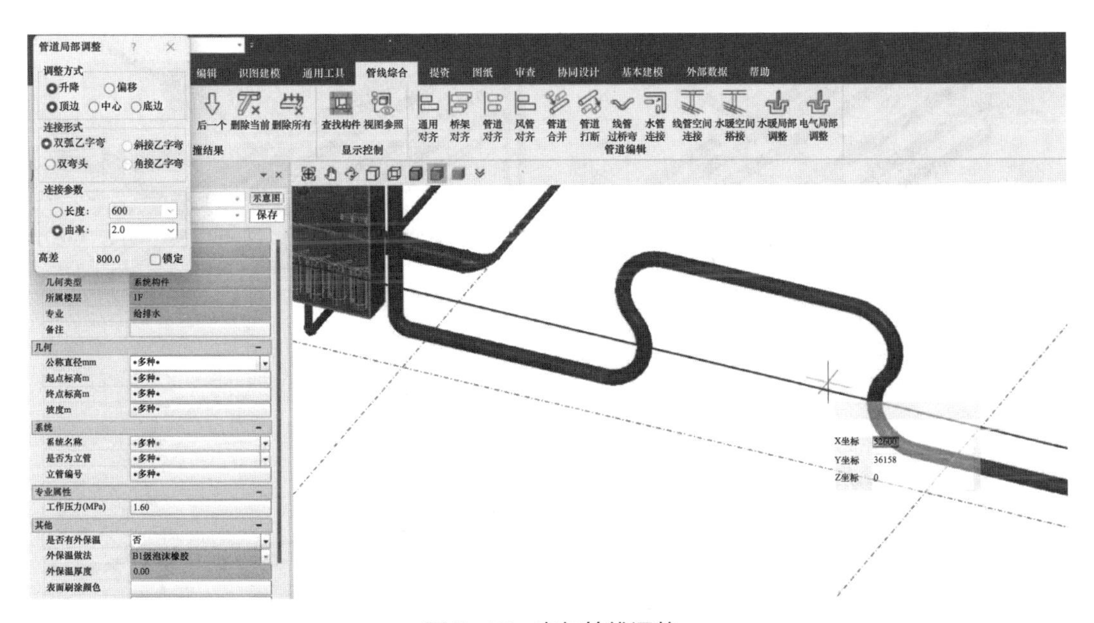

图5-19　电气管线调整

1）机电各专业内的碰撞调整

暖通、给水排水、电气专业内部的管线和设备会产生大量的碰撞问题。以下示例列出部分专业内管线避让处理。

如图5-20所示，暖通专业空调冷媒管因为标高问题而与冷凝水管发生碰撞，通过整体调整标高的方法解决碰撞问题。

如图5-21所示，电气专业温感探测器线管与入户弱电箱线管由于标高问题发生碰撞，通过局部升降温感探测器线管的方法解决碰撞。

如图5-22所示，给水排水专业消防喷淋水管与排风排烟管道由于布置问题发生碰撞，通过局部偏移消防喷淋管的方法解决碰撞。

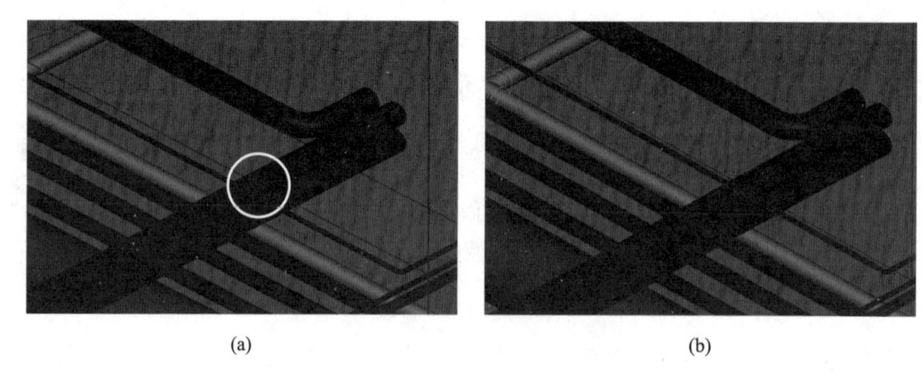

图 5-20　冷媒管与冷凝水管碰撞调整前后对比
（a）调整前；（b）调整后

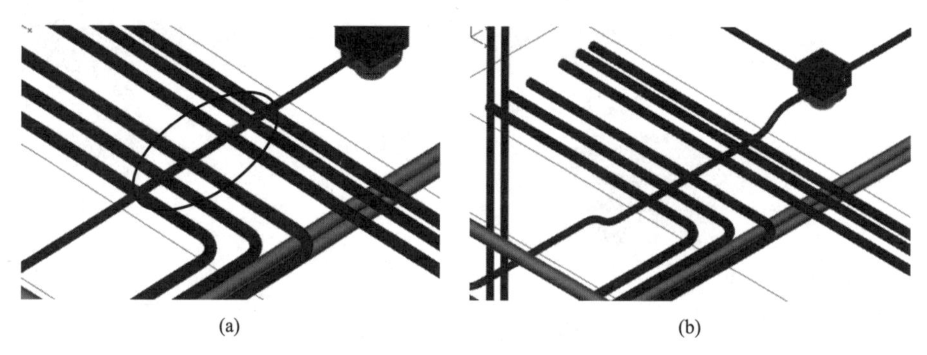

图 5-21　温感探测器线管与入户弱电箱线管的碰撞调整前后对比
（a）调整前；（b）调整后

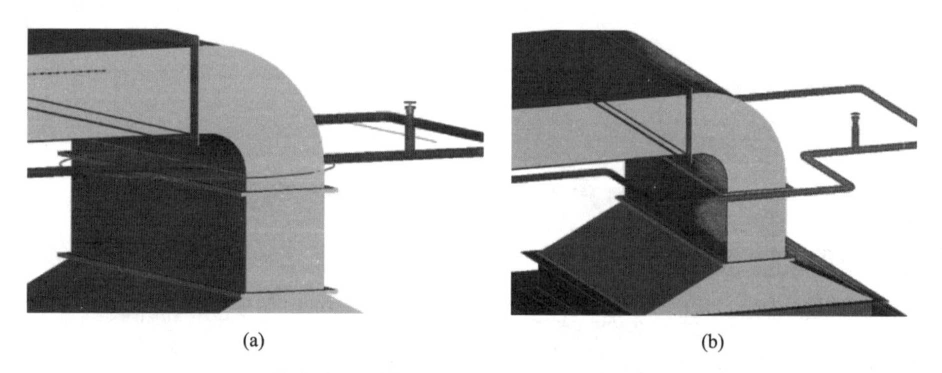

图 5-22　消防喷淋水管与排风排烟管道的碰撞调整前后对比
（a）调整前；（b）调整后

此外，还可以采用管道编辑中的线管过桥弯功能，对相同专业内的局部碰撞进行细部处理。如图 5-23 所示，普通插座线管与空调插座线管在房间内普遍存在部分交叉碰撞情况。采用向下进行过桥弯处理，保证施工方便且管线各部分均不高于楼板顶面标高。

2）给水排水专业与电气专业的碰撞调整

如图 5-24 所示，电气桥架与消火栓管发生碰撞，通过调整消火栓管的水平位置进行避让。

如图 5-25 所示，灯具与消防喷淋头碰撞，通过调整消防喷淋头水平位置解决此碰撞问题。

图 5-23　管线过桥弯

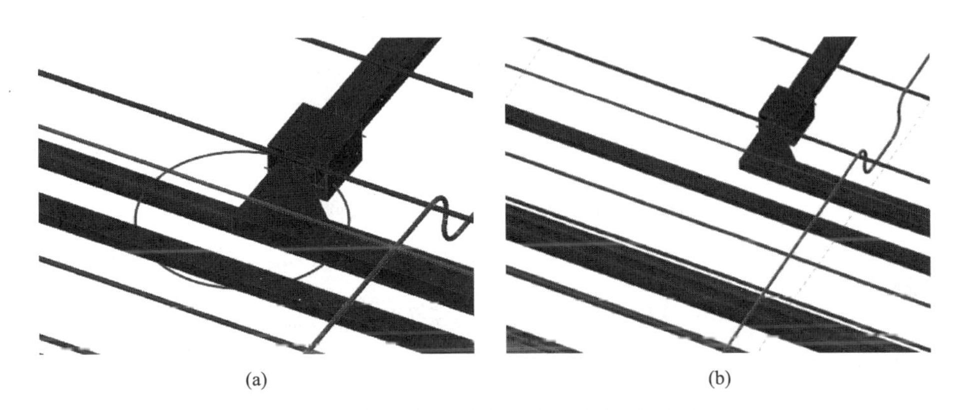

(a)　(b)

图 5-24　电气桥架与消火栓管碰撞调整前后对比

（a）调整前；（b）调整后

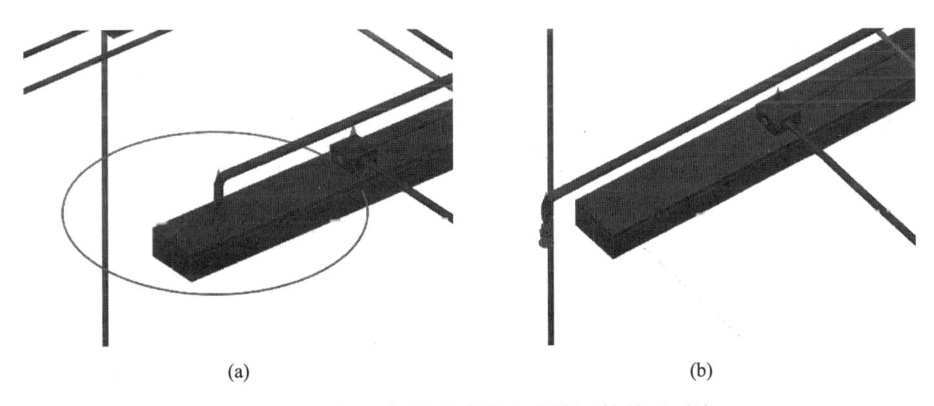

(a)　(b)

图 5-25　灯具与消防喷淋头碰撞调整前后对比

（a）调整前；（b）调整后

如图 5-26 所示，自动喷淋的喷头与吸顶灯发生碰撞，通过调整喷头水平位置解决了此处碰撞。如图 5-27 所示为消火栓横支管与电气桥架件碰撞，通过调整消火栓管的局部标高解决该碰撞问题。

3）给水排水专业与建筑、结构专业的碰撞调整

给水排水专业与建筑专业的碰撞主要为标高不满足要求。如图 5-28 所示，消防喷

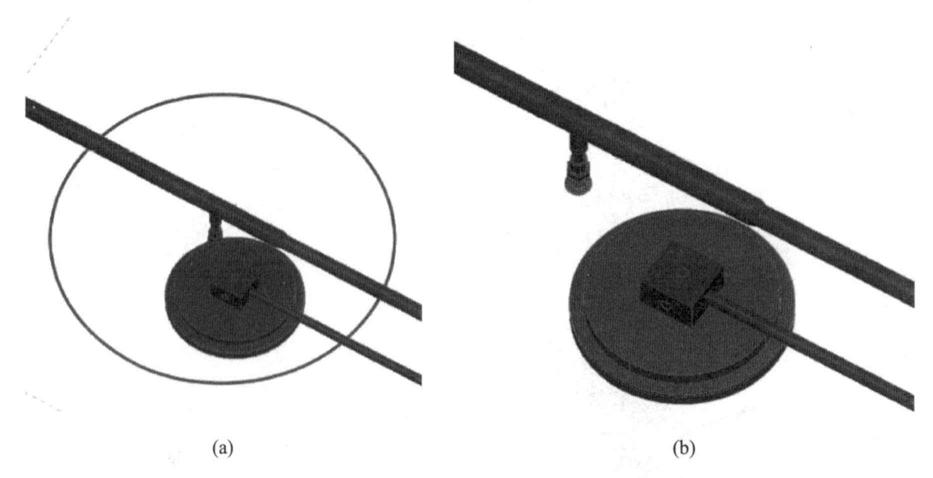

图 5-26　自动喷淋喷头与吸顶灯碰撞调整前后对比

（a）调整前；（b）调整后

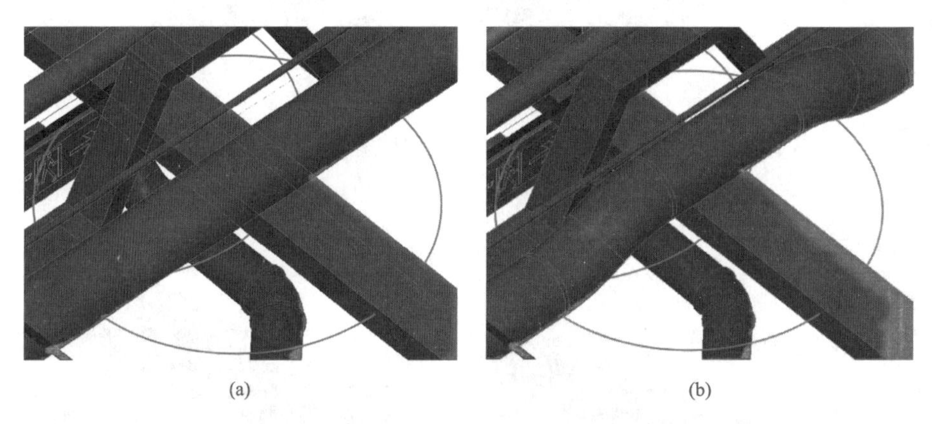

图 5-27　消火栓横支管与电气桥架件碰撞调整前后对比

（a）调整前；（b）调整后

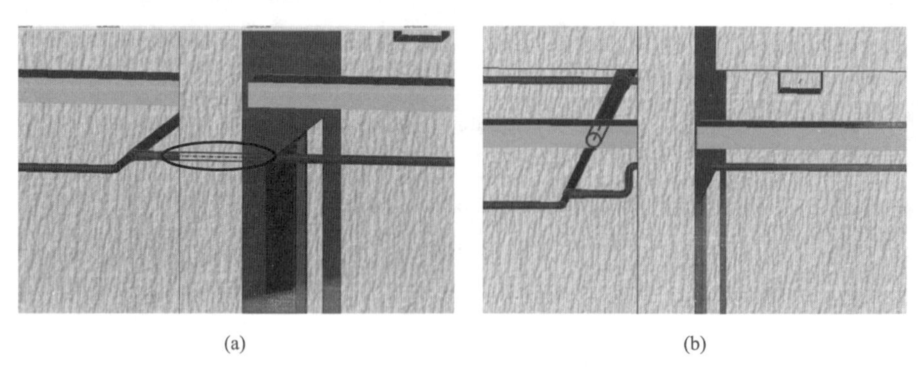

图 5-28　消防喷淋水管与门的碰撞调整

（a）调整前；（b）调整后

淋水管与房门由于标高问题发生碰撞，通过重新规划喷淋管路线，单侧提升标高的方法解决碰撞。

给水排水专业与结构专业的碰撞主要为在吊顶内的各类横支管与梁的碰撞，管线与板、墙的碰撞问题大多需要开洞提资及预埋处理来解决。如图 5-29 所示，在卫生间内，由于初期结构专业设定的梁高不足，增加梁高后，给水排水专业模型中吊顶内敷设的给水暗管全部与梁碰撞。通过降低吊顶内给水管标高解决此类碰撞。

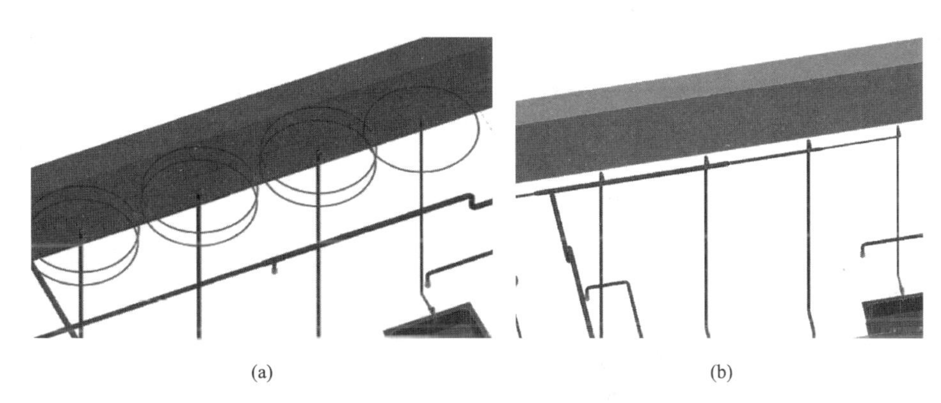

图 5-29　给水暗管与梁碰撞调整前后对比

（a）调整前；（b）调整后

如图 5-30 所示，喷淋系统的自动喷洒管与结构梁发生碰撞，通过调整结构梁处喷洒管的标高做局部避让，形成双弧乙字弯，解决了碰撞问题。

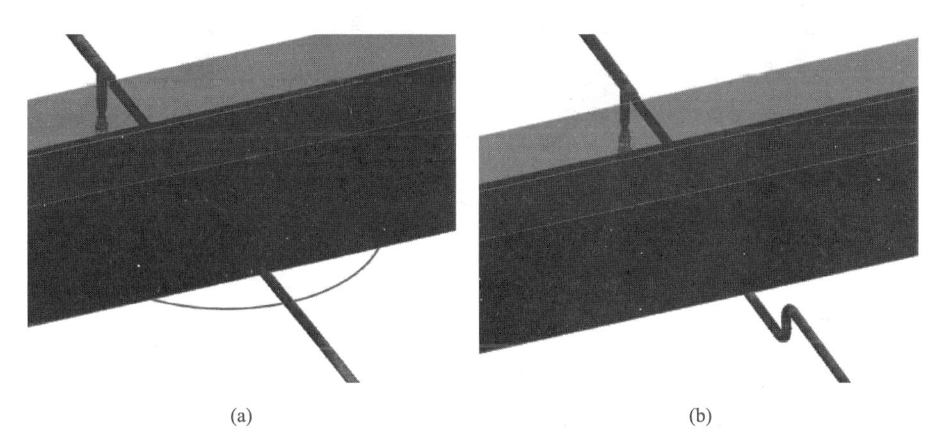

图 5-30　自动喷洒管与结构梁碰撞调整前后对比

（a）调整前；（b）调整后

4）电气专业与结构专业的碰撞调整

如图 5-31 所示，电气线管件与结构梁发生碰撞，通过调整线管件局部标高进行避让。

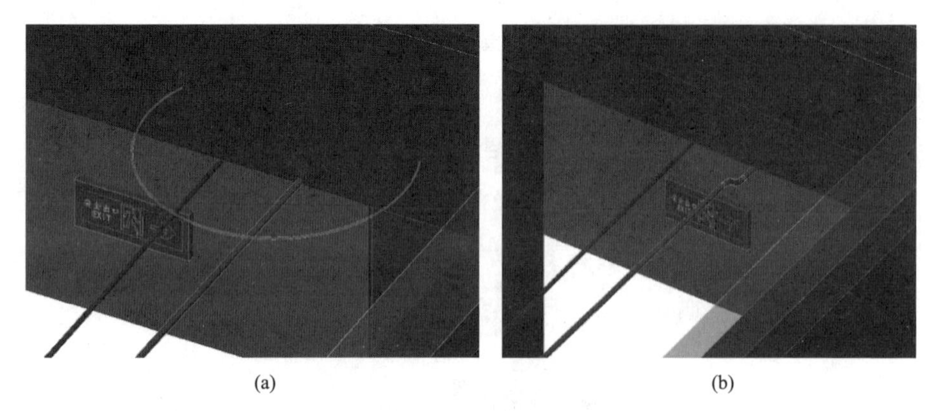

(a)　(b)

图 5-31　电气线管件与结构梁碰撞调整前后对比

（a）调整前；（b）调整后

5）暖通专业与结构专业的碰撞调整

如图 5-32 所示，供暖供、回水管与结构梁发生碰撞，通过调整水平管位置避让。

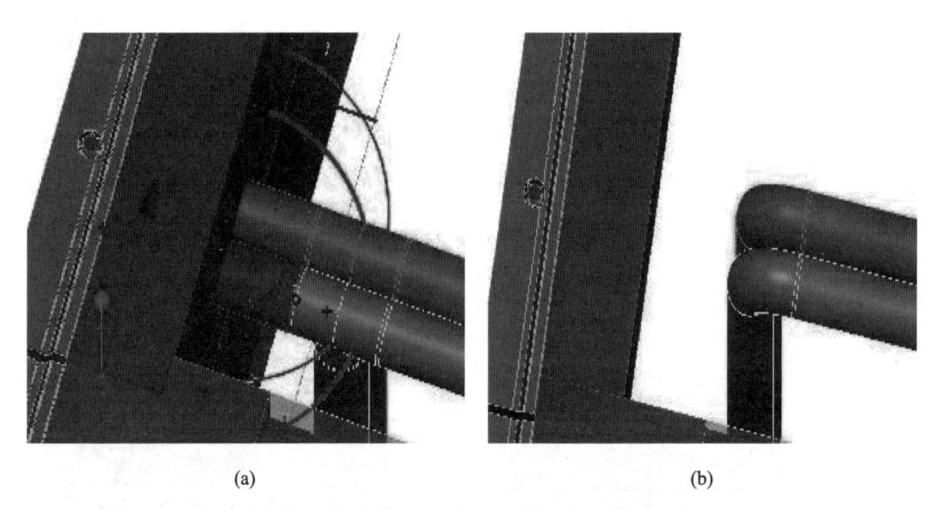

(a)　(b)

图 5-32　供暖供、回水管与梁碰撞调整前后对比

（a）调整前；（b）调整后

3. 精细化建模

本项目利用 PKPM-BIM 全专业协同设计系统进行精细化模型构建，同时解决碰撞问题。为了建立精细化模型并满足管线碰撞检查的要求，本项目通过自主构建模型或采取精细规划走线，使模型精细化程度更高，符合实际工程应用情况。精细化模型示例如下。

（1）布置 B 户型卫生间排水系统时，污水管满足坡度 0.026，坐便器与排水立管直连，如图 5-33 所示。

（2）洗衣机地漏和洗手池地漏与排水立管相连时，采用水管四通，如图 5-34 所示。

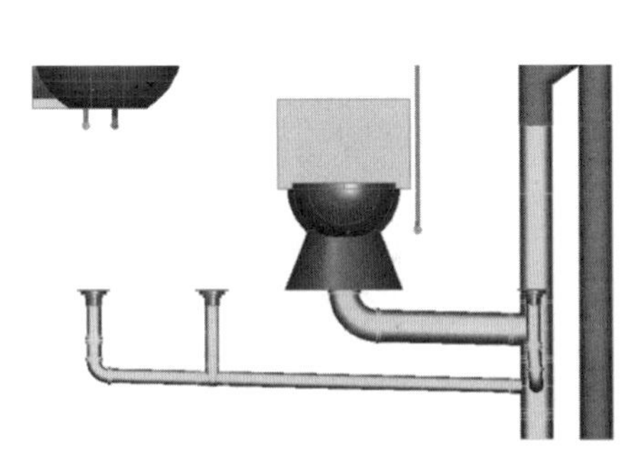
图 5-33　排水管精细化模型处理

图 5-34　水管四通

（3）通气管与废水管用 H 形管件，由废水管（低端）连向通气管（高端），防止污废水涌入通气管内，并在 1.1m 高处设置检查口，如图 5-35 所示。

（4）对于 1～12 层，如图 5-36 所示，厨房墙壁壁装燃气热水器与冷水给水管相连，经过加热引出热水供给户内热水使用。

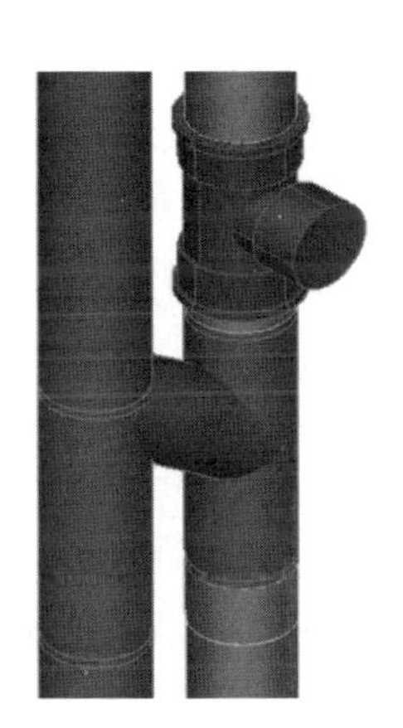
图 5-35　H 形管件与检查口

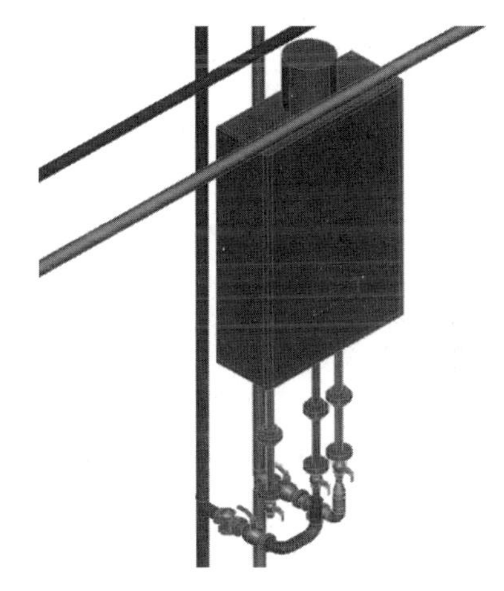
图 5-36　燃气热水器连冷、热水管

（5）对于 13～18 层，如图 5-37 所示，在屋顶布置太阳能热水器，由户内冷水给水管引至屋面与热水器连接，经过加热引出热水管穿过水井房引回户内提供热水，热水管端部布置自动排气阀和旋塞阀。

（6）屋顶消防水箱分别接入补水泵补水管、水位溢出排水管（直接排入屋面）、地下室喷淋管、消火栓管，各个管道上均布置相应的给水排水附件，如图 5-38 所示。

4. 净高分析

本项目地上每层层高 2.95m，全楼层结构、建筑及机电模型完成后，进行负一层、一层及二层净高平面出图，目的是直观分析机电部分管线、设备及桥架的布置是否满

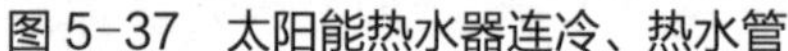

图 5-37　太阳能热水器连冷、热水管

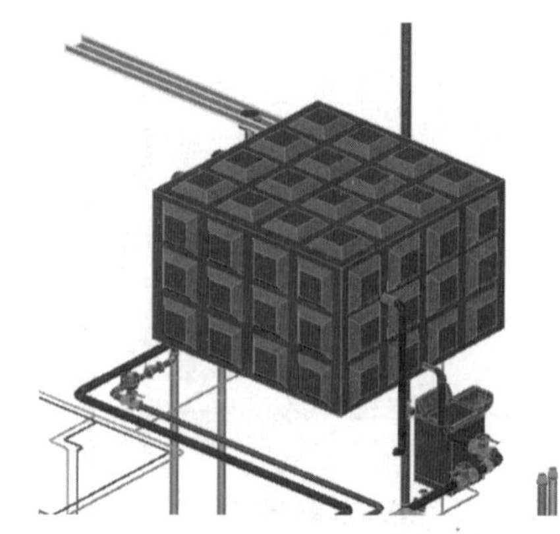

图 5-38　屋顶消防水箱

足净高要求。对于该项目，首先进行一层净高分析，发现起居室、电井房净高仅有 1.9m，通过构件模型定位检查发现原因是配电箱竖直引出的桥架参与了净高分析。因为户内配电箱暗装于墙内，电井房配电箱引出的桥架宽度及深度小于配电箱的尺寸，所以配电箱和桥架无需记入净高分析。通过手动隐藏桥架后再次计算，净高全部满足要求。进行负一层净高分析，发现排烟机房竖直变径接口参与净高计算，通过删除构件重新调整建模，再次计算即符合净高要求，修改后负一层净高分析结果全部满足地下车库净高要求。

5.5　机电专业智能审查和全楼机电 BIM 模型

根据相关规范和标准，PKPM-BIM 全专业协同设计系统可以对电气、给水排水、暖通各专业进行智能审查，做到各专业协同设计，并调整修改各专业的 BIM 模型，以满足规范要求。

1. 电气专业智能审查

（1）全局属性设置

在 PKPM-BIM 全专业协同设计系统的电气“全局属性设置”进行属性设置，其中电源负荷等级为二级 / 三级，双回路供电，电源电压 380V，拥有火灾自动报警系统和照明供电系统，接地系统类型为 TN-C-S；建筑防雷等级第三类，年预计雷击次数 0.0946 次 / 年；确认火灾后启动建筑内的所有火灾声光报警器，且设置自动报警系统以此与机械排烟、防烟系统及自动喷水灭火系统等联锁动作，如图 5-39 所示。

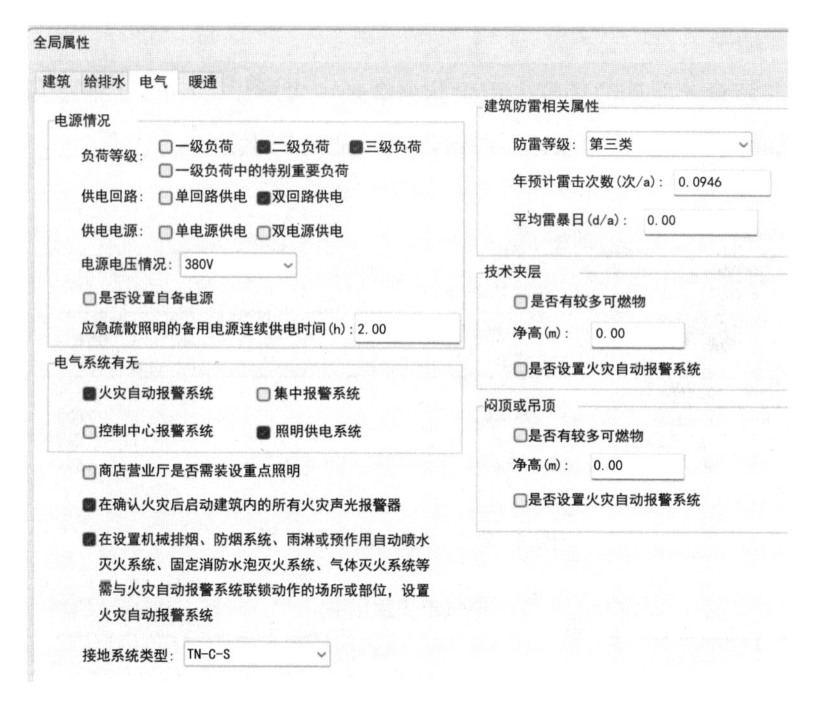

图 5-39　电气全局属性设置

（2）规范选择

规范选择“南京审查范围”，如图 5-40 所示，规范中涉及 19 项条款，具体规范选择包括：《建筑设计防火规范（2018 年版）》GB 50016—2014、《住宅建筑规范》GB 50368—2005、《火灾自动报警系统设计规范》GB 50116—2013、《汽车库、修车库、停车场设计防火规范》GB 50067—2014 等。

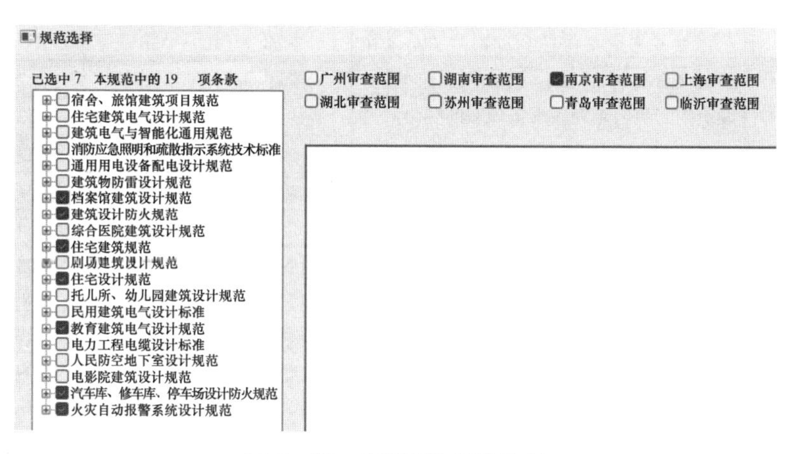

图 5-40　电气具体条款选择

（3）审查结果

本项目共审查 8 项规范条款，审查获得 2 条审查意见，电气专业智能审查已通过的审查结果如图 5-41 所示，未通过的审查结果见表 5-4。

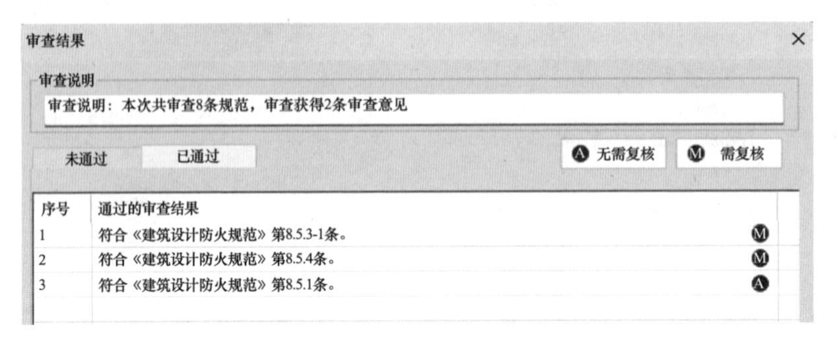

图 5-41　已通过的审查结果

电气审查意见书　　表 5-4

<table>
<tr><td colspan="2">工程名称</td><td colspan="4">机电建筑部分</td></tr>
<tr><td colspan="2">专业</td><td>电气</td><td>日期</td><td colspan="2"></td></tr>
<tr><td rowspan="2">序号</td><td rowspan="2">违规类型</td><td rowspan="2">审查意见</td><td colspan="3">构件信息</td></tr>
<tr><td>类型</td><td>楼层</td><td>ID</td></tr>
<tr><td rowspan="2">1</td><td rowspan="2">强制性条文</td><td rowspan="2">不符合《建筑设计防火规范（2018 年版）》GB 50016—2014 第 10.3.1 条[①]。封闭楼梯间、防烟楼梯间及其前室、消防电梯间的前室或合用前室、避难走道、避难层（间）应设置疏散照明</td><td>前室</td><td>-2F</td><td>2289219465378</td></tr>
<tr><td>前室</td><td>-2F</td><td>2289219465380</td></tr>
<tr><td rowspan="9">2</td><td rowspan="9">强制性条文</td><td rowspan="9">不符合《建筑设计防火规范（2018 年版）》GB 50016—2014 第 10.3.1 条。公共建筑内的疏散走道应设置疏散照明</td><td>电梯厅</td><td>-2F</td><td>2289219465376</td></tr>
<tr><td>走廊</td><td>2F</td><td>2314989269766</td></tr>
<tr><td>走廊</td><td>2F</td><td>2314989269768</td></tr>
<tr><td>走廊</td><td>3F</td><td>2323579204154</td></tr>
<tr><td>走廊</td><td>3F</td><td>2323579204156</td></tr>
<tr><td>走廊</td><td>4F</td><td>2332169142212</td></tr>
<tr><td>走廊</td><td>4F</td><td>2332169142216</td></tr>
<tr><td>走廊</td><td>5F</td><td>2340759073746</td></tr>
<tr><td>走廊</td><td>5F</td><td>2340759073748</td></tr>
<tr><td rowspan="2">3</td><td rowspan="2">一般性条文（列入审查要点）</td><td rowspan="2">不符合《火灾自动报警系统设计规范》GB 50116—2013 第 6.2.5 条。点型探测器至墙壁、梁边的水平距离，不应小于 0.5m</td><td>温烟感，
建筑柱，
建筑柱</td><td>-2F，
-2F，
-2F</td><td>304943952807，
2289219442212，
2289219442773</td></tr>
<tr><td>温烟感，
建筑墙，
建筑墙</td><td>1F，
1F，
1F</td><td>309239056373，
2306399340078，
2306399340153</td></tr>
</table>

① 该案例项目建于 2022 年，故采用当时的规范条文进行审查，本教材下同。

续表

序号	违规类型	审查意见	构件信息		
			类型	楼层	ID
3	一般性条文（列入审查要点）	不符合《火灾自动报警系统设计规范》GB 50116—2013 第 6.2.5 条。点型探测器至墙壁、梁边的水平距离，不应小于 0.5m	温烟感，建筑墙，建筑墙	1F，1F，1F	309239056374，2306399339925，2306399340189
			温烟感，建筑墙，建筑墙	1F，1F，1F	309238846990，2306399340792，2306399340831
			温烟感，建筑墙，建筑墙	1F，1F，1F	309238847003，2306399340696，2306399340861

（4）修改措施

由于建模时遗漏负一层电梯厅的疏散照明设备，智能审查未通过，因此新增了壁挂式应急照明和安全疏散出口标志的设置，如图 5-42 所示，新增疏散照明设备后符合《建筑设计防火规范（2018 年版）》GB 50016—2014 第 10.3.1 条规定。

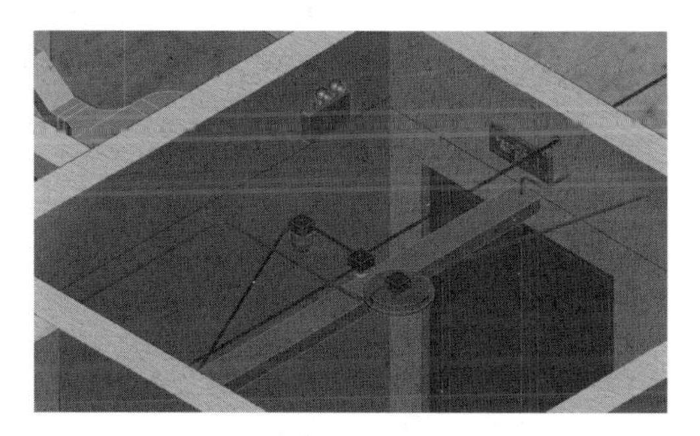

图 5-42　布置壁挂式应急照明和安全疏散出口标志

调整点型探测器的位置，向电井房墙平移至大于 0.5m，如图 5-43 所示，调整后符合《火灾自动报警系统设计规范》GB 50116—2013 第 6.2.5 条规定。

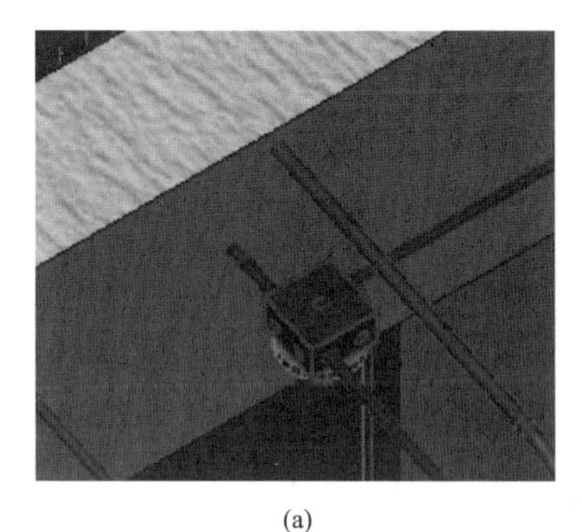

(a)

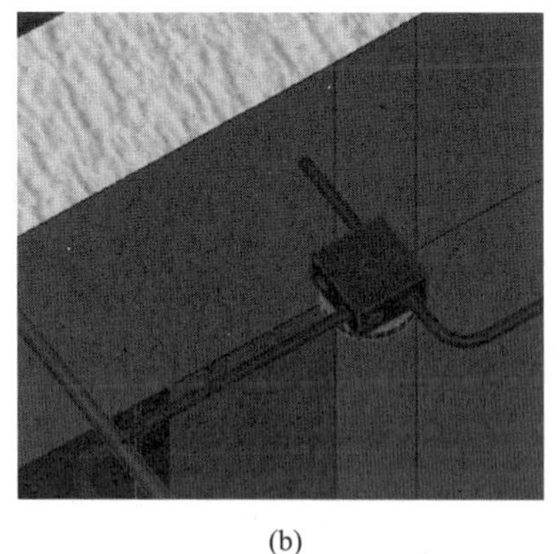

(b)

图 5-43　调整点型探测器的位置

（a）调整前；（b）调整后

修改后电气专业模型满足电气审查结果。

2. 给水排水专业智能审查

（1）全局属性设置

本项目布置给水系统、污水系统、废水系统及雨水系统，消防布置自动喷水灭火系统，配备室内消火栓及室外消火栓系统，具体参数设置如图 5-44 所示。

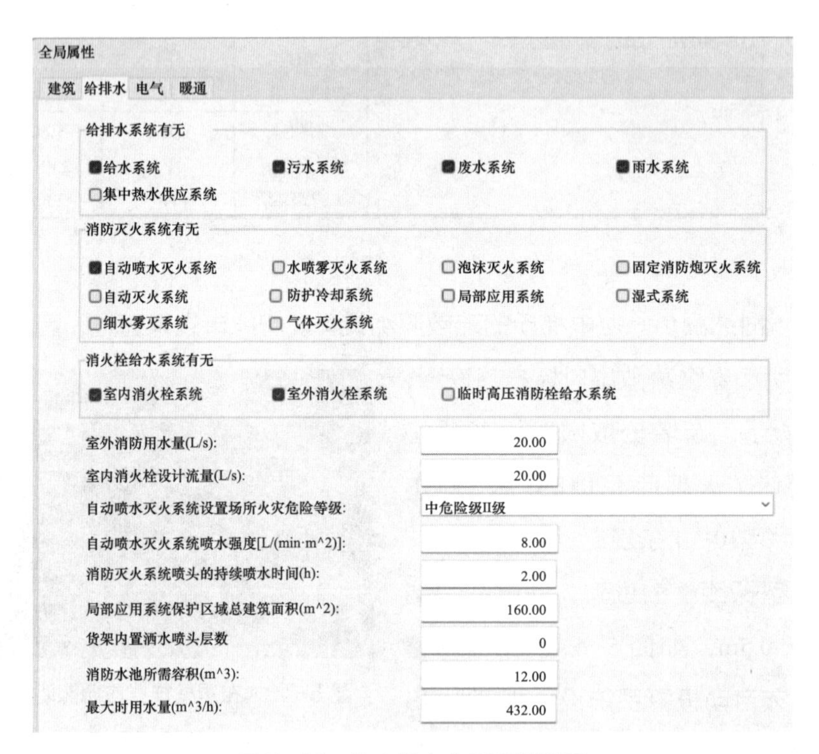

图 5-44　给水排水全局属性设置

（2）规范选择

规范选择“南京审查范围”，智能审查涉及 10 本规范及指南中的 27 项条款，具体选择包括：《建筑给水排水与节水通用规范》GB 55020—2021、《消防设施通用规范》GB 55036—2022、《室外给水设计标准》GB 50013—2018、《南京市海绵城市规划建设指南》、《建筑设计防火规范（2018 年版）》GB 50016—2014、《建筑给水排水设计标准》GB 50015—2019、《住宅建筑规范》GB 50368—2005、《住宅设计规范》GB 50096—2011、《消防给水及消火栓系统技术规范》GB 50974—2014、《自动喷水灭火系统设计规范》GB 50084—2017。

（3）审查结果

本项目给水排水智能审查未通过的部分审查结果见表 5-5。

给水排水审查意见书　　表 5-5

工程名称		机电建筑部分			
专业		给水排水	日期		
序号	违规类型	审查意见	构件信息		
			类型	楼层	ID
1	强制性条文	不符合《住宅建筑规范》GB 50368—2005 第 8.2.6 条。坐便器的一次冲水量应小于或等于 6L	大便器	1F	545461820825
			大便器	1F	545461820881
			大便器	13F	597001831461
2	强制性条文	不符合《住宅设计规范》GB 50096—2011 第 8.2.10 条。无水封的地漏与生活排水管道连接时，在排水口以下应设存水弯	地漏	18F	618476660533
			地漏	11F	588411683421
			地漏	4F	558346905098
			地漏	13F	597001823971
			地漏	13F	597001577430
			地漏	1F	545461821613
			地漏	4F	558346868409
			地漏	6F	566936803987
			地漏	7F	571231771548
			地漏	13F	597001823973
3	强制性条文	不符合《建筑给水排水与节水通用规范》GB 55020—2021 第 4.3.6-2 条。排水管道不得穿越下列场所：食堂厨房和饮食业厨房的主副食操作、烹调、备餐、主副食库房的上方。需专家复核：排水管道设置是否属于合理情况	房间	12F	227633905273
			房间	11F	219043984269
			房间	3F	64425115873
			房间	6F	176094297709
			房间	10F	210454049675
			房间	18F	279173526427
			房间	12F	227633918863
			房间	7F	184684232303
			房间	9F	201864101491
			房间	10F	210454036085
			地漏	2F	549756536184
			地漏	13F	597001577430
			地漏	14F	601296791290
4	强制性条文	不符合《消防设施通用规范》GB 55036—2022 第 4.0.6 条。楼层应设置试水阀	楼层	-1F	7035746011090

（4）修改措施

由于建模软件材料库的局限性，建模初期并未设置坐便器冲水量，如图 5-45 所示，现将冲水量初始数值由 10L 修改为 4L，修改后符合《住宅建筑规范》GB 50368—2005 第 8.2.6 条规定。

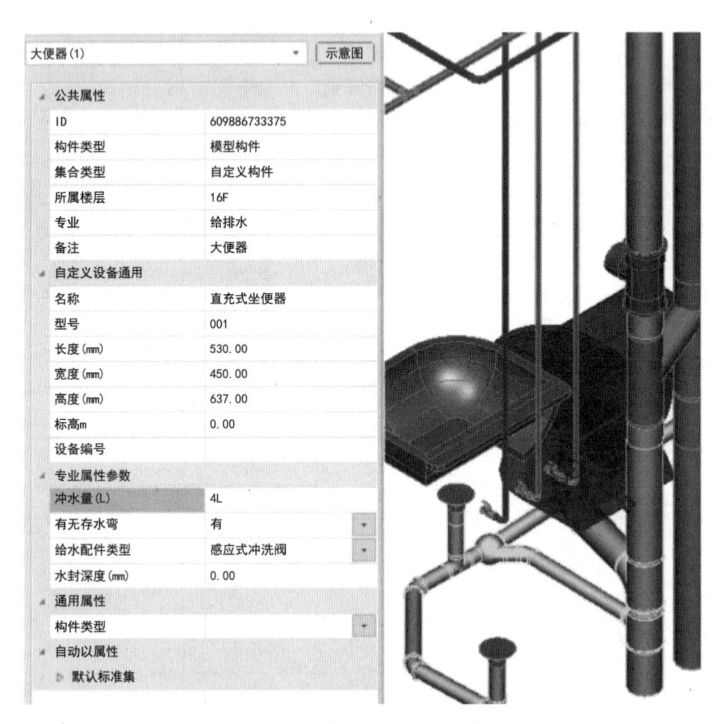

图 5-45　修改坐便器冲水量

卫生间地漏采用双地漏连接后连立管排水，实际施工地漏自带 50mm 水封，将模型中遗漏的地漏水封参数补全，如图 5-46 所示，从而满足《住宅设计规范》GB 50096—2011 第 8.2.10 条规定。

阳台洗衣机地漏与 S 形存水弯连接，无需自带水封深度，因此将水封深度修改为 0，如图 5-47 所示，以此满足《住宅设计规范》GB 50096—2011 第 8.2.10 条规定。

地下一层最不利喷头位置处引出消防喷淋管，如图 5-48 所示，在标高 1.7m 处布置试水阀，水流排至截水沟，以此满足《消防设施通用规范》GB 55036—2022 第 4.0.6 条规定。

《建筑给水排水与节水通用规范》GB 55020—2021 第 4.3.6-2 条规定排水管道不得穿越下列场所：食堂厨房和饮食业厨房的主副食操作、烹调、备餐、主副食库房的上方。本项目废水排水管道均布置在卫生间角落，用隔墙围护，预留距地 1.1m 检查口，

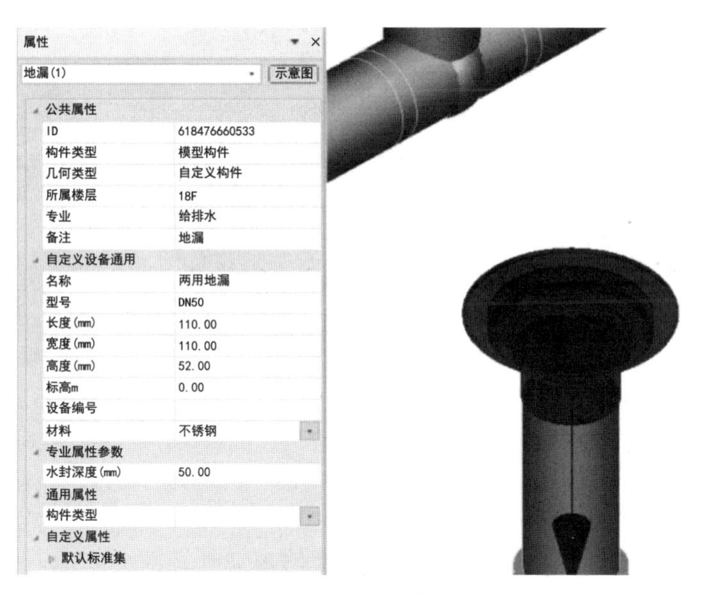

图 5-46　补充地漏水封深度

厨房产生的生活废水通过直连排水立管的方式同层排水，如图 5-49 所示，因此并不违反规范要求。

修改后给水排水专业模型满足审查结果。

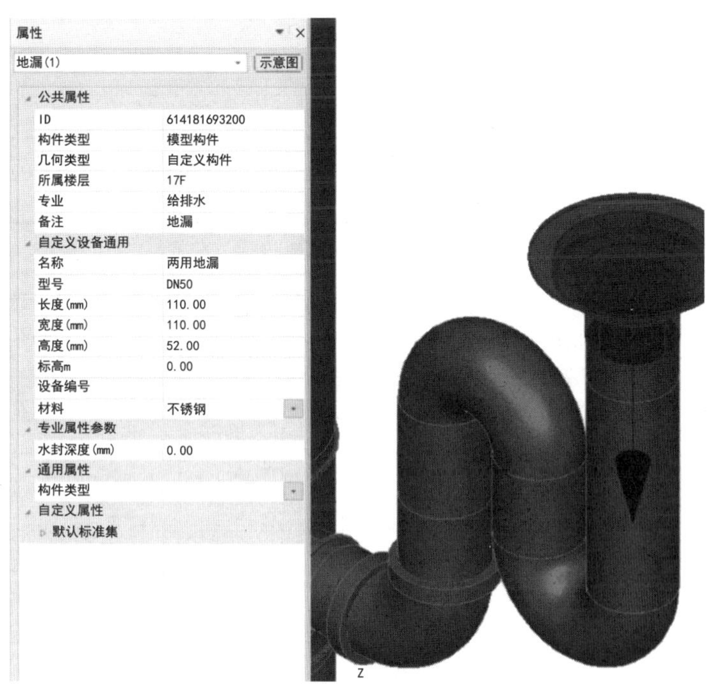

图 5-47　修改地漏水封深度

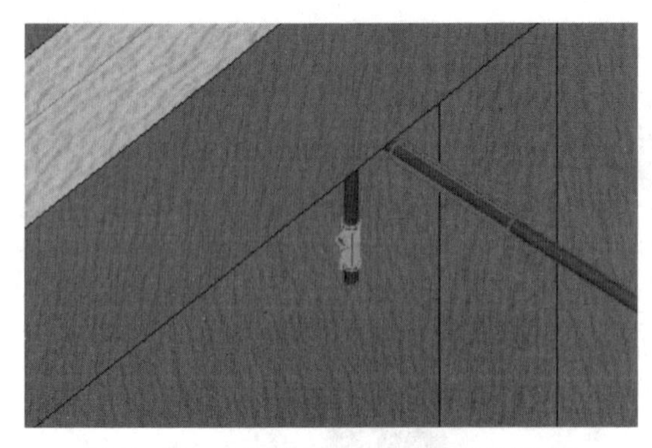

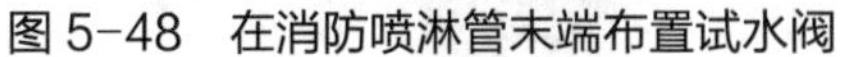

图 5-48　在消防喷淋管末端布置试水阀

图 5-49　厨房排水示意图

3. 暖通专业智能审查

（1）审查结果

对暖通专业进行全局属性设置，然后进行审查涉及规范的选择，操作步骤同前。供暖系统采用空调供暖，审查规范选取“南京审查范围”，具体规范选择包括：《建筑设计防火规范（2018 年版）》GB 50016—2014、《住宅设计规范》GB 50096—2011、《汽车库、修车库、停车场设计防火规范》GB 50067—2014。

本项目暖通智能审查未通过的审查结果见表 5-6。

暖通审查意见书　　表 5-6

工程名称		机电建筑部分			
专业		暖通	日期		
序号	违规类型	审查意见	构件信息		
			类型	楼层	ID
1	强制性条文	不符合《建筑设计防火规范（2018 年版）》GB 50016—2014 第 9.3.11 条。通风、空气调节系统的风管在穿越通风、空气调节机房的房间隔墙应设置公称动作温度为 70℃的防火阀	风管， 补风机房	-2F， -2F	408022464093， 2289219465336
			风管， 补风机房	-2F， -2F	408022464091， 2289219465336
			风管， 补风机房	-2F， -2F	408022464084， 2289219465370
			风管， 补风机房	-2F， -2F	408022464052， 2289219465370
2	强制性条文	不符合《建筑设计防火规范（2018 年版）》GB 50016—2014 第 9.3.11 条。通风、空气调节系统的风管在穿越防火分隔处的变形缝两侧应设置公称动作温度为 70℃的防火阀	风管， 墙体， 墙体	1F， 1F， 1F	128850157768， 2306399340615， 2306399340600
			风管， 墙体， 墙体	2F， 2F， 2F	133144702480， 2314989273713， 2314989273614

续表

序号	违规类型	审查意见	构件信息		
			类型	楼层	ID
2	强制性条文	不符合《建筑设计防火规范（2018 年版）》GB 50016—2014 第 9.3.11 条。通风、空气调节系统的风管在穿越防火分隔处的变形缝两侧应设置公称动作温度为 70℃的防火阀	风管，墙体，墙体	3F，3F，3F	137440068156，2323579228519，2323579228420

（2）修改措施

将负一层补风机房原先的普通风阀替换成矩形防烟防火阀（公称动作温度 70℃），如图 5-50 所示；A、B、C 户型室内一体式空调新风管原先的普通圆形风阀替换成圆形防烟防火阀（公称动作温度 70℃），如图 5-51 所示。修改后符合《建筑设计防火规范（2018 年版）》GB 50016 2014 第 9.3.11 条规定。

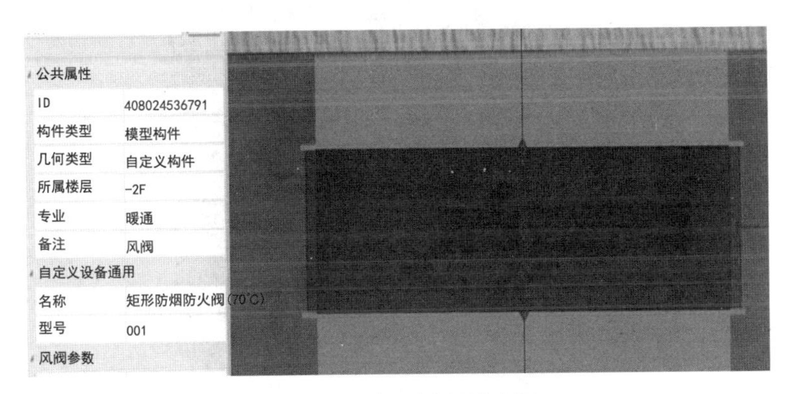

图 5-50　矩形防烟防火阀

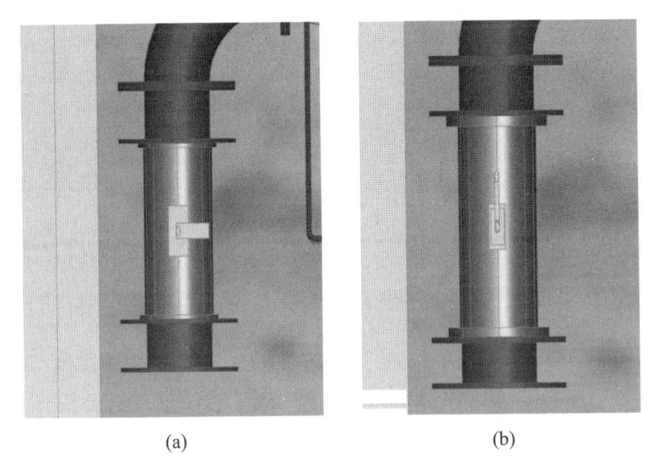

(a)　　(b)

图 5-51　空调新风管防烟防火阀替换

（a）调整前；（b）调整后

修改后暖通专业模型满足暖通审查结果。

4. 全楼机电 BIM 模型

PKPM-BIM 全专业协同设计系统可以实现全楼机电模型可视化，经过管线综合设计、净高分析以及规范智能审查后，可以获得电气、给水排水与暖通的机电全专业模型（全楼机电 BIM 模型），如图 5-52 所示。

全楼机电
BIM 模型

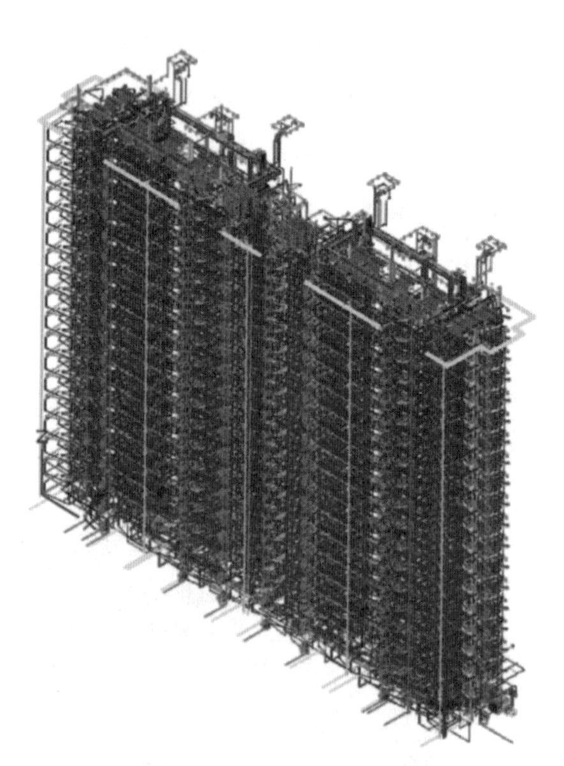

图 5-52 全楼机电 BIM 模型

5.6 预制构件深化设计

由于装配式建筑的特殊性，所有预制构件需直接在构件加工厂完成生产，并且不允许在施工现场进行二次加工（如开洞、开槽等），因此预制构件的轮廓造型、钢筋及预埋件均需在设计阶段考虑并通过构件加工详图准确表达。本项目建模时采用 PKPM-BIM 全专业协同设计系统在协同环境下操作，各专业可互相参照，协同建模，能够有效解决建模中各构件碰撞的问题。

结构专业在完成基础结构模型之后，将梁柱的信息提资给机电专业，这样在管线及设备设计初期阶段就可以尽量使管线规避结构大梁。例如，由于室内设计时部分房间及走廊吊顶标高较高，使得喷淋系统的设计标高过高，在“管线综合”模块的碰撞检查中出现了大量喷淋管与梁的碰撞问题，本设计通过重新设计吊顶标高，系统地解决了此类碰撞问题。如图 5-53 所示，管线在走廊上方布线时，前期就可以避开 800mm 高的结构梁，减轻后续避让工作量。

图 5-53　走廊管线避让大梁示意

部分机电管线、设备与结构之间的碰撞是不可避免的，结构专业收到机电专业提资，在结构构件上进行管线提资开洞、开槽和设备预埋，从而进一步实现构件的深化设计。在与建筑、结构专业协同中，选择“提资”功能区中的“自动开洞”功能，勾选相应构件类型，可进行一键开洞处理，如图 5-54 所示。

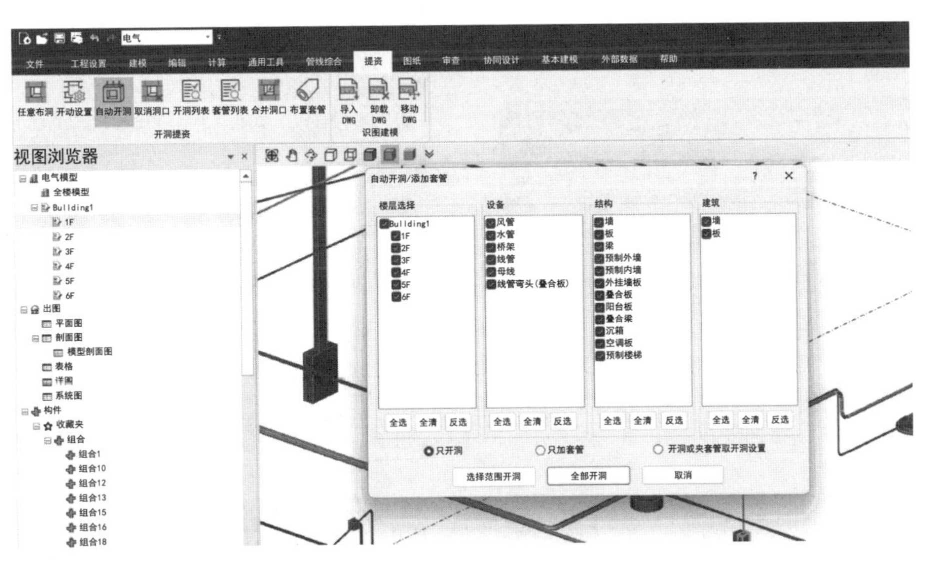

图 5-54　管线提资开洞

1. 预制构件开洞开槽

结构专业在接收到机电专业提资信息传递过来的管线开洞提资以及设备预埋的信息后，对有提资信息的预制构件（主要是叠合板、外挂墙板、预制内墙等）进行构件开洞的深化设计，以便构件在工厂的生产加工。结构和机电各专业相互参照，协同建模，建模局部视图示例如图 5-55 所示。

在接收到给水排水专业的提资信息后，结构专业根据提资信息进行实际结构的开洞。给水排水管线提资开洞主要体现在立管穿板、横管穿墙，如给水立管贯穿上下，全部需要提前开洞，对于预制装配式结构体系，洞口要提前预留好。如图 5-56 所示，冷水给水管从水井房向户内给水时需穿梁敷设，需在梁上布置直径 80mm 套管，户内穿梁敷设需布置直径 40mm 套管。如图 5-57 所示是根据给水横管、热回水横管及自动喷洒横管信息进行内墙的结构开洞。

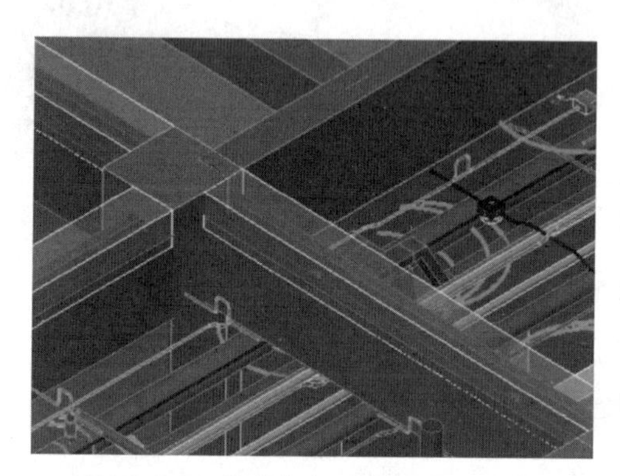

图 5-55　结构与机电相互参照建模

图 5-56　入户给水管线预埋 80mm 套筒

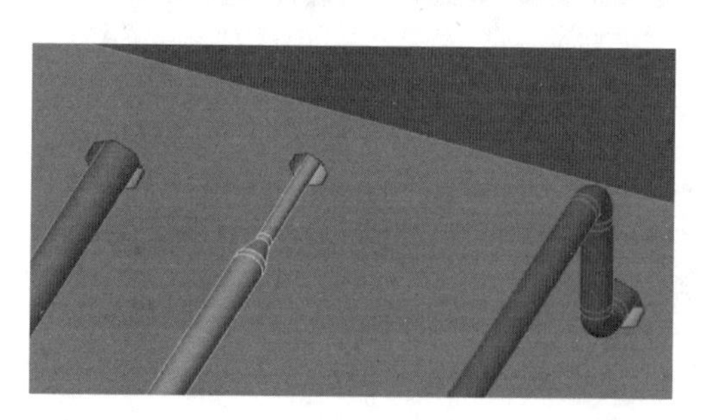

图 5-57　给水、热回水、自动喷洒横管的结构开洞

除了大量管线穿墙，还有部分立管会穿过叠合板，如图 5-58 所示是给水立管穿过预制叠合板的结构开洞。如图 5-59 所示是为了保证室内装修整洁美观，热水横管全部预埋在内墙非核心层中，给水排水专业预埋提资后，结构专业进行内墙开槽设计，图中可以看到开槽效果以及槽内的热水横管管线。

图 5-58　给水立管的结构开洞

图 5-59　热水横管的结构开槽

电气专业提资示例如图 5-60 所示，电气专业线管穿墙敷设，需在预制墙上预留洞口。

暖通专业提资示例如图 5-61 所示，暖通风管穿墙、穿楼板敷设，需在预制楼板、预制墙上预留洞口；如图 5-62 和图 5-63 所示为供暖供回水管穿墙和供暖供回水管穿板开洞提资的效果。

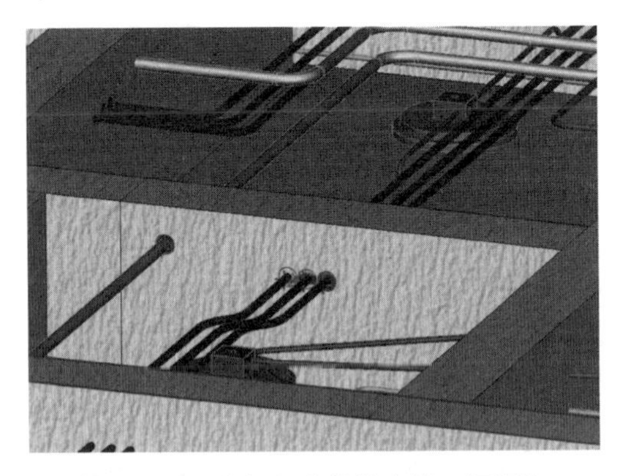

图 5-60　电气入户线管穿墙开洞提资

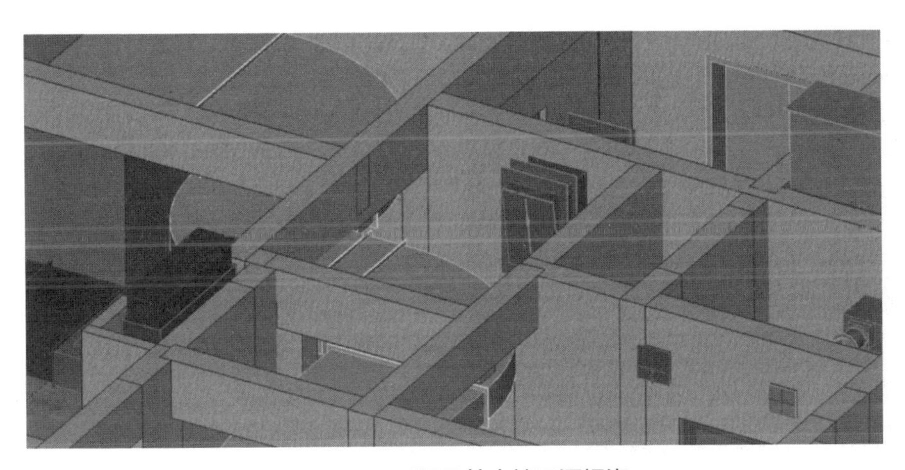

图 5-61　暖通风管穿墙开洞提资

2. 设备预埋

设备预埋主要涉及机电各专业的一些插座及配电箱等设备的预埋。例如消火栓箱等设备放置需要在墙上开洞，如图 5-64 所示是消火栓箱放在墙内时对墙的开洞效果。

A、B、C 户型户内强电、弱电配电箱均暗装在墙内，需在预制墙上预埋，如图 5-65 所示。

如图 5-66 和图 5-67 所示为 PKPM-BIM 全专业协同设计系统的线框模式展示效果，方便看清墙内的设备，分别为配电箱及插座预埋提资。

将预制构件洞口提资以及设备预埋提资信息生成之后，再交由结构专业进行结构预制构件的开洞、开槽、预埋等操作，完成预制构件的深化设计。

结构专业在对预制构件进行开洞、开槽之后，将预制构件的深化设计信息再次提交给机电专业，要求机电专业对结构专业提交的开洞开槽及预埋信息进行复核，确保洞口槽口全部生成。

图 5-62　供暖供回水管穿墙开洞提资

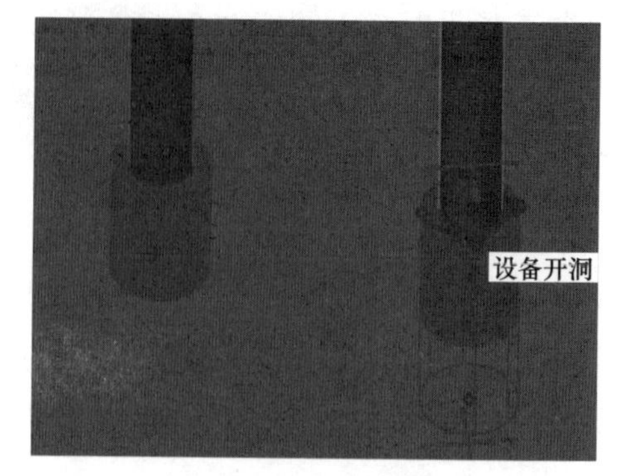

图 5-63　供暖供回水管穿板开洞提资

图 5-64　消火栓箱预埋提资

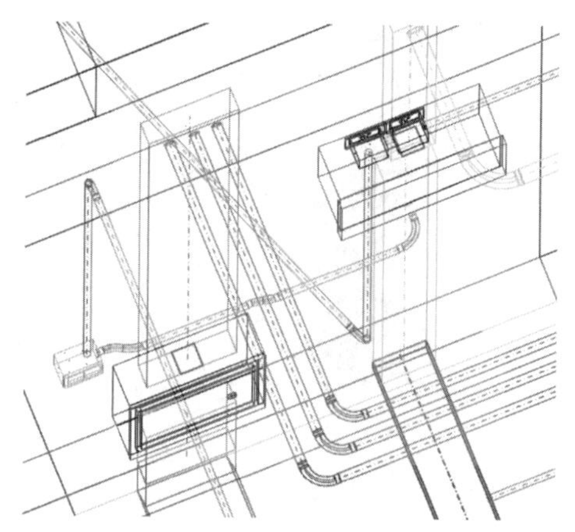

图 5-65　户内强电、弱电配电箱预埋

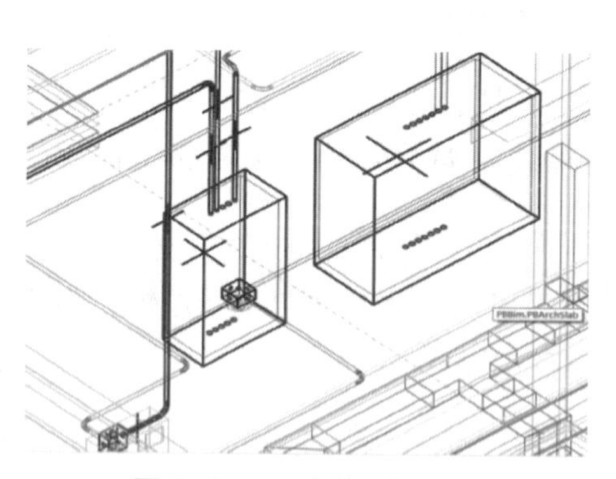

图 5-66　配电箱预埋提资

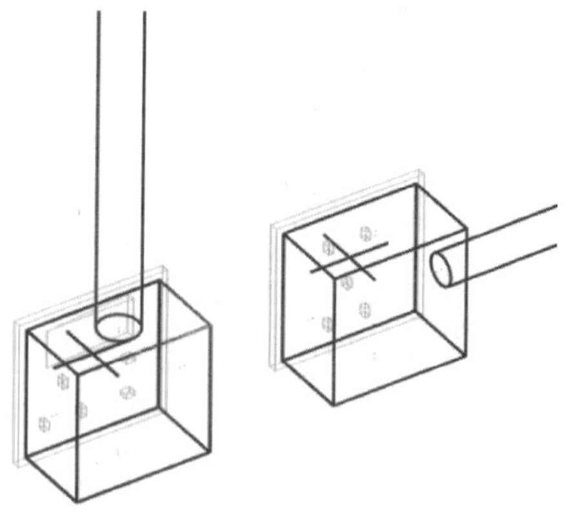

图 5-67　插座预埋提资

对所有提资信息进行处理，构件上的实际开洞开槽全部完成后，可以对所有开过洞的预制构件进行深化设计施工图的出图，便于预制构件在加工厂进行定制。

本章小结

PKPM-BIM 全专业协同设计系统各专业获取专业提资条件后，可以精确地对构件开洞及预埋进行计算，并生成相应的开洞及预埋提资信息，完成装配式预制构件管线预埋开洞设置，从而使得 BIM 模型在装配式建筑深化设计阶段达到面向生产需要的精细程度。PKPM-BIM 智能审查模块根据相关规范条文自动对机电各专业建模设计进行审查，并为各专业的 BIM 模型提供精确的修改意见，从而让模型更好地满足各项规范的要求。PKPM-BIM 全专业协同设计系统可以完成装配式建筑的全流程设计，可以实现查找钢筋碰撞点、构件开洞和预埋管线、构件归并，最终生成各专业施工图和构件深化设计图纸。

装配式混凝土剪力墙住宅 BIM 模型及场景动画见附录 1。此外，附录 1 还展示了基于 PKPM-BIM 全专业协同设计系统的部分学生设计作品动画。

思考与练习题

5-1　建筑与结构、建筑与机电协同设计的要点主要有哪些?

5-2　结构设计中钢筋碰撞如何进行调整?

5-3　机电设计存在管线碰撞时有哪些避让原则?

5-4　简述构件深化设计中结构与机电专业的协同内容。

5-5　简述装配式混凝土框架结构建筑各专业间协同设计的基本任务和内容。

PKPM-BIM 设计成果动画视频展示

装配式剪力墙住宅场景漫游视频

装配式剪力墙住宅结构施工演示视频

装配式框架结构教学楼场景漫游视频

参考文献

[1] 吴刚，潘金龙. 装配式建筑 [M]. 北京：中国建筑工业出版社，2018.

[2] 郭学明. 装配式建筑概论 [M]. 北京：机械工业出版社，2018.

[3] 郭学明. 装配式混凝土建筑构造与设计 [M]. 北京：机械工业出版社，2018.

[4] 江韩，陈丽华，吕佐超，等. 装配式建筑体系结构与案例 [M]. 南京：东南大学出版社，2018.

[5] 郭正兴，朱张峰，管乐芝. 装配整体式混凝土结构研究与应用 [M]. 南京：东南大学出版社，2018.

[6] 黄靓，冯鹏，张剑. 装配式混凝土结构 [M]. 北京：中国建筑工业出版社，2020.

[7] 中华人民共和国住房和城乡建设部. 装配式混凝土结构技术规程：JGJ 1—2014 [S]. 北京：中国建筑工业出版社，2014.

[8] 郭学明. 装配式混凝土结构建筑的设计、制作与施工 [M]. 北京：机械工业出版社，2017.

[9] 中华人民共和国住房和城乡建设部. 民用建筑设计统一标准：GB 50352—2019 [S]. 北京：中国建筑工业出版社，2019.

[10] 中华人民共和国住房和城乡建设部. 装配式建筑评价标准：GB/T 51129—2017 [S]. 北京：中国建筑工业出版社，2018.

[11] 中华人民共和国住房和城乡建设部. 无障碍设计规范：GB 50763—2012 [S]. 北京：中国建筑工业出版社，2012.

[12] 中华人民共和国住房和城乡建设部. 办公建筑设计标准：JGJ/T 67—2019 [S]. 北京：中国建筑工业出版社，2020.

[13] 中华人民共和国住房和城乡建设部. 建筑设计防火规范（2018年版）：GB 50016—2014 [S]. 北京：中国计划出版社，2018.

[14] 中华人民共和国住房和城乡建设部. 民用建筑工程室内环境污染控制标准：

GB 50325—2020 [S]. 北京：中国计划出版社，2020.

[15] 中华人民共和国住房和城乡建设部. 屋面工程技术规范：GB 50345—2012 [S]. 北京：中国建筑工业出版社，2012.

[16] 中华人民共和国住房和城乡建设部. 种植屋面工程技术规程：JGJ 155—2013 [S]. 北京：中国建筑工业出版社，2013.

[17] 中华人民共和国住房和城乡建设部. 玻璃幕墙工程技术规范：JGJ 102—2003 [S]. 北京：中国建筑工业出版社，2003.

[18] 中华人民共和国住房和城乡建设部. 建筑玻璃应用技术规程：JGJ 113—2015 [S]. 北京：中国建筑工业出版社，2016.

[19] 中华人民共和国住房和城乡建设部. 建筑地面设计规范：GB 50037—2013 [S]. 北京：中国计划出版社，2014.

[20] 中华人民共和国住房和城乡建设部. 托儿所、幼儿园建筑设计规范（2019 年版）：JGJ 39—2016 [S]. 北京：中国建筑工业出版社，2019.

[21] 中华人民共和国住房和城乡建设部. 公共建筑节能设计标准：GB 50189—2015 [S]. 北京：中国建筑工业出版社，2015.

[22] 中华人民共和国住房和城乡建设部. 民用建筑隔声设计规范：GB 50118—2010 [S]. 北京：中国建筑工业出版社，2010.

[23] 北京市市场监督管理局，北京市规划和自然资源委员会. 公共建筑节能设计标准：DB11/687—2015 [S/OL].（2015-04-30）[2024-02-04]. https://ghzrzyw.beijing.gov.cn/biaozhunguanli/bz/jzsj/202002/t20200221_1665920. html.

[24] 北京市市场监督管理局，北京市规划和自然资源委员会. 居住建筑节能设计标准：DB11/891—2020 [S/OL].（2020-06-28）[2024-02-04]. https://ghzrzyw.beijing.gov.cn/biaozhunguanli/bz/jzsj/202101/t20210106_2200771.html.

[25] 中华人民共和国住房和城乡建设部. 装配式混凝土建筑技术标准：GB/T 51231—2016 [S]. 北京：中国建筑工业出版社，2017.

[26] 中华人民共和国住房和城乡建设部. 绿色建筑评价标准（2024 年版）：GB/T 50378—2019 [S]. 北京：中国建筑工业出版社，2024.

[27] 中华人民共和国住房和城乡建设部. 建筑采光设计标准：GB 50033—2013 [S]. 北京：中国建筑工业出版社，2013.

[28] 中华人民共和国住房和城乡建设部. 建筑结构荷载规范：GB 50009—2012 [S].

北京：中国建筑工业出版社，2012.

[29] 中华人民共和国住房和城乡建设部. 混凝土结构设计规范（2015年版）：GB 50010—2010 [S]. 北京：中国建筑工业出版社，2016.

[30] 中华人民共和国住房和城乡建设部. 建筑结构可靠性设计统一标准：GB 50068—2018 [S]. 北京：中国建筑工业出版社，2019.

[31] 中华人民共和国住房和城乡建设部. 建筑工程抗震设防分类标准：GB 50223—2008 [S]. 北京：中国建筑工业出版社，2008.

[32] 中华人民共和国住房和城乡建设部. 火灾自动报警系统设计规范：GB 50116—2013 [S]. 北京：中国计划出版社，2014.

[33] 中华人民共和国住房和城乡建设部. 教育建筑电气设计规范：JGJ 310—2013 [S]. 北京：中国建筑工业出版社，2014.

[34] 中华人民共和国住房和城乡建设部. 低压配电设计规范：GB 50054—2011 [S]. 北京：中国计划出版社，2012.

[35] 中华人民共和国住房和城乡建设部. 供配电系统设计规范：GB 50052—2009 [S]. 北京：中国计划出版社，2010.

[36] 中华人民共和国住房和城乡建设部. 建筑照明设计标准：GB 50034—2013 [S]. 北京：中国建筑工业出版社，2014.

[37] 中华人民共和国住房和城乡建设部. 建筑物防雷设计规范：GB 50057—2010 [S]. 北京：中国计划出版社，2011.

[38] 中华人民共和国住房和城乡建设部. 民用建筑电气设计标准（共二册）：GB 51348—2019 [S]. 北京：中国建筑工业出版社，2020.

[39] 中华人民共和国住房和城乡建设部. 建筑物电子信息系统防雷技术规范：GB 50343—2012 [S]. 北京：中国建筑工业出版社，2012.

[40] 中华人民共和国住房和城乡建设部. 消防给水及消火栓系统技术规范：GB 50974—2014 [S]. 北京：中国计划出版社，2014.

[41] 中华人民共和国住房和城乡建设部. 自动喷水灭火系统设计规范：GB 50084—2017 [S]. 北京：中国计划出版社，2018.

[42] 中华人民共和国住房和城乡建设部. 建筑灭火器配置设计规范：GB 50140—2005 [S]. 北京：中国计划出版社，2005.

[43] 中华人民共和国住房和城乡建设部. 建筑排水塑料管道工程技术规程：CJJ/T

29—2010 [S]. 北京：中国建筑工业出版社，2011.

[44] 中华人民共和国住房和城乡建设部. 建筑给水排水设计标准：GB 50015—2019 [S]. 北京：中国计划出版社，2019.

[45] 中华人民共和国住房和城乡建设部，中华人民共和国国家质量监督检验检疫总局. 住宅建筑规范：GB 50368—2005 [S]. 北京：中国建筑工业出版社，2006.

[46] 中华人民共和国住房和城乡建设部. 住宅设计规范：GB 50096—2011 [S]. 北京：中国建筑工业出版社，2012.

[47] 中华人民共和国住房和城乡建设部. 汽车库、修车库、停车场设计防火规范：GB 50067—2014 [S]. 北京：中国计划出版社，2015.

[48] 中华人民共和国住房和城乡建设部. 建筑给水排水与节水通用规范：GB 55020—2021 [S]. 北京：中国建筑工业出版社，2022.

[49] 中华人民共和国住房和城乡建设部. 消防设施通用规范：GB 55036—2022 [S]. 北京：中国计划出版社，2022.

[50] 中华人民共和国住房和城乡建设部. 室外给水设计标准：GB 50013—2018 [S]. 北京：中国建筑工业出版社，2019.

[51] 中国市政工程东北设计研究总院. 给水排水设计手册（第 7 册）[M]. 3 版. 北京：中国建筑工业出版社，2014.

[52] 徐伟，武春杨. 国外装配式建筑研究综述 [J]. 上海节能，2019（10）：810-813.

[53] 刘若南，张健，王羽，等. 中国装配式建筑发展背景及现状 [J]. 住宅与房地产，2019（32）：32-47.

[54] 马荣全. 装配式建筑的发展现状与未来趋势 [J]. 施工技术，2021，50（13）：64-68.

[55] 吴刚，冯德成，徐照，等. 装配式混凝土结构体系研究进展 [J]. 土木工程与管理学报，2021，38（4）：41-51，77.

[56] PRIESTLEY M J N, MACRAE G A. Seismic tests of precast beam-to-column joint subassemblages with unbonded tendons [J]. PCI Journal, 1996, 41 (1): 64-81.

[57] 薛伟辰，陈以一，姜东升，等. 大型预制预应力混凝土空间结构试验研究 [J]. 土木工程学报，2006，39（11）：15-21，42.

[58] 尹之潜，朱玉莲，杨淑文，等. 高层装配式大板结构模拟地震试验 [J]. 土木

工程学报，1996，29（3）：57-64.

[59] 孙巍巍，孟少平，蔡小宁. 后张无粘结预应力装配式短肢剪力墙拟静力试验研究［J］. 南京理工大学学报，2011，35（3）：422-426.

[60] 章红梅，吕西林，段元锋，等. 半预制钢筋混凝土叠合墙（PPRC-CW）非线性研究［J］. 土木工程学报，2010，43（S2）：93-100.

[61] 朱张峰，郭正兴. 预制装配式剪力墙结构节点抗震性能试验研究［J］. 土木工程学报，2012，45（01）：69-76.

[62] 卢海燕. 装配式建筑结构设计中BIM技术的应用［J］. 居舍，2018（25）：79-85.

[63] 袁祥. BIM技术在装配式建筑设计中的应用探讨［J］. 智能建筑城市信息，2021（5）：92-93.

[64] 刘思源. 装配式建筑工程施工过程中BIM技术应用实践［J］. 中国高新区，2018（10）：203-205.

[65] 蔡敏华. BIM技术在装配式建筑施工阶段中的应用［J］. 居舍，2018（25）：56-62.

[66] 王清勤，韩继红，曾捷. 绿色建筑评价标准技术细则［M］. 北京：中国建筑工业出版社，2020.

[67] 康玉成. 建筑隔声设计：空气声隔声技术［M］. 北京：中国建筑工业出版社，2004.

[68] 马大猷. 噪声与振动控制工程手册［M］. 北京：机械工业出版社，2002.

[69] 北京照明学会照明设计专业委员会. 照明设计手册［M］. 3版. 北京：中国电力出版社，2017.

[70] 罗钦平，王金滔，毛志新. 建筑声学设计［M］. 北京：中国科学技术出版社，2019.

[71] 工业和信息化部教育与考试中心. 装配式BIM应用工程师教程［M］. 北京：机械工业出版社，2019.